——国家科技支撑计划成果专著——

露天矿陡坡铁路运输

王运敏 汪为平 著

U0313873

北 京

冶金工业出版社

2017

内 容 提 要

本书从陡坡铁路结构参数、陡坡铁路牵引技术、陡坡铁路防爬技术和陡坡铁路供电技术等方面，全面叙述了露天矿铁路运输理论体系及陡坡铁路建设施工关键技术。

本书理论性和实践性密切结合，可供矿山科研院所工程技术人员、大专院校师生学习参考。

图书在版编目(CIP)数据

露天矿陡坡铁路运输/王运敏，汪为平著. —北京：冶金
工业出版社，2017.2

ISBN 978-7-5024-7409-6

Ⅰ.①露… Ⅱ.①王… ②汪… Ⅲ.①露天矿运输—
铁路运输 Ⅳ.①TD57

中国版本图书馆 CIP 数据核字（2016）第 315421 号

出　版　人　谭学余
地　　　址　北京市东城区嵩祝院北巷 39 号　邮编　100009　电话　(010)64027926
网　　　址　www.cnmip.com.cn　电子信箱　yjcbs@cnmip.com.cn
责任编辑　姜晓辉　美术编辑　杨 帆　版式设计　杨 帆
责任校对　卿文春　责任印制　牛晓波
ISBN 978-7-5024-7409-6
冶金工业出版社出版发行；各地新华书店经销；虎彩印艺股份有限公司印刷
2017 年 2 月第 1 版，2017 年 2 月第 1 次印刷
169mm×239mm；23.25 印张；453 千字；356 页
58.00 元

冶金工业出版社　投稿电话　(010)64027932　投稿信箱　tougao@cnmip.com.cn
冶金工业出版社营销中心　电话　(010)64044283　传真　(010)64027893
冶金书店　地址　北京市东四西大街 46 号(100010)　电话　(010)65289081(兼传真)
冶金工业出版社天猫旗舰店　yjgycbs.tmall.com
（本书如有印装质量问题，本社营销中心负责退换）

前　言

我国生产的铁矿石中有70%~80%是由露天矿山开采的，大型露天开采矿山绝大多数使用铁路运输或汽车—铁路联合运输，随着深度的不断增加，采场空间越来越小。由于我国露天矿山铁路运输线路采用不大于30‰的缓坡铁路运输，露天开采时，每下降一个开采台阶需铺设1200~1400m铁路线路，以便接运下一台阶矿岩。在空间不足的情况下，只有通过增加折返次数来弥补，这样既增加了运输距离，又增加了台阶宽度，导致较快地终止铁路运输服务年限。

俄罗斯大型露天矿广泛采用汽车—铁路联合运输。在露天矿转入深部开采时，大部分矿山采用提高铁路线路坡度方式，尽可能地延长铁路运输的服务期限和范围，提高劳动生产率，改善技术经济指标。例如，列别金露天矿成功地使用纵坡50‰~60‰的铁路运输，其运输深度达300~500m；巴热诺夫矿为提高生产效率，将铁路线路坡度增大到40‰，运输效率提高了19%，年费用减少250万卢布；科尔基诺矿采用电机车，铁路限坡增大到50‰，铁路运输水平一直延深到300m以上。加陡铁路运输线路坡度，不仅能继续利用铁路运输设备，而且能缩短铁路运距，充分发挥铁路运输潜力。既延伸了铁路运输深度，又延长了铁路服务年限，经济效益和社会效益显著。

"十五"期间（2001~2005年），国家科技支撑计划在攀钢集团矿业公司朱家包包铁矿示范工程基地立项，开展大型露天矿陡坡铁路运输系统课题攻关研究。通过借鉴俄罗斯陡坡铁路技术经验和五年技术研究，解决了制约陡坡铁路运输在我国推广应用的关键性技术和施工难题，成功实现了40‰~50‰陡坡铁路运输。

本书第 1 篇着重引述了俄罗斯铁路运输理论与技术应用现状；第 2 篇~第 4 篇论述了我国"十五"科技支撑计划攻关技术成果——陡坡铁路运输理论体系与建筑设计技术；第 5 篇和第 6 篇介绍了陡坡铁路工业化试验技术；第 7 篇和第 8 篇阐明了陡坡铁路安全运行的技术规程。

全书从陡坡铁路结构参数、陡坡铁路牵引技术、陡坡铁路防爬技术和陡坡铁路供电技术诸多技术方面，全面叙述了露天矿铁路运输理论体系及陡坡铁路建设施工关键技术，可供矿山工程技术人员参考，也可作为大专院校课程学习。

参加"十五"国家科技支撑计划"大型深凹露天矿运输系统研究"课题（编号：2001BA609A-08）的攻关人员参与了本书的编写，他们是：中钢集团马鞍山矿山研究院有限公司章林、李家泉、江鹏飞、许利生、常剑、刘雄，以及攀钢集团矿业有限公司的任大庆、田春秋、易树其、李立明、米强林、谢代红诸位同志，在此表示感谢。

由于编写时间和编者水平所限，书中不妥之处，恳请专家和读者斧正。

王运敏　汪为平

2017 年 1 月

目　　录

―――――― 第1篇　俄罗斯露天矿铁路运输技术 ――――――

第2篇　陡坡铁路运输设计技术

第3篇　陡坡铁矿防爬理论

第4篇　陡坡铁路合理坡度

第5篇　工业应用试验

第6篇　朱矿深部采场陡坡铁路运输系统

第7篇　陡坡铁路安全规程

第8篇　机车规程

第1篇

俄罗斯露天矿铁路运输技术

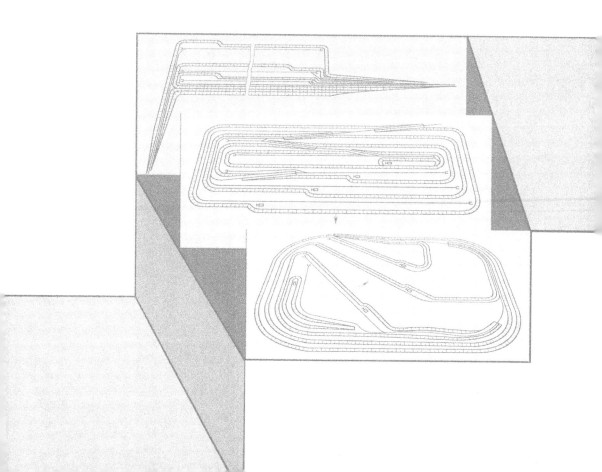

1　露天矿运输一般理论

1.1　露天矿运输的综合工程和系统

露天矿运输的综合工程是指使主要设备和辅助设备（包括控制设备和自动化）结合起来的管理系统，以及在露天开采矿床过程中用于搬运矿岩的运输线路。

露天矿的运输工作包括货流沿连接矿岩装、卸站线路的编组和分配。

露天开采的主要运输过程是把工作面的岩石或剥离物移置到外部和内部排土场，和把有用矿物从采矿工作面移置到选矿厂或烧结厂，移往料场和装车站或直接运至用户。而辅助运输过程是把人员运往露天矿和运出地面；由于工作线推进而搬移运输线路，以及运搬材料和备用配件等。

不同的用露天方法开采矿床的矿山技术条件，决定不同的露天矿的运输系统（见图 1-1）。

根据矿岩运输系统的方向可以划分为 3 种组合：Ⅰ——用最短的路径横过露天矿运往已采空区，即倒堆运输；Ⅱ——沿露天矿内周边运往采空区，即内排土运输；Ⅲ——运出露天矿境界以外。

对于剥离岩石（B）的运输而言，根据矿床的开采条件可采用全部 3 种组合形式的运输系统（B-Ⅰ，B-Ⅱ，B-Ⅲ）。而对于有用矿物（N），由于必须运搬到露天矿境界以外，采用的运输组合系统为Ⅲ。

组合形式Ⅰ的运输系统通常运用于运搬剥离岩石和开采覆盖在水平矿层厚度不大的岩石。同时，可以采用把矿岩按最短的距离运搬到排土场的运输设备的 B-I_a 运输系统，例如：运输—排土桥和悬臂式胶带排土机。

在使用数个台阶进行剥离时，当使用连续运输设备把两个或更多的台阶连接起来时，可以采用 B-I_6 运输系统。例如：采用胶带转载机把岩石从上部台阶转运到运输—排土桥上。

露天矿运输系统组合形式Ⅱ。同样可应用于运搬剥离岩石。按照其特点，应用较为普遍，因为它们的使用条件较为宽阔。

在剥离厚度不大的情况时，可以采用其中最简单的组合形式 B-II_a；随着剥离厚度的增加，当出现必须开采两个或数个台阶；并同时需铺设同样数量的运输线路时，应采用运输系统组合形式 B-II_6。

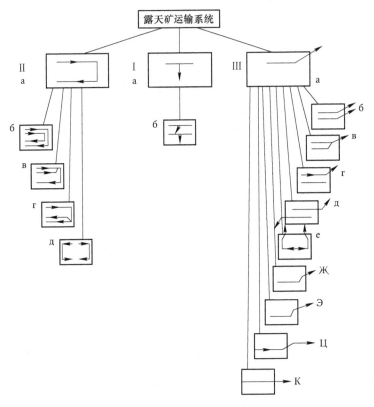

图 1-1 露天矿运输系统

根据工作面和排土场采用的设备，以及内排土场填积的条件，可以使用运输系统 B-Ⅱ_в 或 B-Ⅱ_г，它们分别将各个台阶进入的货流分开或合并，运至各个排土场。当工作线的长度很大时，以及必须在露天矿场中设置开段堑沟时，可以采用运输系统 B-Ⅱ_д，它可以从一侧轮换地作业。

在很多情况下，Ⅰ 和 Ⅱ 的组合运输系统的联合是最适宜的。这时可以在露天矿使用一种运输方式，也可以使用不同的运输方式。

露天矿运输组合系统 Ⅲ 可以应用于剥离岩石的运输，也可以应用于有用矿物的运输。

在一个台阶开采时，可以采用 Ⅲ_a 的运输系统；在开采两个或数个工作水平和到指定站的距离不大的情况，可以采用运输系统 Ⅲ_б。在到地面的运输距离很长情况下，通过采用把矿岩从一个台阶转运到一个台阶的方法相接合时，可以采用运输系统 Ⅲ_в,г；而在开采矿岩量很大的矿床情况时，当把总的货流合理地划分为数部分，此时可采用运输系统 Ⅲ_д；在露天矿场的长度很大和为开采侧翼的台阶而分散线路时，可以采用运输系统 Ⅲ_е。

按照运输系统组合形式 Ⅲ，运输工作可以采用任何运输形式来实现。对于所有组合形式Ⅲ的运输线路可以采用不同的形式：直进式、回返式、螺旋式、联合式。

在使用联合运输方式剥离岩石或有用矿物时，最广泛地使用运输系统Ⅲ$_\text{ж}$，Ⅲ$_\text{э}$，Ⅲ$_\text{ц}$。

按照Ⅲ$_\text{ж}$系统转运露天矿境界内的矿岩可使用一种运输形式来实现（例如：使用汽车运输），而到地面的提升和往后的转运可以采用其他形式的运输方式（例如：运输机运输）。

在系统Ⅲ$_\text{ц}$中，同样可以采用两种运输形式。其中，一种运输形式应用于露天矿境界内。另一种运输形式是把矿岩提升到地面，在这里进行转载。在系统Ⅲ$_\text{ц}$中，采用两个转载站（即提升前的转载站和在地面的转载站）和3种运输形式（在第1和第3阶段可以采用相同的运输形式）。

在系统Ⅲ$_\text{к}$中，是通过汽车运输把矿岩运至溜井，而后用胶带运输机或铁路运输形式沿水平巷道运到地面。

最后，在一定的条件下，可以把运输系统的组合形式Ⅲ与Ⅰ、Ⅲ与Ⅱ、Ⅰ与Ⅱ合理地结合起来。选择运输系统的主要的要求是缩短运距和增加露天矿运输的生产能力。

当矿岩采掘过程与其加工（或堆存）之间存在联系着的环节时，露天矿运输确定矿床露天开采各个工艺过程之间的参数和组合联系。在这方面，露天矿运输应该适应整套机械化的条件。为此，必须了解相邻工艺过程使用各种设备的结构。

露天矿运输类型和设备的选择取决于一系列因素：运输货载的特性、运输距离、作业规模和其发展的速度。采矿工作的推进速度对运输设备的机动性提出了要求。

露天矿运输的设备可以按照一系列的特性进行划分：当按照其运行原理，可划分为连续的和间断的运行的运输设备；按照承载机构和荷载的移动方法，如使用摩擦力，啮合方式产生牵引力的驱动装置，利用电磁力的驱动装置的运输设备；按照行走方法，如轮式和履带行走；按照传动类型，如电力、内燃、液压和压气传动。

1.2　运输的荷载

在露天矿主要的运输荷载为有用矿物和剥离岩，它们都是以散装物体堆起的。

岩石的特点是性质多样性，从而影响运输的过程。影响运输设备的选择和运输效率的主要因素为块度、密度、腐蚀性、自然安息角和湿度。

块度或散状物料的粒度组成是指矿岩中不同块度含量的数量比。

根据物料块度均质性的特点，分为分级的和普通的。散状物料粒度尺寸（块度）均质性的程度特征可以用如下系数表示：

$$K_o = a'_{max} / a'_{min} \qquad (1\text{-}1)$$

式中，a'_{max} 和 a'_{min} 分别为最大的和最小的粒度尺寸。

在 $K_o \geqslant 2.5$ 时，散状物料属于普通的；而在 $K_o < 2.5$ 时，则属于分级的。

普通物料的块度，通常由不同大小的块度和粒度组成。当最大的块度等于或大于10%时，则具有 a'_{max} 尺寸块度的特征。而当小于10%，这指接近最大尺寸的块，其数量在总的物料中不小于10%。

分级的物料的特点是指块度的平均尺寸：

$$a' = \frac{a'_{max} + a'_{min}}{2} \qquad (1\text{-}2)$$

根据物料的块度，露天矿的散状物料可划分为 3 组：细块度，<100mm，中等块度，100～500mm，大块度，>500mm。

密度是物料的重量与其体积的比率。岩石的密度在其自然状态（山岳岩体）下以 $\gamma(t/m^3)$ 表示，而在被开采条件（散状密度）下以 $\gamma_p(t/m^3)$ 表示。

按照 γ 的大小，露天矿的物料可分为：轻，$1.0 \sim 2.0 t/m^3$，中等，$2.0 \sim 2.5 t/m^3$，重，$2.5 \sim 3.0 t/m^3$，非常重，$3.0 \sim 4.0 t/m^3$。

自然状态物料的密度与被开采状态的物料的密度大小的比率确定松散系数：

$$\kappa_p = \gamma / \gamma_p > 1 \qquad (1\text{-}3)$$

松散系数 κ_p 的大小取决于松散岩石的粒度组成、块度的形状大小和破碎的质量。实际上，坚硬的和半坚硬的岩石，其松散系数介于 1.3～1.5，而松软岩石介于 1.1～1.3。

腐蚀性、散状物料的磨蚀性取决于在与表面接触时岩块的研磨性能。当它在溜槽、胶带运输机上运行时，与接触的表面将产生磨蚀。根据磨蚀程度，取决于岩块的形状（圆形的，尖锐的）和硬度，岩石可以分为 4 种级别：A——不产生磨蚀的；B——轻微磨蚀的；C——中等磨蚀的；D——强烈磨蚀的。属于不产生磨蚀的岩石有泥煤，含白垩粉的岩石；属于轻微磨蚀的岩石有黏土、砂砾、煤；属于中等磨蚀的岩石有矿渣、锰矿石、砂子；而属于强烈磨蚀的岩石为铁矿石、碎石块（见表 1-1）。

自然安息角 φ'，散装物料在物流中的自然安息角，即颗粒状物体与水平面所形成自由表面的夹角。这说明物体颗粒相互可动性的程度，颗粒的互动性愈大，则安息角就愈小。当散状物粒受到振动、冲击时，颗粒的可动性将增加，从而使自然安息角减小。对于大多数露天矿运输的岩石来说，自然安息角在30°～45°的范围。

表 1-1 腐蚀性、散状物料的磨蚀性对比

物　　料		磨蚀性	散状物料的密度/t·m⁻³	在物流中自然安息角/(°)	沿钢材的摩擦系数平均值
无烟煤（小块度、干燥的）		C	0.8~0.95	45	0.84
铁矿石烧结块		D	1.7~2.0	45	0.8~1.0
磷灰石精矿（干燥的）		D	1.3~1.7	30~40	0.58
石膏（小块度）		BD	1.2~1.4	40	0.78
黏土（干燥的、小块度）		B	1.0~1.5	50	0.75
砂砾（一般的、圆形的）		B	1.6~1.9	30~45	0.8
土壤（干燥的）		C	1.2	30~45	0.8
石灰石（小块度）		B	1.2~1.5	40~45	0.56
白垩（粉状、干燥的）		A	0.95~1.20	40	0.6~0.8
砂子（干燥的）		C	1.40~1.65	30~35	0.8
铁矿石	赤铁矿	D	2.0~2.8	45~50	1.2
	褐铁矿	D	1.2~2.0	45~50	1.2
	磁铁矿	D	2.5~3.5	45~50	1.2
锰矿石		C	1.4~2.0	45~50	1.0
泥煤（块状、干燥的）		A	0.33~0.50	32~45	0.6
烟煤（干燥的、块状）		B	0.8~0.95	30~45	0.45~0.8
褐煤		B	0.65~0.75	30~45	
烟煤、熔渣（干燥的）		C	0.6~0.9	35~50	1.0
碎石（干燥的）		D	1.8	35~45	0.74

湿度。岩石的湿度是指岩石中所含的相对水量。岩石的湿度增加，其卸载就困难。因为，它将容易粘附和冻结在运输设备的工作表面，特别是对于含黏土的岩石。

1.3 运输设备的生产能力

运输设备的生产能力是指在单位时间转运物料的数量。在露天开采中，有用矿物的运输量通常以重量单位（t/h）表示，而剥离岩石以体积单位（m³/h）表示。

运输设备的生产能力取决于结构参数，开采岩石的特征和运输设备作业的工艺特点，修理和其他由于组织原因引起的停工所造成的时间消耗。因此，一般可划分为 3 种形式的生产能力：理论的、技术上的和生产的。

理论的生产能力取决设备的结构的可能性。

对于间断作业的设备，理论生产能力 $Q_{\text{Ц. Teop}}$（m³/h 或 t/h）取决于设备承载机构的容积（如铁路矿车或汽车的车厢）V_k（m³）或运输设备的额定载重量 q（t）和作业周期的时间（往返行程）T_p（h）。

$$Q_{\text{Ц. Teop}} = V_k/T_p \quad 或 \quad Q_{\text{Ц. Teop}} = q/T_p \tag{1-4}$$

作业周期的延续时间等于重车和空车的运行时间加上由于装载、卸载和运行条件在线路上的停歇而引起的停工时间的总和的平均数。

对不间断作业的设备，理论生产能力 $Q_{\text{H. Teop}}$ 取决于承载机构单位长度的容积（如运输机的胶带）和其运行的线速度 v（m/s）。而单位长度的容积可以使用物料在承载机构的最大横截面的面积 F_o（m²）来计算。

当以体积单位计算时（m³/h）

$$Q_{\text{H. Teop}} = 3600 F_o v \tag{1-5}$$

当以单位重量计算时

$$Q_{\text{H. Teop}} = 3600 F_o \gamma_p v$$

式中　γ_p——运输物料的散状密度，t/m³。

对于不间断作业的运输设备来说，当物料的运搬是通过一系列容器（架空索道或斗式提升机），则理论生产能力：

$$Q_{\text{H. Teop}} = 3600 \frac{V}{a} v \tag{1-6}$$

式中　V——承载机构的容积，m³；

　　　a——各个容积之间的距离，m；

　　　v——运行速度，m/s。

技术上的生产能力是指运输设备在一定的条件不间断作业时最大可能的小时生产能力。与理论生产能力的区别，它考虑了岩石的物理机械性质。因为它影响运输设备的载重量或承载机构可容度的利用程度，以及考虑运输设备作业不可避免出现操作的间断。

对于周期作业的设备，其技术上的生产能力：

$$Q_{\text{Ц. TexH}} = \frac{V_k k_V}{T'_p} \quad 或 \quad Q_{\text{Ц. TexH}} = \frac{q k_q}{T'_p} \tag{1-7}$$

式中　k_V，k_q——分别为运输设备容积和载重量的利用系数；

　　　T'_p——考虑到操作上的停歇（运输设备在挖掘机处配给）的往返时间。

对于不间断作业的设备，其技术上生产能力为：

$$Q_{\text{H. TexH}} = 3600 F_o k_F v \quad 或 \quad Q_{\text{H. TexH}} = 3600 F_o \gamma_p k_F v \tag{1-8}$$

$$k_F = k_\phi k_T$$

式中　k_ϕ——与物料在胶带上自然斜坡角有关的系数；

k_T ——由于给料机或转载机的料仓改置或移动而引起的运输机生产能力下降而考虑的系数。

生产上的生产能力通常由更长的时间（天、月、年）来确定，并考虑运输设备作业的可靠性以及考虑在计划修理中，在交接班，由于气候条件，节假日和季节性作业等而规定的停工时间。因此，年生产上的生产能力为：

$$Q_э = Q_{TexH} T_{pa6} k_Г \tag{1-9}$$

式中 Q_{TexH} ——运输设备的技术上的生产能力，m^3/h 或 t/h；

T_{pa6} ——运输设备在一年的期间内的作业小时数；

$k_Г$ ——运输设备的利用率，即指运输设备在任何时间处于工作良好状态的概率。

$$T_{pa6} = T_к - T_{Пл·p} - T_{кл} - T_{л·В} - T_{реж} - T_{лс} \tag{1-10}$$

式中 $T_к$ ——日历时间（8760h）；

$T_{Пл·p}$ ——耗费在计划修理的时间，h；

$T_{кл}$ ——由于气候原因或季节性作业的停工时间，h；

$T_{л·В}$ ——节假日的时间，h；

$T_{реж}$ ——交班持续时间和每昼夜交班数所引起的时间损失，h。

显然，运输设备作业的总的小时数取决于很多因素。在正常的作业组织，技术服务和修理的情况下，露天矿运输设备的可用时间为 5500~6500h。

1.4　运动阻力和发动机的功率

用恒速运搬物料，不论用什么方法，一般来讲都将产生两种运动阻力：运搬物料和运搬设备向前运动部件的总量，和有害阻力。在确定阻力大小时，作用在逆向运动方向的力用"+"符号表示，而与运动方向一致的用"-"表示。由此得出结论：重量引起的阻力在向上、向下和沿水平运行时，有可能分别产生正值，负值或等于零值。有害阻力始终是"+"，因为它总是与运动方向相反。

物料的运搬可以用不同的方法进行：在车轮上（单件或成件货物）；沿溜槽，铺板，底板等上滑行；在承载介质内悬浮状态或部分是悬浮状态和部分滑行（水力和压气输送）；使物料在动能作用下自由飞行（例如：在抛掷机上、在振动运输机上等）。

运搬物料的主要形式是在车轮上进行，此时将产生车轮滚动阻力和滑动阻力或在轴颈的滚动阻力。

矿车内重量 G 的物料以恒速沿水平方向运行时，当矿车的重量为 G_0 时，则驱动力，见图 1-2a。

$$W = (G + G_0) \frac{df + 2k}{D} = (G + G_0) \omega' \tag{1-11}$$

式中 D——车轮的直径；

d——轴颈的直径；

f——轴颈的摩擦系数；

k——滚动摩擦系数（与 D 和 d 一样，为长度单位，mm）。

该式出现的系数 ω' 称作运动阻力系数。

$$\omega' = \frac{df + 2k}{D} = \frac{W}{G + G_0} \tag{1-12}$$

当沿水平运动时，它等于有害阻力与运输物料总重的比。

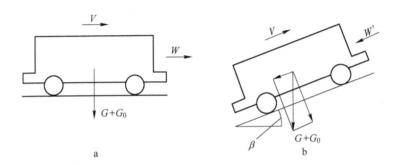

图 1-2 物料沿水平和倾斜道路运行时的阻力

当在外力作用下，沿倾斜角 β 的路面向上以恒定速运行时（图 1-2b），总阻力等于重量引起的阻力 W_B' 和有害阻力 W_{BP}' 之和。

$$\begin{aligned} W' &= W_B' + W_{BP}' = (G + G_0)\sin\beta + (G + G_0)\cos\beta\omega' \\ &= (G + G_0)(\sin\beta + \omega'\cos\beta) \end{aligned} \tag{1-13}$$

就是说，在这种情况，有害阻力等于法向压力 $(G + G_0)\cos\beta$ 乘以同样的阻力系数 ω'，或者说，阻力系数等于有害阻力与总的运输货物在道路的法向压力。

当 $\beta = 0$ 和 $G + G_0 = 1$ 时，$W' = \omega'$，即当单位重量货物沿水平方向移动时，阻力系数在数量上等于有害阻力。

当沿角度为 β 的斜坡向下运行时，总阻力：

$$W' = -W_B' + W_{BP}' = (G + G_0)(-\sin\beta + \omega'\cos\beta) \tag{1-14}$$

当 $\omega' > \tan\beta$，总阻力 $W' > 0$，当 $\omega' < \tan\beta$，则阻力 $W' < 0$，就是说，货物的运行可以在其重量作用下产生，为保持恒速，必须进行制动。

如果重物由于摩擦系数 f 而产生滑行（当在溜槽或管内运动时，由于与底部和侧壁接触产生摩擦，f 的值是折算的），则：

$$\omega' = f \tag{1-15}$$

在运动速度和运动加速的 a 折算为需要的驱动力加上带加速度符号 a 的惯性力：

$$W'_H = \frac{G + G_0}{g} ak' \qquad (1-16)$$

就是说，当加速度 $a > 0$，符号为"+"；当 $a < 0$，符号为"−"。在该式中，考虑到回转质量的惯性，系数 $k' > 1$。

当沿非直线轨线运动时，由于在导槽上产生附加的侧压力，总的阻力和阻力系数增加。例如，在铁路运输时，在轨顶产生轮缘压力，并在其上面产生滑动摩擦；而在汽车运输时，在道路转弯处产生车轮滑动阻力。而在运输机的曲线区段则产生附加阻力。

因为，不同形式的运输，甚至同一形式的不同结构类型的运输设备，它们的附加阻力的特征是不相同的。在分析研究这些运输设施时，说明它们确定的方法。

发动机的功率（kW）主要根据运输设施的类型、运行方式，以及发动机的类型（电力、内燃等）等不同的方式来确定，但一般来说，在使用发动机方式确定时，可以采用下式：

$$N = \frac{W'_\nu}{1000\eta} \qquad (1-17)$$

式中　η——传动机构的有效系数。

在采用不间断运动的运输设备时，当运输长度为 L，水平运输长度 $L_\Gamma = L\cos\beta$ 和线性荷载 $q(\mathrm{H/m})$ 时，则有害阻力（H）：

$$\omega_{BP} = qL\omega\cos\beta = qL_\Gamma\omega \qquad (1-18)$$

式中　ω——阻力系数。

相应的功率（kW）

$$N_{BP} = \frac{\omega_{BP}\nu}{1000} = \frac{qL_\Gamma\omega\nu}{1000} = \frac{QL_\Gamma\omega}{360} \qquad (1-19)$$

而线性重量（H/m）：

$$q = \frac{Qg}{3.6\nu} \approx \frac{10Q}{3.6\nu}$$

因此，一般情况，等于消耗在把重物升高 $H(\mathrm{m})$ 的功率和克服有害阻力消耗的功率。

$$N = N_\Pi + N_{BP} = \frac{Q}{360}(H + L_\Gamma\omega) \qquad (1-20)$$

现在可以表示阻力系数 ω 和克服有害阻力的单位功 A 之间的关系：

$$A = \frac{N_{BP}}{QL_\Gamma} \qquad (1-21)$$

把该值代入式（1-19）中，则得出：

$$\omega = 360A \tag{1-22}$$

式中，ω 和 A 是成比例的。

1.5　闭路牵引机构不间断运行的运输设备阻力

大型运输机组，包括胶带运输机、板式运输机，以及架空索道都是属于这种类型的运输设备。这种运输设备的牵引机构形成一个闭合的回路，一般情况它是由相互交替的直线和曲线区段所组成。最简单的情况，牵引的闭合回路是由两个直线区段和两个旋转的皮带轮，滚筒或链轮（一般情况为滑轮）组成。牵引机构的总阻力是由沿直线和曲线区段的分布阻力和在各个牵引环路站点的集中阻力组成。牵引环路站点的集中阻力主要是在换向滑轮、装载和中间卸载地点，见图 1-3a。

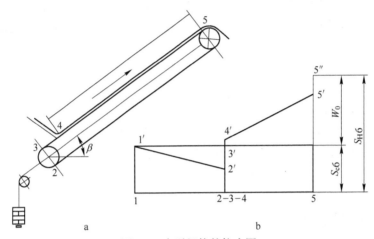

图 1-3　牵引机构的拉力图

长度 L，倾角 β 的直线段上的阻力，当胶带上的线性载重量为 $q(\mathrm{H/m})$，自重为 $q_0(\mathrm{H/m})$，在与设备运动部件相同的阻力系数时，可以采用式（1-13）和式（1-14）求得，式中 $G = qL$，H 和 $G_0' = q_0 L$，H（见第 1.3 节和第 1.4 节）。

集中阻力的大小，通常取决于回转站点的类型。例如：在滑轮处，取决于牵引机构的拉力及其刚度，滑轮和转轴轴颈的直径和转轴轴承的类型；而在装载和中间卸载站点处，则取决于装置的类型、生产能力等。确定这样的运输装置总阻力的方法在于牵引机构回路的连续的绕行和确定在回路区段接合点处的拉力。缠绕在传动滑轮上的拉力和从牵引机构部分往下的拉力，它们的差决定总的牵引力大小，在运输设备水平向上运输重物时拉力差永远都大于零，而运输设备向下转运重物时有可能大于或小于零。

在确定所有环形点的拉力时，可以使用一般的计算方法进行：牵引机构在各个后续的行程点的拉力等于前面点的拉力加上这些点之间运动的阻力，即：

$$S_{i+1} = S_i + \omega_{i-(i+1)} \qquad (1-23)$$

式中　S_i，S_{i+1}——环路两个邻接点 i 和 $i+1$ 的拉力；

　　　　$\omega_{i-(i+1)}$——两个点之间的有效阻力。

由此可见，当逆向牵引机构形成环形时，则各个后续点的拉力同样可以按照前面各点的拉力和阻力之间的差求得：

$$S_i = S_{i+1} + \omega_{i-(i+1)} \qquad (1-24)$$

为了明显起见，可以以图表的形式来说明计算结果。在图表上，横坐标轴设置各个环形区段的长度刻度，而沿纵坐标轴设置这些区段的阻力刻度。作为在图1-3a 所描述的牵引环路的一个例子，把它制作成这样的图表（图1-3b）。在点4进行装载，而点5进行卸载。整个环路由两个直线区段 1—2 和 3—5 和两个滑轮（传动滑轮和拉紧滑轮）组成。在区段 1—2，在向下运行的牵引机构的拉力将减少，在所有其他区段，如 2—3、3—4 和 4—5 则拉力将增加。在这一图表上，纵坐标 1—1′、2—2′等是表示环路相应点 1、2 等的牵引力。其差额是运输设备牵引力的大小，根据牵引力的大小确定发动机的功率。

1.6　运输综合设施的计算方法

露天矿运输采用的和建立的设备，其效果的评估是基于在相应的矿山技术条件下矿山运输设备利用的技术经济分析。设备的利用主要取决于作业的可靠性和工作组织。

所谓可靠性，意指完成指定职能的工程项目能保持生产指标在规定的范围内。就广义来说，可靠性取决于安全性，可维修性和耐久性的观念。

设备可靠性的数量评估采用如下指标及其数量特性：

安全性——故障间隔的平均时间、故障率、无故障作业的概率。

耐久性——不同的寿命和使用期限。

可维修性——查找故障的原因和消除故障所花费的平均修复时间。

可靠性的综合指标——即耐久性和技术利用系数，花费在寻找和排除一个故障的平均劳动量；各种形式的技术服务和修理的劳动量。

选择可靠性评估的指标是通过调查研究确定。故障率和翻修率是确定如修复工程这样的露天矿运输工艺系统运输能力的主要指标。

故障率：

$$\lambda = 1/T \qquad (1-25)$$

翻修率：

$$\mu = 1/T_B \qquad (1-26)$$

式中　T——故障间隔的平均时间；

T_B——翻修的平均时间。

指标 λ 和 μ 或者其倒数（即故障间隔的平均时间 T 和平均翻修时间 T_B）的概率性特点，表明有必要建立其分布的规律。

在进行统计评估时，T 的大小可以按照设备故障之间的工作平均时间值来确定：

$$T = \frac{\sum\limits_{t=1}^{n} t_{\text{эф}i} m_i}{n} \tag{1-27}$$

式中　　$t_{\text{эф}i}$——设备故障之间的作业时间；

　　　　m_i——具有 $t_{\text{эф}i}$ 的作业次数；

　　　　n——在检查期间总的已工作次数。

T_B 的大小可以按照设备一次紧急修理的时间值来确定：

$$T_B = \frac{\sum\limits_{i=1}^{n} t_{aBi} m_i}{n'} \tag{1-28}$$

式中　　t_{aBi}——排除 i 次故障原因的时间；

　　　　m_i——延续时间为 t_{aBi} 的故障次数；

　　　　n'——在检查期间故障的次数。

故障系数反映由于紧急原因造成的相应停工时间，并按照排除 i 次故障原因的时间和故障的工作时间的比率来确定：

$$И = \frac{\sum t_{aBi}}{\sum t_{\text{эф}i}} = \frac{T_B}{T} \tag{1-29}$$

利用率 k_Γ 为故障间作业时间与故障间作业和修复时间的总和之比：

$$k_\Gamma = \frac{\sum t_{\text{эф}}}{\sum t_{\text{эф}} + \sum t_{aB}} \tag{1-30}$$

在概率性探讨中，利用率意指在任何时刻无故障作业的概率：

$$k_\Gamma = \frac{T_{\text{эф}}}{T_{\text{эф}} + T_{aB}} = \frac{1}{1 + И} \tag{1-31}$$

技术利用系数 $k_{T.И}$：

$$k_{T.И} = \frac{1}{1 + И + И_p} \tag{1-32}$$

技术利用系数是反映考虑了在计划 k_p 和紧急修理 k 而引起的停工事件的有效作业的时间。

露天矿运输现今使用的设备，其结构可靠性的水平是相当高的。运输机的利用率达到 0.95~0.98、汽车 0.93~0.95、电力机车为 0.96~0.97。

当露天矿内的运输系统形成时，就组成一定的总体系统。在这个系统中，不仅显示各种设备的特殊性能，而且也显示它们的相互联系和彼此协调。因此，露天开采中运输综合设施的评估和计算应该考虑运输系统的结构来进行。

露天矿的运输综合设施由不同运行方式的设备组成，在采用汽车或铁路运输时，工艺过程将是间断地进行，而运输机则是不间断地作业。

在计算不间断作业的运输综合设施时，最为明显地显示出设备可靠性的影响。

在评估不间断作业的设备系统可以提出很多因素。下面将按照运输系统的形成过程叙述如下：

矿山运输系统的工作过程，根据马尔可夫过程（概率的），可以利用微分方程建立运输系统在不同状态所处的概率和确定其生产能力。

例如，最简单的运输系统，由一台设备组成，它可能处于两种状态：第 1 种状态是系统完好并正常作业，而第 2 种状态是系统损坏需进行修复。

状态 1 中所处的最简单的系统是复合条件，它是由状态 1 或状态 2 最初所处的条件组成。因此：

$$P_1(t + dt) = P_1(t)P_{11}(dt) + P_2(t)P_{21}(dt) \tag{1-33}$$

用相似的方式，以概率来确定系统在时间 $t + dt$ 处于状态 2 时的概率：

$$P_2(t + dt) = P_2(t)P_{22}(dt) + P_1(t)P_{12}(dt) \tag{1-34}$$

式中　$P_1(t)$，$P_2(t)$ ——分别为系统在时间 t 处于状态 1 或状态 2 的概率；

$P_{12}(dt)$，$P_{21}(dt)$ ——从状态 A_i 过渡为 A_k 的概率；

$P_{11}(dt)$，$P_{22}(dt)$ ——系统没有产生从状态 A_i 过渡为状态 A_k 的概率。

为求解所得的方程式，把符号代入：λdt ——在间隔时间 $[t, t + dt]$ 的故障概率；μdt ——在这个间隔时间内完成修理的概率。

在完成方程式求解和应用总概率方程式：$P_1 + P_2 = 1$，我们就可求得概率值：

$P_1 = \dfrac{\mu}{\lambda + \mu}$ ——系统处于有工作能力状态的概率；$P_2 = \dfrac{\lambda}{\lambda + \mu}$ ——系统处于故障状态的概率。

为了评估运输系统，把运输系统的运输能力作为根据设备可靠性指标确定的概率的生产上的生产能力。

根据这种运输系统的生产能力，以数字期望形式确定在相当大的时间间隔内它的生产能力：

$$D = MQ = \sum_{i=1}^{k} P_i(t) T_P Q_i \tag{1-35}$$

式中　D——运输能力，m^3；

P_i——运输系统处于 i 工作能力状态的概率；

k ——运输系统工作能力状态可能的数量；

T_P ——运输系统的计划作业时间，h；

Q_i ——设备每次处于工作能力状态的技术生产能力，m^3/h。

配备后续设备的不间断运行的运输综合设施的特点是各个部件为刚性连接，从而出现一台设备的故障而引起整个系统不得不停工。

在这种情况下，运输系统的可靠性指标：

$$\lambda_c = \sum \lambda_i \; ; И_c = \sum И_i \; ; \mu_c = \frac{\lambda_c}{И_c} \tag{1-36}$$

运输系统处于有工作能力状态的概率：

$$P = \frac{1}{1 + И_c}$$

而运输系统的运输能力：

$$D = \frac{Q_T T_P}{1 + И_c} \tag{1-37}$$

在采用平行工作的线路中，刚性连接仅仅在每条线路的设备之间。因此，这样的运输系统比较可靠。分设很多分支的系统，其可靠性不如采用平行工作线的系统，而且优越于线性系统，因此它是最可靠的。

对于运输机运输的设备，其特点是故障率为 0.02~0.05，相应的设备利用率为 0.98~0.95 的范围。同时，整个工艺的运输机系统的利用率为 0.6~0.7。

提高运输综合设施的可靠性可以采用备用的方法达到。在不允许工艺过程有任何暂停的企业应采用完全备用。在其他一些情况，可以在综合设施的最不可靠的部分采用局部备用。

由间断运行设备组成的运输系统的特点是：需要很多装载点和相应的服务设施；大量的各种各样的系统；运输物流的间断性。

间断运行的运输综合设备的组织工作的水平取决于运输工作保证挖掘机作业的程度，设备的可靠性、挖掘机和运输周期组成要素的变化。所有这些情况使系统的工作增加概率性的特点。

间断运行的矿山运输综合设施的计算在于确定矿山和运输设备所需的数量。

在间断运输系统中，装载和运输设备所需的数量：

$$W_э = W'_э k_{И·э} \; ; W_T = W'_T k_{И·T} \tag{1-38}$$

式中 $W_э$，W_T ——分别为挖掘和运输设备的工作数量；

$W'_э$，W'_T ——分别为挖掘和运输设备在技术上所需的数量；

$k_{И·э}$，$k_{И·T}$ ——分别为挖掘机和运输设备工作的时间利用系数。

在优化运输系统时，装载设备和运输设备的数量的最佳比是根据过程的概率性和经济因素确定。后者的计算得出结论：在综合设施中充分利用较为昂贵设备的必要性。

1.7　对露天矿运输自动化的总体要求

露天矿的机电设备是采掘和运输设备相互结合的综合设施，一台设备生产指标的下降，通常将导致其他设备生产能力的下降，从而导致整个综合设施作业的恶化。为了保证综合设施中机电设备的正常相互联系和使综合设施中每台设备保持最优的工作状态，应使它们实现自动化。综合设施和个别设备的自动化有助于它们的生产能力的提高。此外，还简化它们的管理，增加可靠性和作业的安全性。

在铁路运输上，自动化遥控和通信设备有助于在区间和在车站的运输的协调，畅通安全和精确的组织，以及增加铁路的通过能力和维护人员的劳动生产率。自动化管理和信、集、闭的主要设施是由保证列车在露天矿铁路线路上的位置确定的灯光信号，轨道回路，线路区段的自动闭塞控制、道岔和信号的自动控制。

露天矿运输的工艺操作特点（闭路工艺循环，运输路段短，装载和卸载位置一定）为露天矿铁路运输自动化管理提供前提。

在汽车运输上，自动化第一阶段是建立利用计算装置运输作业的自动控制和计算系统，以及自动化调度汽车运行的系统。在汽车运输上，也可以利用微处理机—嵌入设备使汽车运行处最优操作。今后，将利用导向电缆和诱导传输信号管理运行的汽车。它们的先决条件是露天矿的汽车应沿短路段的环形线路上运行。

在运输机运输上，自动化是完成运输机的远距离控制和驱动装置工作的。

因此，运输机综合设施由一定数量的串联和并联作业的装置组成，它们的相互的自动闭塞有着特殊的意义。

根据自动化装置在调节和增加运输机作业可靠性方面可以分为：自动调节拉紧机构，装载和转载点的自动控制，根据运输机上的荷载自动调节胶带的速度和其他运输和辅助过程的自动化。

实践证明：在所有采用相适宜的自动化设备的情况中，如果它们不会招致机电设备明显地复杂和不要求为保持它们处于工作状态而付出更大的附加劳动，将会大大提高它们总的综合效果。

2　露天矿的铁路运输

2.1　铁路线

2.1.1　铁路线的设施、线路和系统

铁路线由下部和上部结构组成。下部结构包括路基和桥隧构筑物，而上部结构包括钢轨、固定件、枕木和道碴。

铁路线的基础是带有排水设施的路基；线路的状态基本上取决于它的完好性。

在其上部设置线路上部结构的路基叫做路基顶面。路基顶面的宽度 m（见表 2-1）取决于轨道宽、线路数目和土壤的特性。

表 2-1　影响路基顶面宽度特性的项目对比

项　　目		轨距宽度/mm	
路基的横截面		1520	750
路堤/m	在一条线路下	4.6~5.5	2.8~3.4
	在两条线路下	8.7~9.6	5.8~6.4
路堑/m	在一条线路下（考虑侧沟）	7.6~8.0	6.1~6.7
	在两条线路下	11.7~12.1	9.1~9.7

路基横截面的形式是以路堤、路堑、零位置、半路堤、半路堑的形式建造，见图 2-1。路基的横截面的形式应做到保证其稳定性和消除雨水渗入路堤，而能够很快地将雨水排出。

在露天矿条件，路堤的形式建于排土场的排土，以及从露天矿到排土场的起伏不定的地区铺设线路。出车堑沟是露天矿所特有的路堑形式。半路堑和半路堤的形式建在台阶的切割，掘进堑沟或在山坡上排土。

路堤和路堑的斜度等于斜坡高度与其基地的比。一般对于斜坡高度达 10m 的路堤，其斜度为 1：1.5，而对于斜坡高度很大的路堤可以达到 1：1.75~1：2。

为了预防路基被地表和地下水的作用而破坏，应设置排水设施。在露天矿，建立排水设施具有极其重要的意义。其中，也包括从台阶线路和排土场线路的路基中排水。

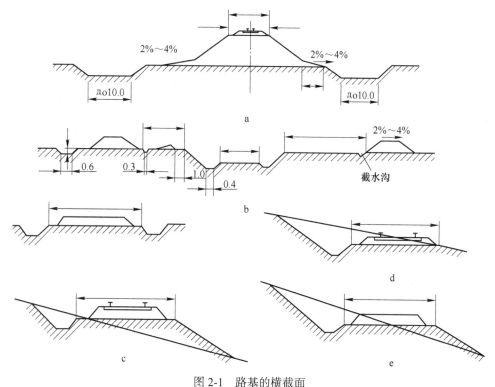

图 2-1　路基的横截面

a—路堤；b—路堑；c—平地；d—半路堤；e—半路堑

在铁路线与不同障碍物交叉（如：江河、沟壑、汽车道路和铁路等）时，可以设置桥隧，这里包括：桥梁、跨线桥、栈桥、高架桥、涵洞、泄水沟、隧道、挡土墙。

钢轨是用来作为运行列车主动车轮的牵引方向，承受和传递压力给线路上部结构的下部构件。

车轮在沿轨道运行时，将向轨道传递能使轨道在垂直和水平面产生弯曲的垂直和水平力，以及扭力和磨损。因为垂直荷载非常大，因此轨道的主要形状应是具有最大弯曲阻力的工字形断面。在俄罗斯的铁路上，是采用由头、颈和基座所组成的宽底座的钢轨见表 2-2。

表 2-2　宽轨距使用的主要的钢轨类型

型　号	轨距宽度 /mm	单位长度钢轨质量/kg	钢轨尺寸/mm			
			高度	轨头宽度	轨槽宽度	轨颈厚度
P75	1520	75.1	192	75	160	20
P65	1520	64.08	180	75	150	18
P50	1520	51.51	152	70	132	15.5
P43	1520	44.65	140	70	114	14.5

钢轨的标准长度：宽轨距 12.5~25m，窄轨距 7~8m。采用长度 25m 的钢轨或接缝焊接起来将会减少接缝的数量，改善线路的弹性，减少在接缝固定件的金属消耗。

被损坏的钢轨对列车运输的安全造成危害，应进行立即更换。主要的钢轨损坏是折断，头部或基底缺损，鱼尾板螺栓孔处开裂。出现轨道的损坏是由于列车行走部分的失修。因此在轨道产生很大的冲击负载（例如，在轮箍处出现缺损）和由于线路不合乎要求的状态（在平面和断面处出现扭曲）。

轨道紧固件分为中间的（钢轨与枕木的连接）和对接的固定件（钢轨本身之间的连接）。

中间的钢轨固定件包括垫板、连接件（道钉、螺纹道钉和螺栓）和填料。

钢轨下部的垫板是用来作为把轨道上的压力传递给枕木。由于采用垫板，从而减轻了枕木的磨损和增加侧向移动的阻力。垫板的坡度 1：20 保证轨道底坡等于运行列车车轮轧制面的坡度。

钢轨底基或垫板下面的填料（橡胶的或木制的）将保证缓和列车的冲击，从而大大增加枕木的寿命。

对中间轨道固定件的主要要求是：结构、装配和拆卸简单；钢轨与枕木连接牢靠和可以调整轨距的宽度。

在露天矿的铁路线路上，广泛采用的最简单的钢轨与枕木的固定件为道钉（狗头钉，见图 2-2）。

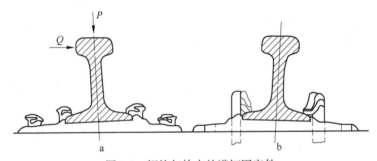

图 2-2　钢轨与枕木的道钉固定件

正如图 2-2a 所见，内部道钉是抗拒从枕木拉出，而外部道钉是防止在水平力的作用下产生松动。道钉从新的枕木中拔出的阻力约为 20kN（一年后为 6~7kN）。

在使用不同形式的弹簧道钉或压紧装置（见图 2-2b）时，轨道弹性压紧在垫板上，从而缓和传递在枕木的冲击。弹簧道钉与刚性道钉比较，增加拉出的阻力。

在使用吊车和起道机搬动和挪移露天矿的钢轨枕木排时，由于道钉拔出的阻力不足，在摇振过程中，而产生枕木脱离和损坏道钉和垫板，从而减低转移钢轨枕木排的工作效果。因此，在露天矿这样的条件下，较适宜的方法是采用螺纹道钉固定钢轨和枕木。此时，线路上的螺纹道钉把垫板和钢轨的底基紧压在枕木上。螺纹道钉的拔出阻力要高于狗头道钉 1.5~2.0 倍。对于固定线路，可以采用 4 个螺纹道钉与金属垫板连接的分开行固定件，见图 2-3。使用带垂直螺栓的压紧夹板把钢轨固结在枕木上。更加紧固的是采用压紧型或楔形的螺栓紧固件，此时使用贯通螺栓和压紧装置或楔形物作为固定件。

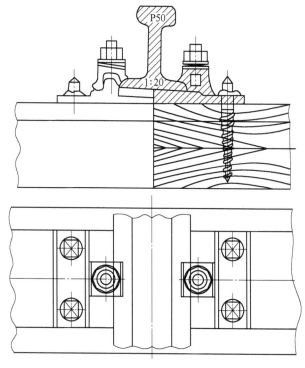

图 2-3　钢轨的螺纹道钉固定

对于螺栓固定件（见图 2-4a）使用特制的双翼缘垫板和两块压紧装置。这样，在转移时，可以减少构件脱离压载物（铺铁路的碎石碴）之前清理线路的工作量，因为可以用吊车把构建从碎石层中拉出。每一压紧装置有一凹口，它可以通过拧松螺帽和卸下压紧装置，使钢轨脱开。

楔形的螺栓固定件（见图 2-4b）在使用不间断动作的线路移设线路时可以采用。此时，垫板使用贯通螺栓固定在枕木上，与钢轨无关，而钢轨单独与垫板连接。钢轨使用两个压紧装置（连接板）固定在垫板上，而压紧装置安装在垫板的孔内并楔紧。固定件拆卸是把楔子拉出即可。

楔形螺栓连接保证一定的活动性和允许钢轨偏斜，这种情况发生在钢轨枕木排连续移置时。

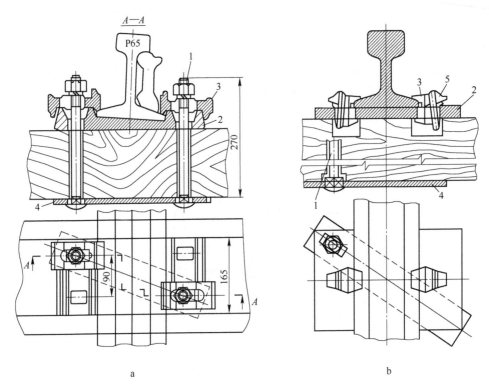

图 2-4　钢轨的螺栓固定

1—螺栓；2—垫板；3—压紧装置；4—枕木下部的垫板；5—楔子

采用坚固的和可靠的轨道固定件对于轴荷载 300kN 以上的重型电力机车和牵引机组特别重要。否则，将很快地降低线路的质量，增加日常维修的劳动量和成本。

接头是轨道线路是受应力最大的位置。当列车通过接头时将产生附加的冲击负载，从而对线路和列车产生很大的破坏。

钢轨的两端使用钢轨接合板相连。对于宽轨距使用 P50 和 P65 钢轨时，使用具有很大刚度的双头鱼尾板，见图 2-5a。在使用连续动作的线路移设机搬移钢轨枕木排的线路上，接合板是在轨头的下部留有空间，以便通过线路移设机的钩挂装置的滑轮，见图 2-5b。

鱼尾板采用鱼尾螺栓与轨道相连。为了防止螺帽自行松扣，而使用弹簧垫圈。在自动联锁时，为了调整列车的运行，在电力上必须使各个线路区段彼此隔绝。为此，在金属鱼尾板和对接的间隙中设置绝缘的填料，而在对接螺栓（鱼尾板螺栓）上套上绝缘的套管。

在电气化的线路区段，这时钢轨作为回线，为减少轨道回路的电压下降而采用电气对头连接。在对接处的钢轨使用挠性的铜质绳索连接。绳索的端部卡紧在

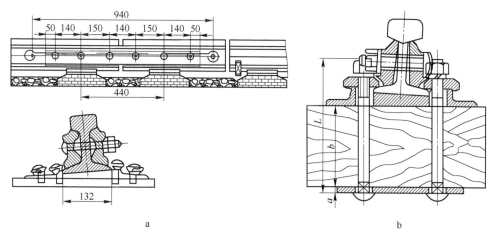

图 2-5 钢轨的接合板固定

轨头焊接的涨圈内。对于使用钢轨枕木排移设的线路采用螺栓固定电连接器。

枕木用来把铁路轨道线连接起来和把压力从列车传递到道碴层上。

每千米的枕木数目取决于列车的轴负载、线路生产能力、列车运行速度、钢轨型号和碎石层的类型、路基的质量、线路的平面和断面。当列车轴上的轴负载不小于 250kN 时，1 千米的枕木数量在直线段为 1840 根，在弯道段为 2000 根。枕木之间的距离不应小于 25cm，否则，难以做到用碎石碴捣固枕木。枕木应均匀地铺设，而在轨节的端部，铺设钢轨接头轨枕铺设的间距应该小一些。

枕木的材料可以使用木材、钢筋混凝土和金属。最普遍应用的是木质枕木，它具有弹性和重量轻的特点，而且成本低，线路施工时方便。枕木的主要尺寸是上部和下部底面的宽度、厚度和长度。1520mm 轨距的枕木，长度 2.75m，750 轨距为 1.5m。

在露天开采，枕木的损坏主要由于机械磨损。首先，这与在台阶和排土场移设线路有关。在这些地方枕木的寿命不超过 2~3 年。由于露天矿枕木消耗大，必须采取措施增加其寿命，主要的措施是：用防腐剂浸渍枕木（多半用于在固定线路铺设的枕木）；在安装道钉和螺纹道钉处，预先钻孔，以防止枕木撕裂；使用钢带或铁丝包扎枕木的端部；在枕木铺设之前按规章要求的条件保管好；在轨节组装场对它们进行定期修理。

固定线路采用钢筋混凝土枕木将大大地增加固定线路的寿命。钢弦混凝土轨枕是可变截面的长条物，内加金属钢弦，它可以采用如下的方法制作：把金属丝拉紧，借助振动器把混凝土混合料填满。当混凝土硬化后，释放配件的拉力。预先拉紧（预应力）的钢筋混凝土是一种坚固耐用的材料，能够承受很大的动荷载。

钢筋混凝土轨枕在固定线路得到应用。而把它们应用于移动线路就困难，因为必须细心地把路基和道碴铺平，以免造成轨枕折断。

随着列车轴负载的增加，在永久线路上经常采用钢筋混凝土轨枕。矿山科学研究院的研究表明：在露天矿的移动线路上直接在路基上铺设沥青混凝土板材的合理性。

在德国的一些褐煤露天矿，在某些情况下使用金属轨枕，它是使用特殊断面的轧材冲压，或使用现有轧制的型钢焊接而成。金属轨枕的成本要高于木材轨枕 2~3 倍。但是，金属轨枕具有强度高、寿命长（15~20 年）的特点。

道碴：在露天矿的固定的铁路线路上需敷设道碴层。它起着弹性枕座的作用。道碴是用来作为均匀地分布压力和减轻列车对路基的冲击，排放地表水，防止路基冻结，和增加钢轨枕木排的位移阻力。

作为道碴的材料有规格 20~70mm 的碎石、砾石、粗颗粒砂子。在需要移设的钢轨枕木排的线路上，道碴也使用剥离的岩石，如选厂的尾矿、煤。

在固定线路上的道碴的消耗为每千米 1500~2000m³，而移动线路则为 600~1000m³。

道碴的厚度取决于路基土壤的性质和列车的轴载。对于轨距 1520mm 的道碴厚度，在固定线路为 0.25~0.40m，而移动线路为 0.15~0.25m。

铁路线上部结构的选择是根据不同方案的技术经济评估和线路强度的计算。

强度的计算取决于铁路线各要素的应力和应变，以及根据列车运行的重量、货运量和运行速度，规定的最低的线路允许能力。同时，在计算中，引入如下的主要的力：车轮的静荷载；列车在运行过程中由于振动而产生的附加荷载；以及由于线路不平度对车轮的影响和车轮不平度对线的影响而产生的惯性力。此外，在露天开采条件下，在挖掘机在装矿车的瞬间，在排土场矿车卸载，以及由于钢轨枕木排搬迁到新的路线而钢轨的离地，都会承受到附加的动荷载。

铁路线路上部结构各个要素的状态取决于钢轨，枕木，道碴和路基主要平台的许可应力。表 2-3 是露天矿铁路线上部结构的各种类型，它适宜于不同的列车轴负载。

表 2-3　露天矿铁路线上部结构的各种类型

轴负载 /kN	固定线路（主要路段，出车路堑线路）			移动铁路线		
	钢轨类型	道碴层的厚度/cm	枕木数目 /根·km⁻¹	钢轨类型	道碴层的厚度/cm	枕木数目 /根·km⁻¹
200~250	P43	25	1440			
	P50	30	1600	P43	20	1600
250~300	P50	35	1840	P50	20	1840
	P65	30	1840	P65	20	1840
300~350	P65	30	1840			

决定铁路线在空间的中心线位置的线叫做路线。路线在水平面的投影叫做线路平面，展开路线在垂直面上的投影叫做线路的纵剖面。露天矿铁路线的布线直接与矿床的开拓方法有关，同时它还取决于矿床的埋藏的面积、条件和地形。

铁路线的路线的平面取决于露天矿田的面积，露天矿的深度和纵剖面的要素。在平面图上的路线，如果在整个长度上为一个方向，它是一个简单形式（见图 2-6a）。

当必须在规定的露天矿田的范围内克服标高的差别，势必对路线进行人工展开。如果路线的长度大于在其上布线的露天矿边帮的长度，就可能出现两种情况：

（1）路线设置在露天矿的一个边帮，它们各个路线的直线段通过尽头线连接起来（见图 2-6b）。

（2）路线从露天矿的一个边帮过渡到另一个边帮，形成螺旋线（见图 2-6c）。

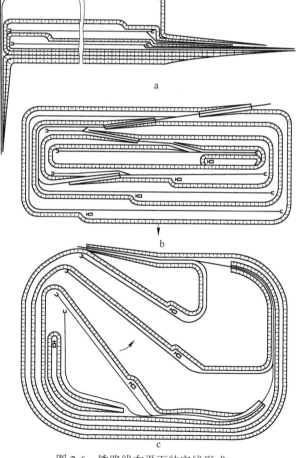

图 2-6 铁路线在平面的定线形式

a—直进式；b—回返式；c—螺旋式

线路在平面的直线区段使用不同半径的曲线连接起来。按照运行条件，最好在布线时采用可能大的弯道半径。因为，这时可以增加运行速度和列车通过的稳定性，以及减少钢轨和轮箍的磨损。但是，在露天矿条件，这就需要增加矿山基建工程量。

最大弯道的半径应根据列车的类型来决定。在宽轨距的固定线路上的最小弯道半径应不小于 200m。而在移动线路上，在列车正常速度运行情况下，最小的弯道半径采用 80~100m。为了减轻振动和使列车能较平稳的通过，可以借助过渡弯道（其半径从无限到圆曲线半径），把线路的直线区段与圆曲线连接起来。

断面：在垂直面的铁路线由水平（平台）和倾斜（有坡度）区段组成。根据运行的方向，坡道有上坡和下坡。

线路的坡度 i 是用千分之几表示，是按照线路段终点和起点的标高差 h 与该区段的水平投影 S 的比率来确定。例如：如果 $h=40m$，而 $S=100m$，则坡度：

$$i = \tan\alpha = \frac{h}{S} = \frac{40}{1000} = 0.040(40‰)$$

α 角非常小，因此，水平投影的长度可以采用等同的线路长度。除了小数的标志以外，坡度还可以用千分之几的数来标识，例如，0.040 的大小标识为 40‰。

限制坡度 i_p 叫做线路的最大陡长坡度，按照这个坡度，确定列车在以设计最小均衡速度运行时的重量（见 2.5.5 节）。

限制坡度对铁路运输的牵引和运营计算有着决定性的意义。

在具体条件下，限制坡度的选择是根据各方案的技术经济比较进行。根据技术操作规程，限制坡度在采用电力牵引时，不应超过 45‰。在现有的采用电力牵引的露天矿，线路的最广泛采用的限制坡道为 40‰。

铁路线在垂直面的状态叫做纵断面图。纵断面图可以按不同的比例尺进行绘制：水平 1：10000 或 1：5000 和垂直 1：1000 或 1：500，即失真 1：10。采用固定坡度的纵断面的某些区段叫做纵断面单元。为保证列车的通过平稳性，纵断面单元的最小长度在采用标准轨距时应为 200~350m，而窄轨距应为 50~100m。

露天矿铁路线的纵断面单元的联接，如果毗连单元的坡度差不超过 8‰~9‰，允许无过渡曲线（弯道）。竖曲线的半径应不少于 2000m。

为使列车沿铁路安全的运行，需保持线路单元，固定构筑物和列车有相互协调的极限轮廓。为此，规定构筑物的近似净空和列车的净空。

铁路的构筑物的近似净空叫做极限横向轮廓，在轮廓内不能有任何构筑物和固定设施。俄罗斯国家标准 9238—73 规定了所有的工业企业的建筑物统一的构筑物近似净空，见图 2-7a。对于露天开采和工业企业的运输条件也应该按照构筑物的近似轮廓来规定侧向架线网的架线吊架。

列车的净空叫做极限横向轮廓，在这个轮廓内，列车在其内不会超出。对于允许参与沿铁路总网的线路和工业企业线路运行的列车，规定为 1-T 和 T 净空（见图 2-7b），在净空内毫无例外地列入所有前苏联铁路列车的形式。在按照工业企业线路上运营的列车 T 和 1-T 净空施工时，其高度不应超过 4700mm。

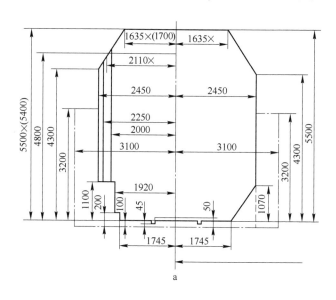

a

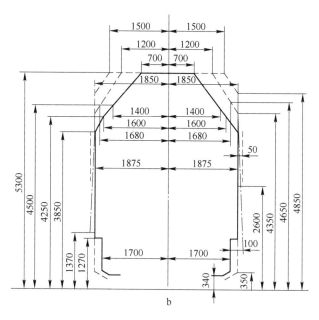

b

图 2-7　铁路的净空

2.1.2　轨距的构造

轨距具有特征是：轨道的宽度、轨道的底坡、轨道在直线和曲线区段水平的相对位置、平面和断面的曲率。

轨距的宽度是指轨道头内界之间的距离，用垂直于线路的轴来测量。在前苏联的露天矿开采，采用的轨距有 4 种：1520mm，1000mm、900mm 和 750mm。在大多数其他国家的标准轨距为 1435mm。

在线路的直线段，允许有与标准宽度一定的偏差：1520mm 的轨距，在宽的方向为 6mm，而窄的方向为 4mm，而 750mm 轨距则分别为 4 mm 和 2mm。

为使列车通过容易，在弯道段应根据弯道的半径加宽轨距。因此，弯道的轨距宽度为标准宽度加上规定的公差和加宽量，但最终不可超出 1520~1540mm 的范围。

在直线和曲线段使用钢轨枕木排搬移的线路上，允许轨距采用相同的宽度，其偏差，加宽为 10mm，而窄处为 4mm。

为了使列车在轨距上运行稳定，以及平稳地通过线路的曲线段，轮对的轧制表面为锥状的，这样做，是为了从轨道到枕木的中心压力传递向轨道内侧倾斜，形成底坡。底坡的大小为 1：20。

在通过小半径弯道时，列车的轮对用力挤压外侧的轨道，产生磨损而损坏。为了避免这种情况出现，在内侧轨条处安放护轨，它将承受在其上面的侧压力，并把轮对从外轨条挤开。但是，在安装护轨以后，将大大增加列车在弯道上的运行阻力，在固定线路的直线段，两条线的轨头上端应在一个水平上。水平允许误差：在主要的和其他的标准轨距的固定线路分别为 4mm 和 8mm，而移动线路小于 20mm。

在线路的曲线段，外轨要高于内轨，以弥补所产生的离心力。标准轨距的最大外轨增高为 150mm，窄轨为 40mm。在曲线段的外轨增高可通过加高枕木处端道碴的高度来实现。当增高很大时，可以在路基的主要平台建成坡度，外轨的增高是渐进的。

道岔和菱形道岔是用来作为几个线路之间的连接。

道岔是用来作为列车从一条线路转移到另一条线路的设施。最简单的道岔是单式的转辙道岔（图 2-8），其中分支线路中一个线路保持直线方向。

转辙道岔由道岔尖、带护轨的转辙叉、转辙条形物的连接部分和全套组合而组成。

由两条基本轨 1，两个岔尖（或尖轨）2 和转辙机构 3 组成的转辙道岔部分叫做道岔。道岔基本轨紧贴在岔尖上，它是线路钢轨的延长部分。它们铺设在专用的垫板上或实心的金属板材-长垫板。岔尖用来作为列车到任何线路的方向，

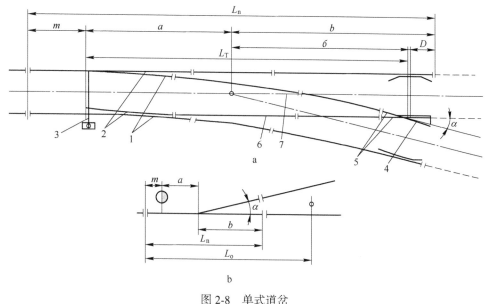

图 2-8 单式道岔

a—配置图；b—中心线方向的图形

是一段 6.5~8.0m 的钢轨，为完全紧贴基本轨和使车轮滚压在上面，方向为刨平的。岔尖连接在连接杆之间。前面尖的一端叫做岔尖，而相反位置的一端叫做根端。在尖轨根端连接处，通过旋转，岔尖从一个位置移置到另一个位置。在任何道岔位置，其中一个岔尖是压紧基本轨，而另一个岔尖离开，为通过列车的车轮形成间隙。

转辙机构是用来把道岔尖从一个位置转辙到另一个位置，它可以是人工或远距离的（机械的或电力的）。

道岔的辙叉用来在线路交叉处通过列车的轮缘。辙叉由辙叉心 4 和两个辙岔翼轨 5 组成。辙叉理论中心叫做辙叉界面的交叉点。但是，实际上，辙叉心是一厚度为 6~10mm 的尖端。辙叉喉就是两翼轨之间的最小距离。从辙叉喉到尖端的中间位置叫做有害的，或死区。车轮在该区段的方向通过长 3~5m 的护轨来保证通行。

转辙道岔的特点是带一个与辙叉心界面交叉成 α 角度。辙叉心的基座与其高度的比叫做辙叉的标号。在露天矿铁路线上，标准轨距采用辙叉标号为 1/11 和 1/9（不是陡坡）的道岔。

道岔的连接部分是由线路的直线段 6 和曲线段（叫做道岔曲线）7 组成。

在道岔的条料（方木）上铺设道岔，条料的横截面与轨枕相同，而长度为 2750mm，最长 5500mm。标号为 1/9 的普通道岔，道岔设施中条料的数目为 60~63 根。

在露天矿运输线路上，单式道岔有单面的和多面的。单式单面道岔可以是右侧的和左侧的。如果支线是转向右方的，则转辙道岔叫右方的。如果两条线以相同的角度离开初始方向，则单式道岔称作对称的，如果线路离开的角度不相同，则称作不对称的。如果列车从道岔往岔心的方向运行，道岔叫做пошерстными，当运行方向为从岔心往道岔叫做противошерстнымн。为保证在主要线路上运行的绝对安全性，希望铺设пошерстные道岔。

决定道岔位置的主要点是位于连接线路中心轴交叉的转辙中心。

为铺设道岔需要考虑的主要参数是：α 为岔心的角度；m 为从基本轨的对接处到岔尖的起点间的距离；a 为从岔尖的起点到道岔中心的距离；δ 为从道岔中心到岔心理论中心的距离；p 为从岔心理论中心到岔心尾部连接处的距离；b 为从道岔中心到岔心尾部连接处的距离。

道岔的理论长度是指从岔尖的起端到岔心理论中心的距离，它是按照线路直线段的轴测量的：$L_T = a + \delta$。

道岔的实际长度是指从基本轨的起端到岔心尾部连接处的距离：$L_\Pi = m + a + \delta + p$。

在车站、会让站的平面图上，当线路标记一条线，则道岔说明只是轴线（见图 2-8b）。在这样的图内，道岔的起端（基本轨的连接处）用短划（小线条）标记，转辙机构的位置用（O）标记，道岔的终端用两个"量杯"标记。

在使用道岔连接两条线路时，在线路之间，在距道岔中心的一定距离建立警戒标。在这里，毗连线路轴之间的距离，标准轨为4100mm，窄轨为3200mm。

表2-4是露天矿线路标准轨所采用道岔的主要尺寸。

表2-4　露天矿铁路线路标准轨采用道岔尺寸 （m）

道岔的主要尺寸		岔心的标号			
		1/11	1/9	1/9[①]	1/7[①]
岔尖(尖轨)的长度		6.84	4.55	3.0	2.998
道岔的全长	L_Π	28.37	22.41	13.46	12.227
	$m+a$	12.73	10.09	5.234	4.875
	b	15.64	12.32	8.226	6.708
转换曲线的半径		200	117	80.27	50.37
从道岔起端到警戒标的距离		49.3	36.8	—	—

①窄轨的数据。

在车站和会让站，道岔有不同的组合，其中最常用的是渡线和道岔群。

渡线（见图2-9a）是连接两条线路的装置，它由两个道岔和一条连接线路（铺设角度等于岔心的角度）组成。如果为铺设通常的不同方向的渡线，而没有相当长度的线路区段，可铺设交叉渡线。在交叉渡线的结构中，除了两对道岔外，还包括菱形道岔（见图2-9b）。交叉渡线的长度与相应的简单渡线相同。

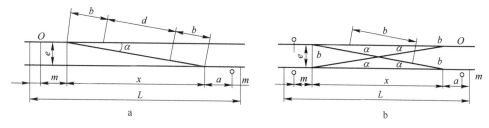

图2-9 梯形渡线

道岔群是指从铁路线路连续地分出几条平行的支线。道岔群用于建立车站的线路扩展。

线路之间的距离主要取决于它们的用途和配置的条件，见表2-5。

表2-5 露天矿铁路线路之间距离的决定因素和条件

线　　路	线路中心轴的间距/m	
	正　常	最　小
主要的和与主要线路毗连的线路	5.3	4.8
主要的和与主要线路毗连的线路，沿主要线路列车不停歇跟随通过的线路	5.3	5.3
接受-发送的和编组的线路	5.3	4.8
在线路间设置交通信号灯的主要的和接受-发送线路	5.3	5.3
非主要的专用线路（例如：用于停留列车的线路）	4.8	4.5

2.2 露天矿的线路工作

2.2.1 线路的维护和修理

露天矿的线路，根据运营、用途、配置和结构，可分为固定的（永久的）和移动的（临时的）。固定线路铺设在长期固定的路线上，有时甚至是包括露天矿整个生存期间。移动线路，由于矿山作业工作面的推进或扩展需定期地移置。

属于固定线路的有：堑沟线路，包括外部和内部基本堑沟；堑沟与车站或直接与排土场连接的，岩石车站与排土场连接的，堑沟与选矿厂，破碎厂连接的地面线路，而固定线路有接受-发送和非主要的（整备作业，备用的）的线路，和为机械车间、矿车修理、仓库（炸药、原材料），为装配和修理轨节的平台和线路机械库服务的辅助线路。

移动线路划分为工作面的（采矿台阶和剥离台阶），排土场台阶的，折返渡线和连接内露天矿的线路。

由于固定线路移动线路的不同特征和运行条件，它们的运行速度实际上是不同的：沿固定线运行的速度限制在 40～50km/h，而在移动线路为 20～25km/h。

固定线的维护和修理工作分为日常维护、起道修理、中修和大修。

移动线路的线路工程（养路工作）划分为两类：日常维护和吊装钢轨枕木排列新线路有关的工程。

线路的日常维护是指为保证线路经常的完好性所需进行的工作。日常维修的工作目录及其工作量将根据露天矿线路工作的运营条件、气候条件和线路结构在一年内有所变化。

1 千米固定线路的日常维护每年消耗钢轨约 10t、鱼尾板 0.5t，垫板 1.5t、枕木 450 根。日常维护的劳动量每千米约为 200 人一班。而移动线路日常维护每年每千米的劳动量将超过 500 人一班。

在露天矿，日常维护最为常见的工作有：用填土或串实道碴和捣固道碴的方法来修正线路的下沉和歪斜；抽换和整正枕木；抽换钢轨；矫正线路（即在平面上矫正），在轨距变宽或变窄时用道尺改正轨距（通常在拨道后进行）；调整轨缝；清理和给道岔上油；清理沟槽和边沟；修正小的路基损坏。

线路日常维护，进行计划性预防性工作的程序可以进行如下：

首先，调节缝隙对接处。而后更换不能用的枕木；清理线路的下沉，矫正和改造线路，检查和改正钢轨的垫板，用道岔填平枕木间的坑和整平道床。

在春季和秋冬季节，应特别要加强检查线路的情况。在春季，为防止道碴和路基冻结而破坏线路应采取预防措施。

在冬季，通过及时地采取预防措施保证铁路线可靠运行。在严寒天气到来之前，应消除所有的线路的故障，以及在冬季修理工作困难时，应采取预防措施杜绝有可能产生的故障。在冬季最广泛采用的线路修理方式是消除由于降水在路基内结冰产生冻胀。为了预防在夏季也可能出现翻浆，应该细心地检查所有的排水设施和消除积水。

为了防备固定线路积雪，使用格栅围墙和可移动的挡板，在对于那些为保证列车正常运行没有防备的固定线路，尤其是移动线路，必须及时地和不间断地清扫线路上的积雪。

线路的起道修理是指通过必要的起道对所有的枕木进行密实地捣固，补充和必要的碎石净化和更换损坏的枕木，补充和更换固定件。起道修理的目的是为了恢复碎石层的承压和排水的能力。修理的劳动量 150～200 人一班。

中修是指净化碎石层使用的补充碎石，更换磨损的钢轨，固定件和枕木，在道碴上起吊线路，线路的矫直、改铺，矫正和最后装修，排水和加固构筑物的修理。

中修是根据碎石层的状态来决定的，它可在一些区段或整个路段进行。中修之间的间隔时间为 2~4 年。中修 1km 线路需消耗大约 400 根枕木、350m³ 碎石和约 4t 钢轨。中修的劳动量为 200~300 人一班。

大修是指用新的同样类型的或更重型的钢轨全部更换、更换枕木、增强路基、修理排水设施，把线路整个起吊到新的道碴上，在平面和剖面上矫正线路，更换磨损的道岔。

大修的生产组织应该做到列车在区段正常运行，停阻的时间最小。

大修的间隔时间为 6~8 年。一般情况，1km 线路的大修约消耗 2000m 钢轨、20t 垫板、1700 根枕木和约 700m³ 碎石。1km 的大修的劳动量为 300~350 人一班。

把钢轨枕木排搬移到新的路线可以采用不同方法进行：搬运、移动或运输。钢轨枕木排的搬移方法取决于矿山技术条件、采用挖掘和线路铺设设备的类型。

在挖掘机进路的宽度上搬移线路排在使用搬运方法时，在连接处分开轨节，并用挺杆式吊车或线路铺设机把各个轨节搬运到新的路线。

在新的水平上铺设线路时，在进行大爆破的情况下，采用运输的方法。把拆卸的轨节放在平板车上搬运到新的路线铺设。

移置钢轨枕木排不用拆卸钢轨接头，线路通过拖拉连续地多次地移设，直到旁边不占用新的位置。

2.2.2 线路机械化设备

在线路日常维护的工作上，在所有形式的修理和移置钢轨枕木排工作时，采用各种不同的设备、机械和器械，来减少这些工作的繁重性。其中，有一些机械用于线路修理的或移置钢轨枕木排的全套机械设备组合。另一些用来完成线路日常维护时的作业。

线路移设包括的工序有准备工作，把线路排移置到新的路线，和线路铺设后的修理。在准备期间，用推土机或平路机完成路线的平土作业。使用挺杆吊车、拖拉机或线路移设机、线路铺设列车进行钢轨枕木排的移设。同时，完成钢轨枕木排的修理工作。铺设后的修理工作包括碎石的配料，铺碴-矫直和装修工作。

线路的修理工作（中修和大修）同样使用成套设备综合组来完成。利用这些设备按照一定的程序进行线路的清理、拆卸和铺设；枕木的起道和更换、铺碴、线路的矫正和压平。

移设钢轨枕木排的设施：在俄罗斯的露天矿，采用挺杆起重机把预先拆卸的钢轨枕木排进行移设的方法得到广泛应用。

首先从分离对接头开始拆卸轨节，而后吊车放下牵引设施，夹紧轨节并把它提升起来，转移和下放轨节到新路线，脱开牵引设施和吊车准备下一个轨节的搬迁。

在露天矿移置轨节，柴油和柴油-电动动力装置的挺杆式起重机得到广泛应用。

挺杆需要的跨距（从起重机的回转轴到牵挂装置的距离）取决于挖掘机进路的宽度。在采用 ЭКГ-4.6 型电铲时，线路的移置间距为 13～15m，而采用 ЭКГ-8и 电铲为 18m，ЭКГ-12.5 电铲则为 22m。在使用 ЭКГ-4у 和 ЭКГ-6.3у 电铲上部装载时，移置的间距分别为 19～24m 和 23～30m。当 ЭКГ-4.6、ЭКГ-8и 和 ЭКГ-12.5 电铲在排土场作业时，移置的间距分别为 23m、31m 和 40m。

表 2-6 所示，挺杆起重机在挺杆的跨距很大时，用最大的起重能力只能举起相对较小的重物。

表 2-6　铁路用挺杆起重机起重数据

参　　　数		铁路用挺杆式起重机			
		ЕДК-500	ЕДК-300	ЕДК-80	ЕДК-251
最大起重能力/kN		784	588	196	245
在伸支架时，挺杆的允许跨距/m	挂钩拉力44kN	16.5	12	9.3	9.8
	挂钩拉力78kN	10.00	9	6.0	5.65
规格/m		37.0×3.13×4.25	26.4×3.2×4.3	20.4×3.2×4.3	25.6×3.2×4.3
起重机的重量/t		124	103	61	63.9
直接移设线路的技术生产能力（轨节长 12.5m）/m·h^{-1}		100	100	100	100

起重机所需的起重能力取决于轨节离开路基产生的拉力。一节长 12.5m 的轨节的重量取决于使用的钢轨类别、枕木数目和枕木上黏土的量，一般为 2.5～4.5t。从线路路基拉出轨节的拉力为 40～100 kN。

在冬季，由于枕木冻结在线路路基上，所以拉力将大大增加，而且需要预先清扫枕木的土壤或使用其他设备把它分开。

在铁路上运行的挺杆式起重机可以移设线路轨节的距离为 14～16m。同时，有两种移设的方法：前进行走和后退行走。随着轨节间距增大，可把轨节放置在中间路线上，而把它们铺设在设计路线上。

吊车移设的每班的实际生产能力为 150～250m，工作队的人数 7～9 人。应该指出：钢轨枕木排的吊车移设还是非常繁重的过程，其中某些机械化作业还需用人工替换，这部分量还是极大的（这里包括所有的轨节搬运的准备工作和各种小的最后加工作业）。吊车移设过程的劳动量为 130~160 人一班/千米。

在采用铁路行走的挺杆式起重机的同时，还有采用履带行走的挺杆式起重机。这种类型的起重机的主要优点是：机动性好，它与铁路线的位置和状态无关。下面介绍其中 ЕДК-251 吊车的性能：

起重能力：

挺杆跨距 4.75m	317kN
挺杆跨距 14m	82kN
挺杆跨距 20m	44kN
规格/m×m×m	6.8×4.44×4.3
吊车重量/t	36.2

在露天矿建设中，在生产过程中新水平的开拓，从一个台阶往另一个台阶移设钢轨枕木排和在大爆破前，都需要拆除线路，并随后铺设。

铁路线轨节的机械化拆除和铺设是使用铺设起重机（吊车）来完成的，见表 2-7。

表 2-7 铁路线路机械化拆除和铺设用铺设起重机参数

参 数		铺轨起重机		
		ук-12/5	ук-25/9	ук-25/21
强度/kN		40	90	210
单体长度/m		12.5	25	25
电源电压/kV		220	220	220
运行牵引力/kN		30	30	30
绞车牵引力/kN		40	90	210
尺寸 /mm	长度	16240	48864	40800
	宽度	3250	3250	3250
	高度	7055	6825	6825
质量/t		48	63.5	92.5

铺设吊车的车架行走部分（见图 2-10）是安装在两个三轴车架上的平板车。在平板车上安装有所有的设备和金属构架。后者是由固定在 4 个立柱上的箱形断面的固定挺杆组成。挺杆的内部装有能安放两个移设轨节的车架。在使用铺设起重机的全套设备安装有数个平台，在这些平台上成架的安放轨节。平台装备有滚式传送装置和牵引绞车。在铺设线路时，叠起的轨节拉到前头的平台上；而拆开

时，则拉向相反方向。

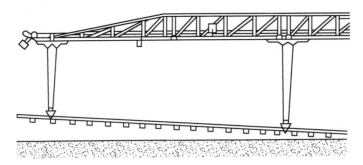

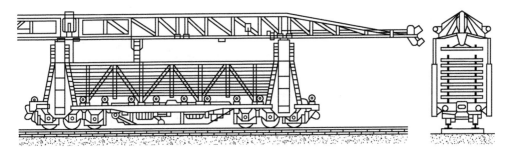

图 2-10　铺设起重机

采用铺轨起重机大大地加速线路的拆卸和铺设速度。铺设起重机在露天矿的条件下的主要缺点是：在弯道半径小于 300m 的应用受到限制。但是这一缺点，如果在全套平台的头部安装一个能回转的挺杆式起重机（从前部的平台卸下轨节）就可以排除。这一系统已安装在矿业研究所设计的露天矿铺设列车上。

使用轨节方法铺设和移设钢轨枕木排需要在露天矿采用轨节装备基地，这样组织可以大大地增加作业的机械化水平和质量。轨节装配基地是设有 2~4 条线路的场地，沿着线路建立台架，高架式起重机在其上移动。同时，在这里建有线路上部结构部件（轨道，枕木，固定件），用于轨节装配、修理和拆卸的机械化工具的库房。准备好的轨节从轨节装配基地成叠地装上平台并运往露天矿的铺设地点。

在链式多斗挖掘机直接在铁路运输上或运输-排土桥上作业时，需要连续的移动而轨节上不拆卸钢轨枕木排，移设的间距相当于挖掘机切削的厚度。

连续动作的移轨机（见图 2-11）是由行走部分，机架和钢轨夹爪机构组成。移轨机的动作原理在于利用滚柱夹爪（见图 2-11b）把钢轨枕木排举高 10~30cm，并连续地向一个方向移动，此时移轨机的移动速度为 5~15km/h。

根据连续动作移轨机的结构可分为：桥式的、悬臂式的和组合的。

对于桥式移设机，升降机构和线路的移动机构是在桥式框架的跨距内，在行

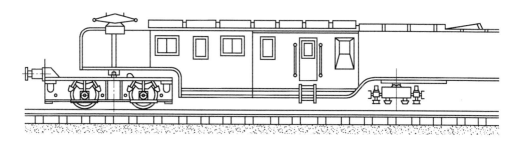

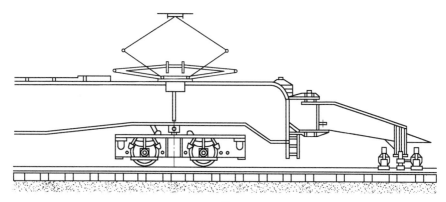

a

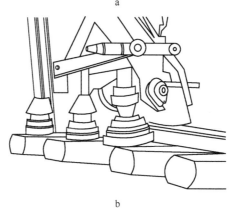

b

图 2-11　连续动作的移轨机

a—全貌图；b—滚柱夹爪（夹紧装置）

走台车之间进行配置。当移动时，前者的移轨机的行走台车沿着线路的旧的路线移动，而后者的行走台车沿着新的路线行走。此外，采用桥式移轨机，在尽头线处不可能超出最后线路 10~15m。

悬臂移轨机有一滚柱夹爪，它是安装在向前伸出的悬臂上。

悬臂-桥式组合的移轨机（见图 2-11a）有两个全套的滚柱夹爪，分别在桥式框架和悬臂中。连续动作的移轨机的重量达到 75~100t，由于连续动作的移轨机的重量和功率大，利用这些可以成功地移动 7～8 条轨道线。

在冬季作业时，以及在夏季密实的土壤情况下，在移设之前通过升举装置、提升线路排，但不平移滚柱夹爪。而后，使枕木离开底基，着手进行移动。

连续动作的移轨机的缺点是不能移设道岔，而且移设线路曲线区段困难。

连续移设线路的优点是：生产能力高（在直线段 1500～2000m³/h，而在弯道段 500～800m³/h）和少量的工作人员（3～4 人）。连续移设线路的生产成本要比起重机移设减少了 2/3～3/4，这是因为大大地减少了非机械化操作。此外，连续动作将增加钢轨的附加磨损和线路排的损坏。

近年来，出现了线路作业机械化生产技术设备的进步趋势。其中，为移设轨道线路而应用以履带和轮式拖拉机为基础的间断和连续动作的机械化设备。

对于大间距的间断移设轨节，采用拖拉机牵引的移轨机（见图 2-12）。拖拉机牵引的移轨机是由堆土机和用于夹紧、升举和固定轨节位置的悬挂装置组成。对接拆卸后，依次地把轨节挂在悬挂装置上，用绞车把它举起，并用拖拉机以垂直于线路的轴线方向移置并铺设在新的路线上。为了同时移设长度 12.5m 的两根不拆开的轨节或一根长 25m 的轨节可以两台拖拉机双重作业。

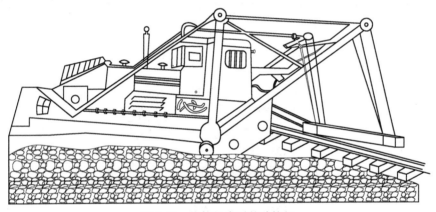

图 2-12　拖拉机牵引的移轨机

拖拉机牵引的移轨机的优点是机动性好和不受线性参数的限制，即一次可以把轨节移置到要求的距离。这种类型的移轨机，其班生产能力为 180～200m 线路。

矿山研究所制造的用于露天矿的 ТПП-12.5 型拖拉机牵引的移轨机可用来移设长度 12.5m 的轨节、移轨机的起重能力 80kt、重物的升降速度 0.45m/s，悬挂机构的传动是钢绳的。

对于在工作面使用斗轮式挖掘机时的不间断的移设单式线路，拖拉机牵引的移轨机得到应用（见图 2-13）。此时，悬挂装置是由滚轮架组成。使用滚轮架夹紧一条钢轨后并向一个方向移动，拖拉机沿线路来回运动，把钢轨枕木排移设到需要的距离。

图 2-13　拖拉机牵引的移轨机

　　根据矿山研究所的资料，当线路移设间距 14~16m 时，可合理使用起重机移设线路排；在间距为 22~24m 时，使用履带起重机，在线路的旧路线和新路线之间运行，进行移设。当间距达到 32~36m 时，使拖拉机牵引的移轨机，在间距等于或大于 40m 时，使用移轨列车，通过拆卸线路排，并把它运往新的路线铺设。

　　在某些情况下，特别在气候寒冷地区，采用一些附加设备来减轻移设钢轨枕木排的机械的工作。这些设备包括用于化开冻结的钢轨枕木排的涡轮喷气发动机和为此目的热水装置。

　　线路修理机械：这一类机械包括有：线路的日常维护，修理和移设，线路的起道、矫正、压平、个别枕木的更换、道碴的捣实和整理、除雪等设备。

　　MПТC-1 型起道机（见图 2-14）是完成线路的起道、线路排在平面的矫正。夹紧机构固定在起道机的平台上，并利用夹紧机构，使平台与钢轨相连接。起道机的底座沿枕木端设置。当开动液压提升机构时，移轨机的平台升起，与此同时，升举钢轨和枕木。

图 2-14　MПТC-1 型起道机

移道机的最大拉力 340kN，线路移动的间距 130mm，矫正拉力 78kN，设备质量 5.8t，采用液压传动系统。

通用线路修理机械 МСШУ-1（见图 2-15）功能包括：线路的曳起和矫正、更换枕木、从路边喂给碎石、排水沟开挖和清理等。线路的曳起和矫正是由装有两台液千斤顶和 4 个夹轨装置的液压升举-矫正装置完成。枕木的更换、喂碎石、排水沟的挖掘是由使用铰链连接的挺杆和悬挂设备（枕木夹紧装置容积 0.15m³ 的铲斗，挂钩）来完成。液压千斤顶的升举力 285kN、矫正拉力 80kN、功率 37kW、升举线路的高度达 500mm，矫正间距达 350mm，设备质量 7.9t。

图 2-15　МСШУ-1 型通用线路修理机

ПРМ-3 型起道-拨道（矫正）机（见图 2-16）是用于精确的矫正和矫平线路。该机装备有自动控制矫正和矫平的设施。发动机的功率为 11.5kW，工作机构的驱动为液压的，千斤顶的升举力为 345kN、升举高度达 450mm、矫正（拨道）的间距达 360mm、设备质量 6t。

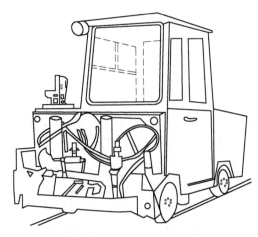

图 2-16　ПРМ-3 型起道-拨道机

漏斗计量矿车（见图 2-17a）是建在活底（漏斗）型矿车的底座上，用于运送、机械化填充、计量和整平线路排上的道碴。在这样的矿车内，通常使用装有气动控制的卸载-计量装置替代卸载漏口。道碴的卸载和计量可在整个道床的宽度上，沿着线路的方向，在中部，在线路中间和在路边进行（见图 2-17b）。计量给料机（系在漏斗下面的构架）的升举和放下是通过气压动力缸来进行。在 1km 的线路上，当运行速度为 3 ~ 5km/h 时，可以调节卸载道碴的数量 40 ~ 1500m³。漏斗-计量车 ЦНИИ-ДВ3 具有 60t 的载重量，车体容积 40m³。

a

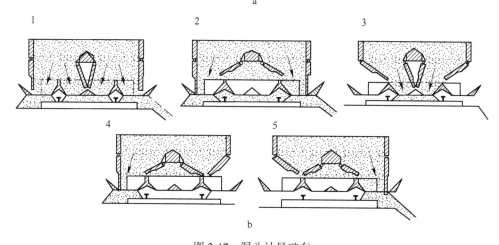

b

图 2-17　漏斗计量矿车
a—全貌图；b—卸载系统
1—在整个线路宽度上；2—沿线路方向；3—在线路中部；
4—在线路中间（轨道之间）；5—在路边

枕木捣固机 ШПМ-02（见图 2-18a），该机是一种在轨道行走的自行机组。设备的工作机构是两个由 16 个枕木捣固器（在每一滑块有 8 个）组成的对称滑块，它能同时对线路的两条钢轨下面的一根枕木进行捣固。枕木捣固机，每分钟的振动次数 1800，潜入道碴内（利用蜗杆机构从枕木槽的中间接近枕木），致密地捣实在枕木下部的道碴（见图 2-18b）。同时，枕木将捣固机利用偏心杆保证其振动和摆动运动。捣固装置可以同时作业和分开作业。

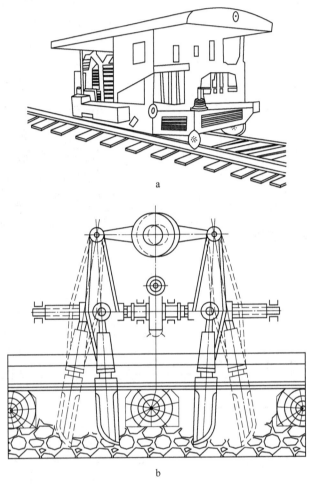

图 2-18　枕木捣固机
a—全貌图；b—工作系统图

　　枕木捣固机使用 90kW 的内燃发动机作为动力，行车轨轮的运动采用链式传动，设备质量 15.3t。

　　ВПО-3000 型矫正-捣固-整修机属于重型线路机械的类别，它是用于一次完成线路在平面和剖面位置的矫正，以及线路的捣固和整修的综合作业。轨道线路的捣固是基于在水平面（从枕木的端部）连续地振动压紧道床。

　　ВПО-3000 型矫正-捣固-整修机（见图 2-19）是单一跨度桁架，它被安装在行走台车上。在桁架上有如下的工作机构：用于校正计量在线路上卸下道碴的计量装置 1；用于清扫轨头上碎石的刷道器 2；初次为矫正线路进行起道，移动和纠正歪斜的机构 3；第二次最终为矫正线路在平面和剖面进行的起道、移动、纠正歪斜的机构 4；为密实枕木下面空间和枕木之间槽内道床的振动-密实平板 5；棱柱体斜坡的平整机 6；棱柱体斜坡的密实机 7；线路的起道移动和纠斜的上述两个机构采用自动控制。设备质量 111.5t，作业速度达 3km/h，长度 27.8m。

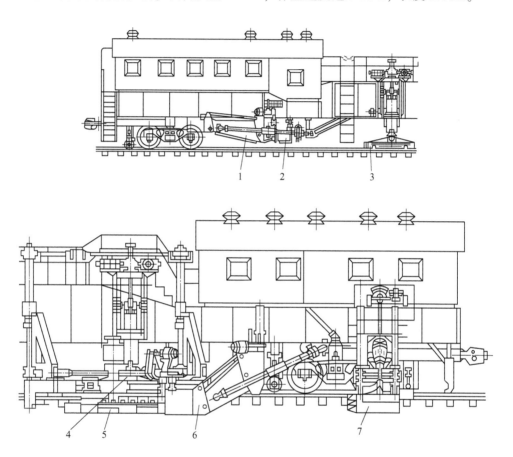

图 2-19　ВПО-3000 型矫正-捣固-整修机

　　为了防止雪滑，使用扫雪机。根据动作原理，它划分为犁式、冲击式和回转式运动。犁式扫雪机（ЦУМ3、СДП、МОП-1 型）得到最广泛应用。双轨的（应用于双轨线路区段上和仅能把雪抛到野地）全部用金属制造的扫雪机（СДП型），扫雪的厚度为 1.5m，清扫雪的带宽为 5m。采用气动控制，扫雪机的质量 80t。其移动使用机车推动。

　　回转式扫雪机用于清理吹雪厚度达 3~4.5m 的线路积雪。回转式扫雪机的工作原理在于使用回转的转子切雪和抓雪，并通过离心力的作用把雪从线路的轴线向外投掷出去。

在露天矿的条件，为清除积雪，也使用铧式犁。在有一些露天矿，采用喷气式线路扫雪机。喷气发动机安装在台车上，当台车以约 5km/h 的速度移动时，热气流融化雪。

机械化线路器械：在日常维修理和维护中，某些生产操作的机械化使用机械化器械。

最为常见的是取用移动式发电站的电力的器械。采用电气化器械可以使钢轨的切割和钻孔，枕木的捣固，螺纹道钉和螺栓的固紧机械化。在这些操作中，使用钢轨切割机 PM-2、钢轨钻孔机 1024Б、钢轨磨削机 MPШ-3、液压千斤顶等。

电动枕木捣固机（见图 2-20）：这种振动式电动枕木捣固机是用来捣固枕木下部的碎石。枕木捣固机是由功率为 0.4kW 的电机 1、捣固平板 2 和手柄 3（利用缓冲悬架 4 固定在机体上）。在转子轴上安装与其一起回转的可调节的不平衡体，它是在回转中形成机体不平衡，并传递给捣固平板上。不平衡的干扰传给碎石，从而使碎石密实。这种枕木捣固体重 20kg，生产能力为每班 80 根枕木。

在线路设备中，采用其他的电力和液压传动的机械还有：ЭК-1 型电动螺帽扳手、ШВ-1 型木螺钉起子、液压校直机、枕木钻床、ЭПК-3 型电动-液压道钉锤子。

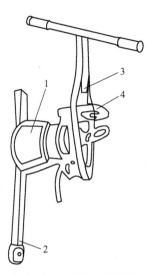

图 2-20　电动枕木捣固机

测量线路状况的仪表设备：为了监视线路的状况采用手动控制和机械化控制设备。

通过使用常规的轨道轨，测量轨距宽，确定轨道的水平和检查轨道底坡的正确性。轨道轨是一种钢管，在其一端设置一个固定挡铁，而在另一端为活动挡铁，它借助拉杆与拨销连接。当在钢轨上放置轨道距时，把拨销安在手柄上，同时，活动挡铁拉紧向轨距内。当拨销放开，活动挡铁压紧轨道，并在刻度盘上标示轨距的宽度值。

为了连续地测量和记录轨距的宽度值和轨道的水平位置，使用一种线路测量车。它通过行车滚轮实施轨距宽度的测量，它是利用拉杆和弹簧与活动台架和记录仪表的指针接合起来。当在弹簧作用下压紧轨头的内侧面时，滚轮在出现轨距宽度偏离正常时，则使台架偏转，并使与其相连的记录仪表指针偏转。轨道的水平位置由振摆仪来确定。这两种机构的读数自动地记录在纸带上。台车在轨道的移动速度 5km/h。

除了测量轨道的状态外，一个很重要的意义是及时的暴露轨道上的缺陷，如内部和外部裂缝、起鳞、砂眼等。可以使用观察，锤子的敲击或借助探伤仪。探伤仪多半是以测量车的形式来进行工作，按照原理，它可分为电磁探伤仪和超声波探伤仪。电磁探伤仪的工作是基于叫做轨道缺陷的磁场场强线的重新分配，而超声波探伤仪是基于在存有轨道缺陷时，吸收或扩散超声能。

2.3 矿车

2.3.1 矿车的类型及其结构

露天矿使用的铁路载重矿车划分见图 2-21。

按照运营条件：可划分为总的铁路网使用的矿车和工业运输用的矿车。后者的结构和尺寸只允许它们在闭路方向的工业路线上（在铁路总的网路上无出口）运转。

按照结构类型：可划分为有顶的矿车、敞车、平板车、油罐车、漏斗车（活底车）、专用车；

按照牵引方式：有机车牵引的和本身带牵引发动机（机动矿车）；

也有按照列车的尺寸、轨距宽度、结构形式进行区分的。

在露天矿最广泛应用的是敞开式矿车，因为它适宜机械化装卸。

矿车在结构上的主要差别是决定于它们的卸载方法，也依靠车内重物的重量。为此，车辆的车体是倾斜的、能翻转，或者在结构上制成倾斜面，当打开舱口后，重物滑下。

露天矿使用的矿车划分为自卸式和非自卸式。自卸式矿车的结构包括有为转动车体和打开舱门的设施（风动的或液压的）。

自卸式矿车在露天矿运送剥离的岩石上得到非常广泛地应用。因为，在排土场卸载岩石的点经常移动，很难在这里采用笨重的固定卸载设施。同时，自卸式矿车也广泛应用于向选厂运送矿石。

非自卸式矿车多半用于运输有用矿物。这类矿车通过固定的升举的或回转的设备（安装在矿岩接受点）进行卸载。在应用非自卸式矿车时，选厂和烧结厂、热电站应装备固定的矿车卸翻机。

通用的敞车用于在外部网路给用户或选厂运输有用矿物。这种矿车的车体为垂直壁，并在水平的底部有卸载舱口。车体的衬板是木质的或金属的。在打开关闭结构时，舱门的顶形成 2 个斜面，重物在重量作用下沿斜面从线路轴线的两个方面装入。

乌拉尔和克留科夫车辆制造厂生产的载重量 63t 的通用 4 轴敞开矿车得到广泛应用。同时，通用的 6 轴敞开式载重量 94t 以及载重 125t 全金属的矿车都有使用见表 2-8。

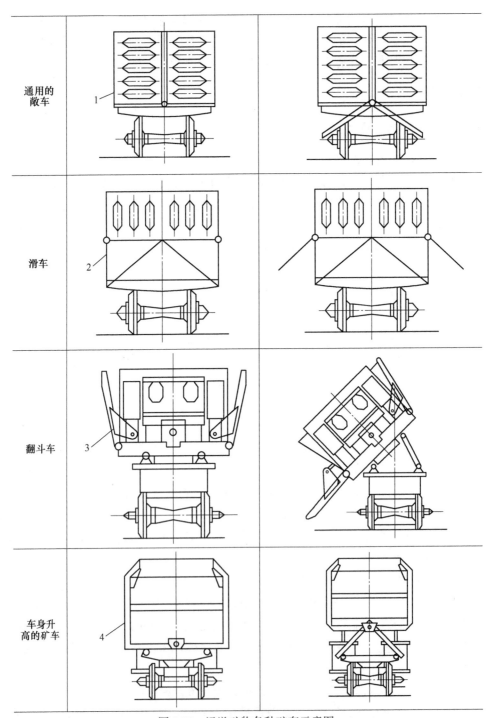

图 2-21   运送矿物各种矿车示意图

1—通用的敞车；2—滑车；3—翻斗车；4—车身升高的矿车

表2-8　通用4轴和6轴敞开式金属矿车参数

参　　数		ПС-63	ПС-94	ПС-125
载重量/t		63	94	125
车体容积/m³		73	106	143.3
车辆皮重/t		22.4	33	46
车皮系数		0.36	0.35	0.37
主要尺寸/mm	长度(按自动车钩)	13920	16400	20240
	宽度	3130	3200	3130
	高度(从轨头起)	3484	3790	3970
	敞车的底座	8650	10440	12070
	车身内部的尺寸	12165×2878×2060	14690×2922×2370	18748×2846×2510
舱口的打开角度/(°)	舱口的数量/个	14	16	22
	平均的	40	40	40
	车架上面的	32	32	32
车架的数目/个		2	2	2
车架的轴数/个		2	3	4
轨道上面轴的荷载/kN		218	236	218
每米线路上的荷载/kN		62.5	76	86

　　通用敞车具有结构较为简单和车皮系数（0.35~0.37）低的特点。该车的主要缺点是通过舱口的非机械化卸载操作过程，需要为打开舱口和特别是关闭舱口，特别繁重的人工操作。该缺点可以通过采用在固定翻车机内卸载的整体无缝车体的专用敞车来排除。此时，虽然卸载每辆矿车大大简便。但是在卸载时，列车摘钩需要的时间非常大，从而大大增加列车编组调度的操作时间。

　　Думпкары型自卸矿车有一个马鞍形的底和在侧帮关闭卸载舱口的盖。当打开舱口时，运输物料通过其自重进行卸载。舱口的打开是通过气动传动装置进行遥控。卸载同时在两个方面卸入卸载坑内。

　　翻斗车是一种在放下或升举车帮的同时，利用车体的倾斜卸载的矿车。一般翻斗车用来运输在金属露天矿的剥离岩石以及有用矿物。车体的倾斜是使用风动筒进行，而车帮的打开使用杠杆机构。

　　升举车体的矿车：卸车方式与常用的敞车相似。在卸载位置，使用固定设施或安装在车上的液压筒升举车体。同时，使车底形成马鞍形的底，重物在自重的作用下通过形成的舱口进行卸载。

　　露天矿开采的物料可以使用漏斗车（活底的）和平板车运输，它们的主要参数见表2-9。

表 2-9　露天矿使用漏斗车、平板车主要参数

参　数	四轴漏斗车	四轴平板车
载重量/t	65	63
车体容量/m³	42	
车皮重量/t	22	20.9
车皮系数	0.34	0.33
车长（沿自动车钩）/mm	12000	14020
轨道上的轴荷载/kN	222	214

漏斗车：载重量 25t 和 65t，自卸式四轴敞车，用于运送煤、烧结矿、球团矿、道碴。漏斗车的车体做成带倾斜端壁的斗槽形状，物料沿着斗槽通过卸载舱口进行卸载。在露天开采中，漏斗车用来作为线路作业的道碴计量装置。

平板车在露天矿用来运送材料和设备，运送钻机、推土机等。平板车也用来使用吊车铺设线路轨节。而电铲和其他重型设备的运送是使用专用的多轴平板运输车，其载重量达 300t。

对于所有类型的矿车来说，每一种类型矿车都由如下几个部分组成：行走部分、机架和车体、自动车钩设备和风动系统。

行走部分：有三轴的和四轴车架两种形式，矿车车架的主要部分是轮对和轴箱、板簧、车架、制动装置。

轮对是承受和在轨道传递矿车的荷载，并且使矿车能沿着线路轨道方向运行。轮对（见图 2-22a）是由车轴 1 和压在其上面的两个车轮 2。车轴的轴颈 3 是用作安装把矿车的荷载传递给车轴的轴承。车轴轴颈的形状根据滑动轴承和滚动轴承的区别而不同。车轮压紧在车轴轮座的部分上；为了减轻从轮座部分向车轴轴颈移动而规定轮座之前的部分。

通过车轮做到列车与轨道的接触。轨道和车轮的相互作用将引起滚动，在横向和纵向的滑动和在接触区的材料变形。

车轮接触面的剖面图对轮对在车轮上的位移特征有很大的影响。在轮箍的内缘有一突出部（见图 2-22b），保护轮对从轨道脱离。从突出部分开始，车轮的滚动面形成一个锥形：从坡度 1∶20 开始，而后 1∶7。这样的形状，将保证列车依靠轮对的自行对中，沿线路直线段运行的稳定性，消除轮箍沿滚动面的宽度方向的不均匀的磨损，以及容易通过线路的曲线段，因为沿外轨运行的车轮是沿着大直径的圆周滚动。

在圆锥滚动面的情况下，车轮在不同地点有不同的直线，从而可以使车轮的直径和轮箍的厚度做到沿滚动圆周距轮箍内边界 70mm。标准轨距货车的车轮直径为 950mm，而窄轨距的车轮直径 500~700mm。

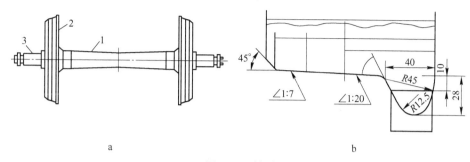

图 2-22　轮对

a—全貌图；b—车轮接触面的剖面图

为保持对沿轨道线路安全运行，特别是道岔处，标准轨距的与轮内边界之间距离应为 1440mm。允许公差：增加 1mm，减少 2mm。

车轮的磨损出现在轮箍表面被磨损和损坏圆锥体。同时形成恶化轮对工作的耗损，因为随着车轮与轨道接触面的增加，它们之间将增大摩擦力。通过定期地对车轮表面磨光来恢复流动面的剖面形状。矿车车轮的允许磨耗不超过 9mm，凸出部的厚度不小于 22mm，磨光后的轮箍的最小厚度为 22mm。

轮对的轴套是用来在轴上传递静载荷和动载荷，保证矿车运行中车轮的回转。轴套的结构主要取决于采用的轴承型号。对于现有货车，迄今仍采用滑动轴承，但生产的新型矿车正采用滚柱轴承。

滚柱轴承的主要优点：减少矿车维护的工作量，降低润滑材料的消耗（通常要少 4/5）无需季节性的润滑；减少矿车运行阻力（与滑动轴承比较，大概要减少 1/2），因此降低电力或内燃机车的电力或燃料的消耗。

板簧，车体通过它安装在轮对上，其用途是减轻矿车各个部件的动载荷。在露天矿采用的矿车，使用的板簧多为钢质柱状螺旋弹簧。弹簧参数的选择做到确保必要的板簧韧性，结构上的挠度储备，减震特性，结构部件的强度和稳定性。对于货车来说，通常建议在荷载作用下的静挠度为 40~50mm。

特别要提到使用橡胶制成的零件作为车架的弹性部件。橡胶金属板簧是由中间夹有硫化橡胶层的钢板组成。

矿车的车架是把行走部分所有部件联合成统一的结构。车架是矿车的主要部分，它保证矿车的行走质量。车架的重量约为 40% 的矿车皮重。

车架的主要类型为两轴（见图 2-23a），它装备在载重量 60~85t 的四轴矿车上。车架的主要部件是轮对 1、轴套 2、侧架 3、枕梁 4、板簧装置 5 和制动装置，侧架和枕梁是铸造的。车架装备两组弹簧（每一组由 7 块 2 排弹簧组成）。枕梁的两端固定在板簧装置上，在车体的作用下，它可以在水平和垂直方向移动（相对车体的侧部）。

车架装备有制动装置，它是由装有闸瓦和制动块的三角制动梁和杆组成。两轴车架的特点是车辆的轴距-两轴之间的距离。轴距的大小决定矿车车架的行走性能，其中包括内切弯道的能力以及结构形式和在操作中往制动设备的通路。

六轴矿车装有两个三轴车架（见图2-23b）。车架有两个侧架1。每一半架支撑在边轴轴套的一端，另一半架通过平衡器支撑在中轴轴套上。由于铰接连接，三轴车架能可靠地内切在弯道内。车体荷载通过H型梁3传递到支撑弹簧板簧组5的悬梁上。

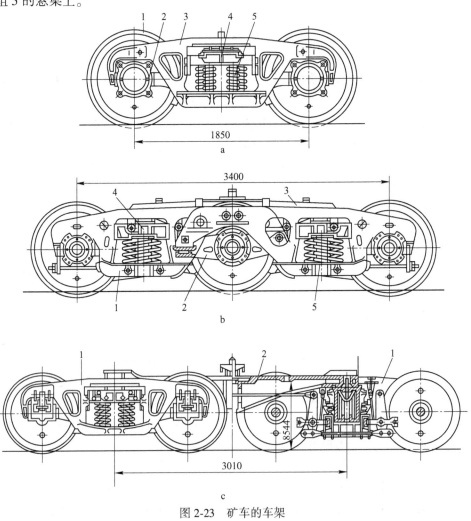

图 2-23 矿车的车架
a—两轴的；b—三轴的；c—四轴的

对于八轴的矿车，车架是由两个两轴车架1和连接梁2装配在一起（见图2-23b）。连接梁是一个相同阻力的杆。使用两个连接梁的枢轴支撑在两轴车架的悬梁上。在连接梁的端部设置滑块，当通过线路的曲线区段时，梁通过它支撑在车架的滑块上。在连接梁的中部有支撑矿车车体的端轴承。

构架和车体：支撑车体、制动和自动挂钩设备的矿车部分叫做构架。构架由纵向和横向的梁和支架组成。中心的纵向梁叫做脊梁。横向梁（指枕梁和油缸梁）焊接在脊梁上，构架通过枕梁支撑在车架上，而翻转车体的油缸固定在油缸的架上。在叫做缓冲梁的边上的横向梁装有自动挂钩设备。

构架支撑在矿车车架上，并承受作用在矿车上的全部静载荷和动载荷；通过构架传递列车的牵引力，静载荷是由矿车和货载的重量总和。动载荷包括：矿车在经过弯道时产生的离心力，作用在矿车侧面的风的压力，在加速运行和制动时产生的惯性力，矿车在板簧上的摆动力，在矿车机械化装载和卸载时产生的力。

车体的结构，根据矿车的用途和类型的不同也是不同的。对非自卸式矿车来说，车体与构架形成一个整体，承受主要荷载。而自卸式敞车其车体与构架无关。

自动挂钩设备是用于矿车本身之间和与机车的联结，传递和减轻拉力、压力（在列车运行时产生的）。

自动挂钩设备（见图 2-24）的组成中包括：自动挂钩 1，车钩的缓冲装置 2，车钩的钩尾框 3，定中心的装置 4 和摘钩装置 5。

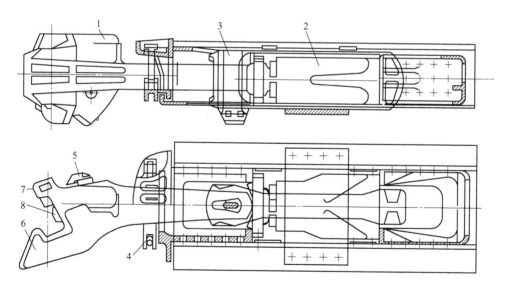

图 2-24 自动挂钩设备

自动车钩 CA-3 为一个铸钢壳体，其头部有一大齿 6 和一小齿 7，形成一个口，在口的内部有一锁扣 8。当矿车相碰时，自动车钩的小齿进入口内，同时挤压锁扣的凸出部分。当小齿占据口的柱边位置时，锁扣脱开，并恢复到原来位置，锁上自动车钩。用起摘钩传动装置作用的杠杆进行摘钩。

由于操作自动车钩装置的复杂条件，因此对其结构、材料和制造质量提出很高的要求。自动车钩装置的部件应承受 2550kN 挤压力或拉力。

气动系统是用来驱动矿车的制动装置和卸载的气缸。

制动装置是用来减缓列车的运行和在正常情况或发生意外情况时停止列车。

列车的主要制动方法是通过制动块（闸瓦）挤压车轮轮缘产生摩擦。制动的控制采用气动或电控气动。摩擦制动的主要部件（见图 2-25）是制动系统管路 1 和终端开关 2，矿车间连接软管 3，储存器 4，空气分配器 5，制动压力调节器 6，制动缸 7，杠杆传动 8。在制动系统管路中承受气压 0.6MPa。新鲜空气通过空气分配器进入储存器。当在制动系统的压力急剧下降时，借助机车上的控制阀，空气从储存器进入制动缸，传动带活塞杆的活塞和杠杆传动装置动作。

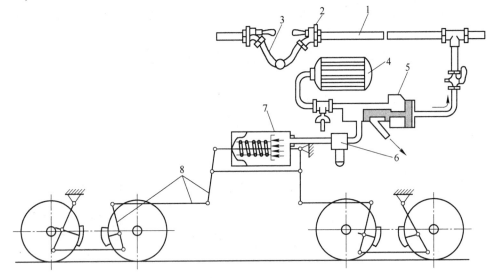

图 2-25   摩擦制动装置的系统图

制动装置的快速动作决定于空气分配器的类型和制动波的传输速度。

在应用电控气动制动装置时，采用电控空气分配器的隔膜-活门系统。这样可同时接通所有矿车的制动装置，因此增加制动系统的快速反应。调节器是用来根据矿车的荷载量自动变化制动块的压力。

露天矿采用的矿车气动系统同样的也用于矿车的卸载。

2.3.2   矿车的主要参数

矿车的主要参数包括：载重量、皮重、车体的几何容积、轴数、线性尺寸，以及这些参数的派生数如车皮系数、单位容积，从轮对作用在线路上的荷重。这些参数说明矿车的结构技术水平，它们的选择应考虑矿车的用途，首先必须根据运输材料的特性。

载重量 q（t）：矿车的载重量是指允许矿车运输的最大货物的重量。

在矿车结构领域，技术进步首先体现在列车载重量的增加。随着载重量的增加，将缩减矿车的维修费用和整个矿车的保有量。

列车中的矿车数量及其长度是与载重量有关。随着露天矿机车粘重的增加，这种情况越来越起着很大的作用，它决定车站的线路长度。

目前，翻斗车的载重量已达到 180t，限制矿车载重量的因素是列车的外形尺寸和作用轨道和线路上部结构所允许的荷载。

矿车的车皮重量 $q_t(\mathrm{t})$ ——矿车的本身重量。在保持矿车强度条件下减少矿车的车皮重量是主要任务之一。这样可以降低矿车制造中的材料消耗，增加列车的有效重量和降低列车运行的能量消耗。达到这一要求主要依靠要有合理的部件和零件结构，采用高强度的低合金钢，冲压零件和冲压焊接部件。

车皮系数 k_T 是表示矿车技术完美的一个指标。车皮的技术参数等于矿车的皮重与其载重量的比值：

$$k_T = q_T/q \tag{2-1}$$

显然，车皮系数越小，则列车的重量越小，运输费用就越低。通常，一定类型的矿车，其车皮系数将随着载重量的增大而减少。但是，车皮技术参数还不完全反映矿车的运营性能。因为，它同样存在需考虑的矿车载重量实际利用的车皮装载系数（即真实系数）：

$$k_{T·\mathrm{Д}} = \frac{q_T}{V\gamma_p} \quad 或 \quad k_{T·\mathrm{Д}} = \frac{q_T}{Vk_\varGamma} \tag{2-2}$$

式中　V——矿车车体的货物容积；

　　　γ_p——运输物料的密度，$\mathrm{t/m^3}$；

　　　$k_\varGamma$——载重量的利用系数。

如果翻斗车车皮的技术参数举例等于 0.5，则装载系数 0.6~0.7。

理论容量：矿车车体的理论容量应该是在正常车体的装料情况下，矿车的载重量完全可以达到。

实际车体的货物实际容量是由两部分组成：第一部分是处于理论容量的限度内；第二部分是位于车帮水平以上的岩石棱柱体，即"带帽子"。

即使在非常仔细地装料，矿车车体的理论容量能利用 90%~95%，这是因为车体的端部没有完全装满以及为了避免列车运行中货物撒落不能完全达到车帮的高度。"帽子"的量为车体理论容量的 20%~25%。因此，车体理论容量的总的利用系数 $k_H = 1.1~1.2$。

因此，车体的理论容量：

$$V_\varGamma = \frac{q}{k_H\gamma_p} \tag{2-3}$$

露天开采中能利用的矿车车体容量应根据挖掘机的铲斗容积。相关的参数是比容（m^3/m），对于载重量 85t 和 105t 的翻斗车，比容（带"帽子"的货物重量与车体内长的比率）为 $3.3m^3/m$ 和 $4.2m^3/m$。

露天矿挖掘机 ЭКГ-4.6、ЭКГ-8И 和 ЭКГ-12.5 的 1m 铲斗宽度所折算的铲斗容量分别为 $2m^3/m$、$3m^3/m$ 和 $4m^3/m$。

为挖掘机的生产作业，必须使铲斗的线性容积小于等于车体单位容积。这样在采用 ЭКГ-2 挖掘机作业时，翻斗车车体的单位容量应不小于 $6m^3/m$。

在使用多斗挖掘机装车时，此时列车停在一个位置，而挖掘机沿着列车运行，翻斗车的单位容量为 $4.75\sim6m^3/m$。

矿车的轴数：矿车的轴数取决于作用在轴上的允许荷载，作用上的荷载同样也受到铁路线的承载能力的限制。在露天矿这样的条件下，这里的路基是不同的岩石，土壤的允许压力等于 $0.15\sim0.3MPa$。对这样的线路结构，作用在轴上的荷载达到 $300\sim320kN$。

因此，按照作用在土壤上的允许压力的要求，四轴矿车（包括翻斗车）的载重量限制在 $75\sim85t$ 的范围。在采用大载重量时，可使用六轴和八轴矿车。这样，在露天矿使用六轴翻斗车，其载重量 105t，而八轴翻斗车达到 180t。

矿车的外形尺寸，车体的横截面取决于列车传统使用的外形尺寸。目前，在露天矿使用的宽轨矿车是按照 1-Т 和 Т（最大横向尺寸 3750mm）制造的。同时，矿车的极限高度限制在 4700mm。

对于翻斗车来说，车体的车帮高度限制矿车在卸载时的稳定性，矿车的稳定性应考虑到在卸载时由于作用力引起的翻转和恢复时间。实际上，打开的车帮的高度不超过 1500mm。

车体和矿车的长度取决于后者的载重量和车体的横截面。同时，矿车的长度受到线路弯道处的内切的条件限制。

矿车结构的主要发展方向：增加矿车的载重量和容积，因为这将改善线路上轴荷载的利用，以及增加外形尺寸；制造用于运送不同级密度岩石的专用矿车；增加矿车及其内部部件的运营可靠性，通过采用高强度钢和铝合金，新的合成材料，减少矿车的皮重。

2.3.3　翻斗车

翻斗车（自卸车）是露天矿采用的主要形式的矿车。这种车辆在露天矿中得到广泛的推广是因为在运距较短的情况下，翻斗车的结构可以非常迅速地进行矿岩的装卸作业。

正如前述，翻斗车是属于车帮高度 $900\sim1500mm$ 的敞车。它们组成的主要部件与其他类型矿车相同。主要的结构差别是翻斗车是自卸式矿车，它通过专门的卸载机构在一侧卸翻车体。

　　根据翻斗车卸载结构示意图（见图 2-26），通过 3 种方式进行卸载，打开车帮 1；升举车帮 2；联合作用车帮 3。使用哪种结构示意图首先取决于运输材料的特性。

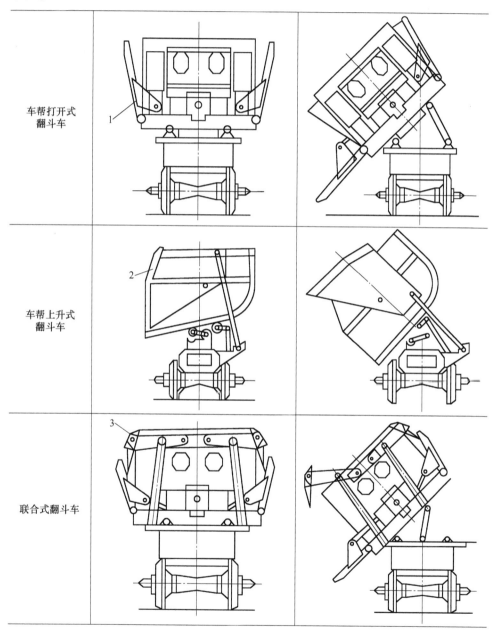

图 2-26　翻斗车各种类型的示意图

1—车帮打开式翻斗车；2—车帮上升式翻斗车；3—联合式翻斗车

使用最广泛的翻斗车是可以从两个侧面卸载，打开车帮型的翻斗车，从而大大地提高生产效率。因为，它可以从两个侧面进行卸载。打开式车帮的翻斗车使用单斗挖掘机载，但由于卸载时同时会出现达 2~3t 的巨石从 25~30m 的高度落入矿车内，因此需加大矿车的坚固性。

使用打开车帮方式的翻斗车的缺点是卸载时稳定性较差，因为卸下的矿石沿车帮倒下时，产生巨大的倾覆力矩。这种情况，限制这种类型翻斗车车体单位容积的值为 2~4m³/m。

在前苏联，广泛采用的是适用于运输松散密度为 1.9~2.2t/m³ 的剥离岩石和矿石的两面能卸载的车帮打开式翻斗车。这种翻斗车的构架和车体相当厚实，具有很高的坚固性。因此，这种矿车的车皮系数为 0.4~0.5。

车帮上升式翻斗车的特点是卸载时稳定性很好。因此，其单位容积可以增加到 5~6m³/m。这种类型的翻斗车只能完成单面卸载，这样就需要对列车运行的组织工作提出严格的要求，因为卸载的翻斗车应抵达固定的排土场。见表 2-10。

表 2-10　车帮上升式翻斗车的参数

参　　数		6BC-60	BC-85	2BC-105	BC-136	2BC-180
载重量/t		60	85	105	136	180
车体的理论容积/m³		26.2	38	48.5	68	58.0
矿车的车皮重量/t		29.0	35.0	48.0	67.5	68.0
车皮系数		0.484	0.41	0.45	0.5	0.38
轴数/个		4	4	6	8	8
轴上的荷载/kN		218	294	250	249	304
卸载缸的数目/个		4	4	6	8	8
卸载时，车体的倾角/(°)		45	45	45	45	45
主要外形尺寸/mm	车体宽度（外部）	3215	3520	3750	3460	3460
	矿车高度	2680	3236	3240	3620	3285
车体长度（内部）/mm	在上部	10000	10580	13400	16110	16216
	在下部	9480	10120	13000	15510	15556
车体宽度（内部）/mm	在上部	2910	3120	3150		3300
	在下部	2600	2620	2630		2640
车体高度（内部）/mm		960	1280	1300	1580	1315
沿自动车轴的矿车长度/mm		11830	12170	14900	17630	17580

单侧卸载的翻斗车，其结构虽然比较简单，但是它不能承受很大的冲击荷

载。这种类型翻斗车广泛应用在德国和其他一些国家在运输使用多斗挖掘机（链式和轮式挖掘机）装载松散岩石。

使用第三种型式，即打开和升举车帮的联合动作的翻斗车，一方面保持了打开车帮型式翻斗车的操作优点，而且具有较高的稳定性，因为这样，允许增大车体的单位容积。

这种由加里宁格勒矿车制造厂制造的翻斗车是全金属焊接结构，由自卸车体和支撑在行走车架上的下部构架组成。

矿车的车体是由带地板铺板的上部构架，两块正面壁和两块纵向车帮组成。在地板铺板的下部放置用木架制作的减震垫块。这种铺板结构保证装载巨形矿岩的可能性。车体的倾斜是使用气动缸进行（固定在矿车的构架固定座上）。气缸的活塞杆与车体的构架（或者叫做上部构架）铰接连接。当车体倾斜时，侧帮利用安装在车体正面壁上的杠杆结构打开，并形成车体底板的延长。车帮是与上部构架铰链连接。为保证翻斗车更良好的稳定性，车帮的打开要稍超前车体的倾斜。在自重的作用下或利用气动气缸的双重作用强制地恢复到原来位置。

载重量 60t，四轴翻斗车 6BC-60 是用来运送密度 $1.9 \sim 2.1 t/m^3$（处于松散状态）的矿岩（见图 2-27a）的。矿车的结构在车底预先铺上一层细粒岩。可以用斗容为 $3 \sim 4 m^3$ 的挖掘机从高度达 2m 处装载重量达 2t 的巨大岩石。

翻斗车的下部构架有用两根 No.45 工字架制作的脊梁，在工字架的上部和下部覆盖厚度达 12mm 的钢板。行走部分采用 ЦНИИ-X3-O，轴荷载 215kN 的两轴车架。

车体的上部构架是由用槽钢制作的纵向和横向架组成。横向架使用厚度 4mm 的下部钢板盖上，而其上部厚度 60mm 的木垫板铺上，并用厚度 12mm 的钢板盖在上面。

卸载时，为使车体倾斜，在下部构架上从翻斗车的每一侧安装气动气缸。气缸的活塞杆与车体的上部构架铰链连接。车体卸载后，通过自重的作用，恢复到原来的位置。

通过车帮的杠杆打开机构，使车体在倾斜时打开车帮和关上车帮（见图 2-28）。它由中心的双臂杠杆 1（通过辊子铰接固定车体的前壁上）。中心杠杆的一个臂通过支撑杠杆 3 与下部构架连接。而另一个臂则通过调节杠杆 4 与车体车帮连接。在车体倾斜时，支撑杠杆（与下部构架连接的）转动中心杠杆，它通过调节杠杆打开车帮。在车体倾斜时，该机构将保证快速打开车帮，增加翻斗车在卸载时的稳定性。

85t 载重量的四轴翻斗车（见图 2-27b）用于较繁重的作业。矿车的结构允许使用铲斗容积 $6 \sim 8 m^3$ 的电铲装料。在车体底部预先覆盖细粒岩石情况下，可以从高度达 2.5m 处落下达 3t 的巨石。在矿车载重量完全利用的情况下，运输物

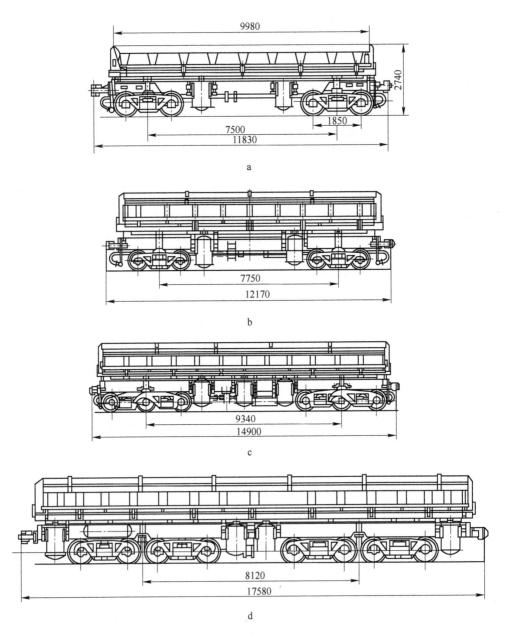

图 2-27　翻斗车

a—载重 60t；b—载重 85t；c—载重 105t；d—载重 180t

料的密度 1.9~2t/m³。

下部构架有一个用两根 55 号工字钢制作的脊梁。矿车装备有允许轴载荷达 305kN 的两轴式行走车架。

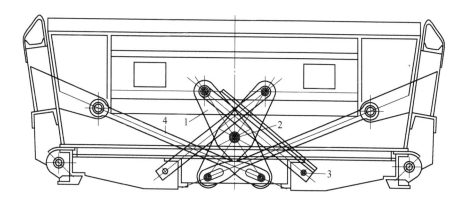

图 2-28 翻斗车车帮打开的机构原理

本体的上部构架为增强结构。在底部钢板上铺设厚度 75mm 的木质垫板并用厚度 14mm 的钢板覆盖。

车体的倾斜是通过安装在翻斗车每一侧共两个气动气缸来实现，其中一个气缸具有双重动作。因此，保证车体在卸载后能恢复到列车的位置。

载重 105t 的六轴翻斗车（见图 2-27c），用来运送密度 $1.8\sim1.9t/m^3$ 的矿岩，允许使用铲斗容积 $6\sim8m^3$ 的电铲从高度达 2.5m 处落下达 3t 的巨石进行装料。

矿车同样也是全金属焊接结构。脊梁是使用两根 No.55 工字钢制作，其长度 13800mm。矿车被安装在两个三轴车架上，允许的轴载荷 245kN。车体的倾斜是通过安装在每一侧的 3 个气动气缸来实现。中间的双重动作的气缸在卸载过程中将保证很快地强制恢复车体的位置。打开车帮的杠杆机构在车体回转 25°时完全打开车帮。在车体倾斜 45°时车帮打开成 54°。

载重量 105t 的翻斗车广泛应用于各地的露天矿，它是利用电铲进行装料。

载重量 180t 的八轴翻斗车（见图 2-27d）是使用铲斗容量 $8\sim12.5m^3$ 的电铲装料，并允许从高度达 2.5m 装 5t 的巨石。完全利用矿车的载重量，运输矿岩的密度（在松散状态）$2.0\sim2.8t/m^3$。

下部构架有一由两根 55 号工字钢制成的脊梁。矿车安装在轴压达 305kN 的两个四轴车架上。

车体的上部构架和纵向车帮的强度应考虑在翻斗车装料时的动态作用。

八轴翻斗车的倾斜机构是由 8 个气动卸载气缸（按每侧 4 个气缸）组成。两个中间的气缸为完成两重作用的气缸。车帮打开机构的运动学与其他该厂制造的翻斗车相同，区别只是外形尺寸不同。

2BC-180 翻斗车具有很多结构上的缺陷。首先是在通过小半径弯道时能力下降，另一个重要缺陷是在该单位容积情况下，翻斗车的车体不能有效地利用，因为它不能利用它的额定载重量。但是，制造八轴翻斗车是今后翻斗车制造业的发展方向。这种矿车的车皮系数要低于其他车型的翻斗车，而且比较起来，长度较短，因此增加列车的紧凑性。

目前，八轴翻斗车有两个方向需要进行改进：

一是为运输密度 $1.6 \sim 1.8 t/m^3$ 的较轻的岩石，把车体的单位容积增加到 $4.5 \sim 5 m^3/m$。20 世纪 80 年代以来，Калининградского 矿车制造厂出产一种加强上部和下部构架强度和改进纵向车帮结构的载重量 136t 的八轴翻斗车。

二是制造一种能承受从 $3 \sim 4m$ 高处 $4 \sim 5t$ 的巨大的坚硬岩落入车体内的巨大冲击荷载的矿车。这就必须大大增加翻斗车的结构强度和加重。在这种情况下，载重量 165t 的翻斗车，皮重就达到 78t。

正如上述，翻斗车的卸载是利用压缩空气的能量实现的。为此，翻斗车应有专用的连接管路的气动仪表（见图 2-29）。从机车把压力达 0.7MPa 的压气供给气动仪表。气动系统是由供气管路 1、单动卸载气缸 2 和双动卸载气缸 3、压气减速器 4（用于调节进入气缸的压气）、控制阀 5 和 6、管路系统 7～10，端阀 11 和矿车间的连接软管 12 组成。

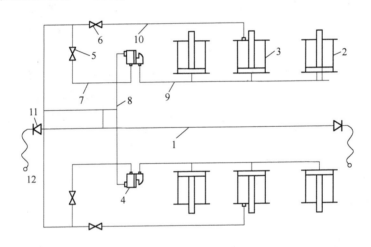

图 2-29　翻斗车气动卸载系统示意图

当翻斗车卸载时，控制阀 5 的手柄转到"打开"位置。此时，压气通过压气分配器进入卸载气缸的下部空腔内。为使车体恢复到原来位置，可把控制阀的手柄转到"关闭"位置 90°，卸载气缸的压气通过压气减速器进入大气。为使车体强制恢复到原来位置，把控制阀 6 转到"降落"位置。此时，压气进入双动气缸的上部内腔内。

目前，最广泛采用的方法是在司机室内遥控翻斗的卸载，从而可以减少卸载工作的繁重性。

翻斗车卸载的气动系统目前是唯一的。但随着翻斗车载重量的增长，气动设备的重量将越益加大，这就使得大直径翻转气缸的配置困难，压气的消耗也将增加。

因此，就出现采用动液压的卸载系统。其工作原理就是安装在机车或每一辆翻斗车上的泵把液体在 $16\sim20$MPa 压力下打入翻转气缸内。遥控卸载的过程是从机车的司机室进行的。

根据操作试验表明：仍需要对大吨位翻斗车进行结构上的完善。例如，为了增加列车的运行安全性，需合理地为矿车装备轮对出轨的信号设备。

2.3.4　矿车的运营和修理

在露天矿的条件下，矿车的作业过程是从装载点（挖掘机装载处或矿仓）进行编组，而后开往卸载点。最为繁重的作业过程是装载，它对矿车（特别是翻斗车）的强度和可靠性有决定性的要求。露天矿的线路，特别是移动线路，经常处于不满意的状态。同时，在移动线路存在半径小于 80m 的弯道。所有这些都决定了矿车在露天矿的困难的作业条件。矿车保有量的维修保养成本为运输成本的 $10\%\sim15\%$。

为了防止货物黏着和冻结，在翻斗车车体的内部表面使用润湿液体进行预防性处理。润湿体主要有：盐溶液、石油产品、酒精残渣和石油残渣。表面处理的物质消耗量为 $0.3\sim0.4$kg/m^3。

为了保持矿车保有量的完好率，露天矿所有使用的矿车都应进行技术维护和修理。

矿车的日常维护包括一些综合措施，其中包括矿车的技术检查和日常修理。

技术检查是每昼夜进行一次，是为了保证列车的安全运行。在日常修理中，应排除随机故障，用新的或者事先修理好的零件更换有毛病的零件。

日常修理可以不摘钩和摘钩。不摘钩检查和修理是在技术检查站（一般设置在车站）进行。同时进行列车主要部件和零件的检查，排除小的故障。对于意外的日常摘钩修理，矿车驶往技术检查站或车库的专用线路。

最常见翻斗车的意外故障是：自动制动管路和卸载管路漏气，车帮不能完全关死，杠杆传动装置的杆轴损坏等。

与之同时，有必要对气动卸载机构、车体和上部构架进行日常修理。

生产实践中，在冬季几个月中故障增加很严重。因此，需要适当组织技术修理服务。因为在低温情况下，容易出现金属冷脆性和橡皮碗的失去弹性。

矿车的预检修理、机库修理和大修是不同的。

预检修理是对制动系统和翻转系统，牵引缓冲车钩的修理和调整，轴套和轴承的检查。

在机库修理中，对矿车进行局部拆卸，进行轮对检查、检查制动系统、卸载系统、牵引缓冲车钩、矿车构架和车体的状况。

在大修中，对矿车进行完全拆卸。根据记录的故障一览表，对磨损零件进行修复或者更换。

所有的修理方式在电机车-矿车或矿车车库内进行。

矿车库（或电机车-矿车库的车间）为进行轮对修理而装备一些设备，如：加热轮箍的电热炉、车床、车外圆机、立式车床、钻床、刨床、插床和其他床子。并设置机械加工部、锻造-焊接工部、滚轴加工工部和自动化部。

在修理列车时，需采用总成-组合方法，这样可以缩短矿车停留的修理时间和减少成本。此时，必须更换列车的已磨损和有毛病的部件，而且由专业化队进行修理。

矿车修理的间隔日期是根据作业条件，一般是：大修为 3~4 年，机库修理 1 年，预检修理 1~2 个月。

2.4　机车

在露天开采中，有两种类型的机车–电机车和内燃机车得到应用。露天矿用机车有很多特点，其中主要的是机车在没有很大的减速的情况能够克服持久的上坡，而且能通过半径小于 80~100m 的线路弯道；独立性，即与能源的关系不大；在不同的气候条件能保持正常作业；具有很高的经济效果。

2.4.1　电机车运输的概述

俄罗斯学者在露天矿运输领域所进行的研究和多年的生产经验表明：对露天矿条件电力牵引与其他牵引方式比较具有很多牵引操作方面的优点。

电力牵引的主要优点是：在坡度达 40‰ 运行有很好的工作效率；在采用电动翻斗车时，线路坡度可达 60‰，机车的单位功率高而且能够经受非常短时间的过负荷；具有很高的经济效果（系统的有效系数 14% ~ 16%，而电机车本身 86% ~ 88%）；通过几个联组的结合可以增加粘重；机车司机的工作条件较为舒适；对气候条件的变化的敏感性较小；列车在装载和卸载时间内实际上无需消耗能量，这在露天开采中，列车在装载和卸载过程中的停留时间特别能感觉到。

目前，在采用铁路运输的新建和改建的露天矿都规定采用电力牵引。

电力牵引可以采用不同电流和电压。在采用直流电电气化时，电机车集电器上的允许电压 550V、1500V、3000V（这相当于变电站母线的电压 600V、1650V、3300V）。在采用交流电电气化运输时，应采用工业频率 50Hz，电压 10kV 和 25kV 的单相电流。

电器牵引起初是采用直流系统，它在露天矿铁路运输中得到成功地应用，这是因为使用具有特别良好牵引特性，可靠性好的串激直流电机。

目前，露天矿宽轨铁路运输（轨距1520mm）采用的电压1500V。对于那些货运量很大和开采深度很大的投入生产的露天矿着手发展粘重更大和功率更强的机车。为此，就必须增加接触导线的电压。出现两种趋势，一是采用电压3000V的直流系统；二是采用电压为10kV的交流系统。这两种情况，都为大量增加粘重合机车的功率的可能性创造条件。

过渡到采用电压3000V的直流系统，将会对机车的牵引性能有一定的损失。预定为1500V的机车用电机，在增加到3000V电压时，把它们串接起来，将会导致现有附着系数的下降。这样能成功地避免在直流系统时的可控硅变压器。

对于生产企业来说，由于它们运输量的增加，需要改造电力牵引，这样就可以采用电压1500/3000V的直流系统。这时电机车有可能在两种电压值的情况下工作，并逐步地使露天矿过渡到3000V。这方面的例子，Сарбайском露天铁矿铁路运输的电力牵引的改造就是一个。

单相交流电系统也是有前途的。沿接触导线可以把高压（达10～25kV）的电流（工业频率50Hz）经过降压直接供给电机车。由于制造这高效和可靠的正常频率交流牵引电机的难度影响采用这种电力牵引系统。但是，单相直流系统得到了推广，采用这样的系统，供给高压单相交流电的电力机车同样也有降压变压器，整流装置和直流牵引电机。因此，不会减低机车的牵引性能，可以大大简化和减轻供电系统。

目前，有很多露天矿已成功地应用交流电牵引。在这方面有卡奇卡纳尔露天矿，柯尔舒诺夫露天矿，列别金采选公司，库兹巴斯和埃基巴斯图兹露天煤矿等。很多金属矿山和煤矿企业使用的交流系统的电压10kV（将来可能增大到25kV）。

在运输电气化中，建立一条供电系统，它包括为把电能从电力系统传输给运行机车的设施（见图2-30）。电能从发电站通过输电线1传输到牵引变电站。为了使牵引变电站能输送直流电，使用一台变压器2进行降压，而后通过整流器3把交流电变为直流电并入电网。

在交流电的电气化中，电能是直接从降压的牵引变电站输入触网，而交流电变为直流电是在机车上进行。

直流和交流电的牵引网路是由供电线路4、接触线路（导线）5（电能从接触线路通过集电器供给电机车）、轨道回（电）路6和吸收线7（电流沿它流向变电站的母线）。

在露天开采中，经常采取牵引变电站的正母线"+"连接到接触导线，而负的母线与轨道相连接。

牵引变电站可以是固定的或是移动的。固定变电站设置在露天矿的一个边帮

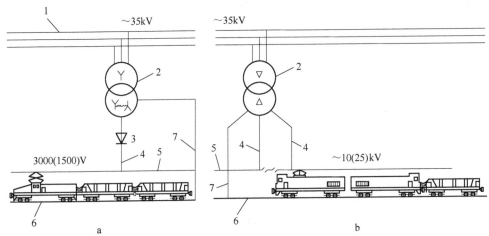

图 2-30　机车的供电系统

a—直流电；b—交流电

处；而移动变电站（用来作为补充的）安装在铁路站台处；它可以随着采掘工作的推进而移设。因此，变电站经常靠近电能的用户。

　　牵引变电站的数目和位置取决于电气化线路的长度、运输系统的配置和分支情况、货流量、电压和牵引负荷的大小。它们的选择是根据技术经济比较。

　　接触网路的主要单元是支架和悬挂在其上面的绝缘体，接触铜导线的断面 85 mm² 或 100mm²。导线的上部用来固定在承重结构上，而导线的下部（接触）面与电机车的集电器接触。

　　露天矿使用的接触网路，根据生产条件，可以划分为固定的和移动的。

　　固定的接触网路是安装在金属或钢筋混凝土支架上，它们彼此之间的距离为 35～50m。

　　接触导线（固定网路）设置在线路的轴线上，距离轨道头的高度 5.75～6.25m。在安装支架时应考虑附近构筑物的外形尺寸。

　　在采用单一线路时，接触网路的支架应采用单臂梁悬挂导线，见图 2-31。在采用 2 条或多条线路时，支架应安装在路基的两侧，并使用横杆连接起来，所有线路的接触导线都固定在横架上。

　　为了减少固定线路上接触导线集电器滑动部分的磨损，采用之字形接触线路悬挂，即在每一根支架上，导线连续地从线路轴线改变方向（200～300mm）。

　　安装在台阶和排土场的移动接触线其特点有两个：

　　其一是它必须定期地随着露天矿工作线推进或排土场的发展进行移设。因此，接触线的支架应该适应经常搬移的要求。目前，几乎都是采用金属和木质的接触网路移动支架，见图 2-32。金属支架固定在轨道线路上。木质支架不与线路接合在一起，这是为了搬移更为方便。

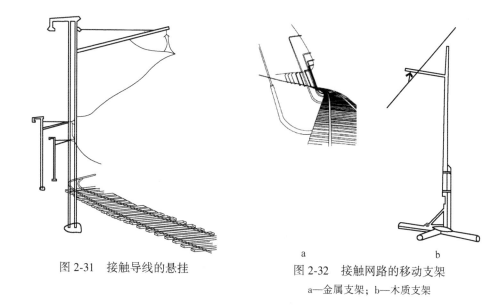

图 2-31　接触导线的悬挂

图 2-32　接触网路的移动支架

a—金属支架；b—木质支架

其二是移动线路的接触导线距离铁路线设置，这是为了不干扰电铲装车，而使用专门的电机车侧面集电器进行集电。导线悬挂的高度 4.4~5.3m。

根据操作技术规程，侧面导线距线路轴线的距离应为 2.7~3.2m。但是，在采用铲斗容积 8m³ 和 12.5m³ 的电铲时，为安全起见，应分别增加到 3.5~4m 和 4.1~4.6m。

在直线段移动电网的支架间距不超过 18m，在半径 100~200m 的弯道处，支架间距应缩小到 7~10m。

在移动接触网操作中（它约占接触电网长度的 60%），主要是工作面和排土场线路在推进过程中的移设。接触电网的改建工作包括原来接触导线的拆除，电网部件的转移或搬运，新路线的电网组装和安装支架，以及安装接触电网。

2.4.2　电动车组的主要类型和参数

电动车组即电力牵引的机车。在露天矿运输中，电动车组可以划分为两个主要组成部分：电机车和牵引机组。

电机车叫做单机，它是使用牵引电机使之动作，用于对整个拖带部分的牵引。牵引机组是由几个部分组成的机车，其中每一部分都是增强总牵引力的一个部分，而且具有特殊的职能功能。通常，在牵引机组的车列中，包括用于操作的电机车、自备电源（柴油发电）和电动翻斗车。

电动车组根据轴数、车体形状、电机的供电方法的不同而不同。一般来说，根据露天矿使用的电机车的挂结重量，采用四轴或六轴。同时，轴数取决于允许的轴荷载，即按照线路情况不应超过 300~320kN。牵引机组部分使用四轴。

露天矿的电机车按照车体的形状而有区别。当前的露天矿电机车使用车辆类型的车体（类似于干线电机车），这就简化了电机车上设备的配置，或者使用司机使设置在机车中间部位的房间类型的车体。

按照电机的供电方法，目前露天矿的电机车可划分为架线式、架线柴油机、架线-蓄电池式。

架线式电机车是露天矿电机车的主要型式。它们是从直流或交流架线网路获取电力。因此，架线电机车的功率实际上不受能源功率的限制。由此，架线电机车与其他类型电机车比较具有非常大的单位功率（功率因素属于黏着重量的功率）。从而可以完成大速度运行和启动时大的加速度。在露天矿的条件下，架线式电机车在上坡 40‰~45‰时而无明显减速运行。

架线式电机车的挂接重量达到 150~180t，功率 2000~2500kW。

架线式电机车的缺点是需要有架线，很难适应采掘工作，特别是在移动的台阶和排土场线路上不受欢迎。

很多国家试图放弃采用移动的架线式电网，而制造一种具有各种自备电源的电机车。

架线式柴油电机车是采用柴油设备作为辅助，在固定线路上，电机车从架线网路得到供电，而在非电气化的移动线路上，电机车从柴油发电机组得到电力。柴油机的功率等于电机车额定功率的 25%~30%，驱动发电机组，把电力供给牵引电机。

采用架线-柴油电机车时，由于无需移动的架线电网和减少牵引变电站的功率，费用下降。这种类型的电机车的价格较架线式电机车要贵 20%~25%。此外，运营和修理都比较复杂。

采用架线式-柴油电机车对于露天矿内部线路的长度很大和排土场的移动线路很长特别适宜。

架线-蓄电池电机车：当移动线路的坡度不大，电机车的牵引电机可以由蓄电池组进行供电。当电机车沿着大坡度的固定线路上运行时，可以从架线电网得到电力。同时，电机车在移动线路工作时消耗的蓄电池组的容量通过再充电得到恢复。

牵引机组是完成架线或架线-柴油机车的功能。在很大程度上，它们满足了对露天矿机车所提出的特殊要求。在架空线路上作业时，当遇到坡度很大的出站线路时，牵引机组所有部分的电机从架空线路获取电力。牵引机组的功率这时可达到 6500kW。当沿着非电气化的工作面和排土场线路上运行时，所有部分的电机将从柴油机-发电机组设备获取电力。柴油机的功率为 1100~1500kW。

在牵引机组的车列中，同样包括电动翻斗车，它是露天矿电力牵引中另一种形式的列车。

此时，翻斗装备有牵引电机和部分的仪表装置，其余的控制仪表设置在牵引机组车列中操作的电机车内。

采用这种形式的列车的合理性取决于如下因素：随着列车重量的增加和线路坡度的增大，电机车所需的挂接重量急剧增加。当线路坡度增加到 50‰ ~ 60‰ 时，电机车所需挂接的重量接近列车的挂接部分的重量。由于大大地增加无效的重物，运输成本大大增加。由于采用电动翻斗车（与机车和矿车组成一起），可以减少电机车的重量。因为，电动翻斗车的黏着重量是通过运输荷载产生的。

电动车组的主要参数是：黏着重量、牵引电机的功率和自备电源。

黏着重量-机车主动轴上分摊的重量。机车的合理挂接重量取决于露天矿运输系统的参数：限制坡道，露天矿的深度，运输的距离。在露天开采条件下，最合理的黏着重量应该符合在挖掘，运输和排土方面总的折算费用是最低值。

在露天矿条件下，电气化铁路运输，在货流量超过（10 ~ 15）×10^6 m^3，其效果最好。在这样情况，其规律是随着黏着重量的增加，消耗也随之下降（见图 2-33）。

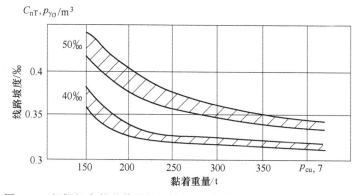

图 2-33 根据机车的黏着重量，挖掘机-铁路组合时的费用变化曲线图

在俄罗斯，露天矿用四轴电机车，黏着重量使用 80 ~ 100t。六轴为 150 ~ 180t。近年来，决定建立四轴黏着重量 120t 单位的方向，根据这一要求组建牵引机组；同时，其黏着重量为 240t 或 360 ~ 370t。

在德国褐煤露天矿，大量的电机车类型的生产经验也证实露天矿机车统一的合理性。在这里使用两种系统类型的电机车：用于窄轨的挂接重量 75t 和用于宽轨的黏着重量 100t。而在西德露天矿使用黏着重量 120 ~ 140t 的电机车。在美国的露天开采中，大多数电机车是在黏着重量 125t，四轴机车的基础上制造的。

功率：露天矿机车的电机的功率取决于工作状态。主要的影响因素是露天矿的深度，坡度大小和上坡时的运行速度。对于不同的矿山技术作业条件，露天矿用电机车的功率可以按照诺模图进行评估（见图 2-34）。在诺模图的左侧是绘制机车单位功率与运输深度的关系曲线；在右侧，不同黏着重量机车总功率与单位功率的关系曲线。考虑到机车不同的作用条件，该黏着重量可以选择露天矿电动车列所需采用功率的范围。150t 黏着重量的机车，单位功率应为 $11\sim14kW/t$，而对于黏着重量 360t 的牵引机组，单位功率为 $15\sim18kW/t$。

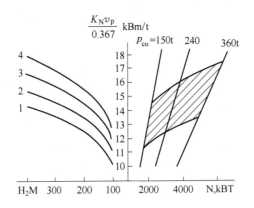

图 2-34　露天矿电机车功率变诺模图

表 2-11 和表 2-12 为露天矿电机车和牵引机组的技术参数。

表 2-11　露天矿电机车的技术参数

参　数	直流电机车				交流电机车
	EL-2	EL-1	21E	26E	Д94
黏着重量/t	100	150	150	180	94
轴的公式	2_0+2_0	$2_0+2_0+2_0$	$2_0+2_0+2_0$	$2_0+2_0+2_0$	2_0-2_0
架线电压/V	1500	1500	1500	1500	10000
小时制的功率/kW	1350	2020	1510	2480	1650
小时制的牵引力/kN	160	242	198	317	200
小时速度/km	30	30	28	28.7	30
轴荷载/kN	250	250	250	300	235
最小转弯半径/m	80	50	60	60	75
垂下伸缩集电器的高度/mm	4660	4660	4800	4960	5250
电机车的长度/mm	13820	21320	20960	21470	16400

表 2-12 露天矿牵引机组的技术参数

参　数	直流牵引机组				交流牵引机组			
	ПЭ2М	ПЭ3Т	EL-10	ОПЭ1	ОПЭ2	ОПЭ1О	ОПЭ1А	ОПЭ1Б
黏着重量/t	368	372	366	360	372	372	372	372
牵引机组的组成	ЭУ+МД+МД	ЭУ+ДС+МД	ЭУ+МД+МД	ЭУ+ДС+МД	ЭУ+МД+МД	ЭУ+ДС+МД	ЭУ+ДС+МД	ЭУ+ДС+МД
轴的公式	$3(2_0-2_0)$	$3(2_0-2_0)$	$3(2_0-2_0)$	$3(2_0-2_0)$	$3(2_0-2_0)$	$3(2_0-2_0)$	$3(2_0-2_0)$	$3(2_0-2_0)$
架线电压/V	1.5/3.0	3.0	10.0	10.0	10.0	10.0	10.0	10.0
小时制功率/kW	2570/5460	5325	4770	6480	5325	5325	5325	5325
小时制牵引力/kN	694	662	681	810	662	662	662	662
小时速度/km	13.6/28.9	29.5	25.7	30	29.5	29.5	29.5	29.5
轴荷载/kN	310	310	305	300	310	310	310	310
电动翻斗车载重量/t	44	44	55	45	44	44	44	44
自备电源的柴油机的功率/kW	—	1470	550	1470	—	1100	1100	1470
最小转弯半径/m	80	80	80	80	80	80	80	80
沿车钩轴轴的长度/mm	51306	51306	52300	59900	51506	51306	51306	51306

注：ЭУ—操作的电机车；ДС—柴油机部分；МД—电动翻斗车。

20 世纪 60 年代以前，露天矿装备的直流和交流电机车主要来自国外。国内露天矿铁路运输的发展，目前已建立起一系列大功率的牵引机组。正如表 2-12 所示，这种类型的机组的数量已是相当的多。目前，牵引机组已缩减为两种类型：交流牵引机组 ОПЭ1（和变型 ОПЭ1В）和使用可控硅电压变换器的直流牵引机组 ПЭ3Т。

这种类型的机组完成了露天矿电机车组的在品质上的发展阶段。目前达到的 360~370t 黏着重量实际上是最合适的，通过改变铁路运输在品质上的性能，继续改进技术经济指标。

2.4.3　电机车和牵引机组的设备

电动车列是由机械系统、气动系统和电力系统组成。车架和车体是属于机械设备。气动系统包括制动和气动设备。电力系统是由牵引电机、变压器、静止式变流器、启动调节装置、集电器、保护装置、辅助电气设备组成。

整个设备的配置应考虑整个一系列的要求，如轮对荷载的均匀分布、安全工作、维护、安装、拆卸的方便，仪器在插件中的组合、导线、母线和导管的最低消耗。

在使用自备电源时，牵引机组为其工作而装备柴油机和必要设备系统（燃料的，水的和润滑油的）。

下面简要的介绍俄罗斯露天矿使用的主要的电机车和牵引机组的类型。

电机车 Д94（见图 2-35）：它是目前工业用电机车使用最多的类型，黏着重量 94t。车体设有一个中央司机室和与其毗连的斜面，在其内安放设备。车体各支撑在两个两轴车架的各自的车架。两轴车架之间不连接，具有纵向平衡的板簧系统和无颚轴套。Д94 交流电机车。16kV 的电网降压是在电机车上使用牵引变压器进行。为了在电机车进行电流整流而安装硅整流器。牵引速度和牵引力是通过阶段变化驱动牵引电机的整流电压进行调节。为把压缩空气供给列车的气动制动装置和翻斗车的卸载系统而装备压气管线。

电机车 EL-1（见图 2-36）黏着重量 150t。六轴电机是有两个部分组成的车体，支撑在 3 个两轴车架上。每一部分车体有一不大的斜面，为司机操作室、设备间。根据运行方向，司机可以在其中一个司机室内进行操作。每一部分通过两个中央球形和 4 个侧向的弹簧支承来支撑两个车架（中部的和端部的）。车架之间进行连接。这样牵引力可通过车架间的连接装置进行传递。端部车架有纵向平衡板簧，而中部车架为非平衡板簧。

直流电机车 EL-1，电压 1500V 电机车控制制度是利用控制器和电力气动接触实施。为了调节牵引电机的速度，进行串联-并联连接，而后并联。电机车装备有电力可变电阻的和气动的制动装置。启动-制动电阻是用铸铁铸造，并使用

图 2-35 Д94 电机车

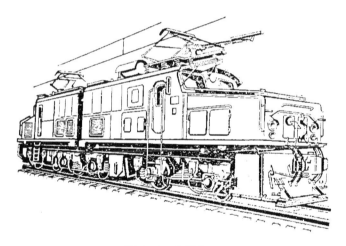

图 2-36 电机车 EL-1

风机进行强制风冷。电机车通常装备两个中央集电器和两个侧面集电器。

交流牵引机组 ОПЭ1（见图 2-37），是由操作的电机车，自备电源环节部分和电动翻斗车组成。每一环节部分的行走有两个统一规格的不连接的两轴车架。牵引机组的车体是末端设置司机室的车辆形状。

为了从架线向牵引电机供电，在操作的电机上安装有变流装置（由电源变压器，成组的转换开关和 2 台整流装置组成）。使用电抗器使整流电流振动平滑。

图 2-37　交流牵引机组 ОПЭ1

　　牵引机组速度的启动和调整是通过分级变化牵引电机的电压（36 分级）（即通过转换变压器线圈的绕组元件）。牵引机组的电阻制动确保在架线无电压情况下制动。

　　在牵引机组的一个环节部分所安装的自备电源是采用功率为 1470kW 的柴油发电机组，它将确保在无电气化的移动线路区段能正常作业。

　　在牵引机组的车列中，采用载重量为 45t 的四轴电动翻斗车。

　　整个牵引机组各环节部分的连接和工作制度规定的系统是：电机车部分与自备电源和电动翻斗车部分挂接（黏着重量 360t），电机车部分与自备电源部分挂接（黏着重量 240t）。

　　牵引机组 ОПЭ1 在 Кузбасса 和 Экибастуза 露天煤矿得到广泛应用。

　　直流牵引机组 ПЭ2М（见图 2-38）是由操作的电机车和两台电动翻斗车组成。

　　操作机组的电机车有一房形的车体。在司机室内设置 3 操作台。车体通过在中央的承座和两侧的支座支撑在每个车架上。

　　操作的电机车和电动翻斗车的车架是统一标准的。具有纵向平衡弹簧悬挂装置，出轨时的安全杠杆。牵引机组无论电压是 1500V，还是 3000V 都可以正常作业。因此，在生产企业的条件下，可以实施运输改造和过渡到更高的电压。牵引电机，在采用架线供电时，与 3000V 电的连接是采用串联和串联-并联，在 1500V 时，为串联-并联和并联连接。

　　除了气动和电阻制动装置外，机组还有磁性轨道制动器，后者可以增加线路坡度和增大运行安全性。

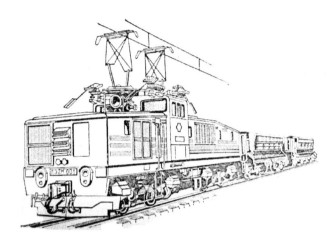

图 2-38　直流牵引机组 ПЭ2М

　　按照同样的结构系统：第聂伯彼得罗夫斯克电机车制造厂（ДЭВ3）完成了交流牵引机组 ОПЭ2 的制造，它是由操作的电机车和 2 台电动翻斗车组成。同时还制造了由操作的电机车，柴油机部分和一台电动翻斗车组成的牵引机组（ОПЭ1А、ОПЭ1Б、ПЭЗТ）。

　　按照结构关系，露天矿电机车和牵引机组有很多共同点。因此，为了更广泛地普及露天矿电动车列，应加强研究其他一些结构要素。

　　机械系统：露天矿电机车和牵引机组的车架为两轴式采用牵引机组单独驱动每一轮对。车架（见图 2-39）由构架 1，轮对 2，轴套 3，弹簧悬挂装置 4，牵引传动装置 5 和制动系统 6 组成。

　　车架的构架连接车架的所有组成部分，它承受车体的重量和侧向拉力（侧向拉力是发生在当机车沿线路弯道运行时）。电机车和牵引机组采用连接的和不连接的车架。连接车架的构架也装备连接部件和车钩装置。在这种情况，牵引力和制动力通过车架的构架进行传递。采用不连接车架时，牵引力和制动力则通过车体的构架来实现。

　　构架一般采用焊接的，构架的主要受力构件为确保必要强度和刚度的盒形截面。

　　在侧面的构架内，为安装轴箱设有导杆和支臂。在构架端部为机车出轨时保护车架而设置木条。

　　轮对（见图 2-40）：电机车的轮对由轴 1，两个轮心 2 和轮箍 3，一个或 2 个设置在轮心之间的齿轮。在轴端固定好轴箱轴承的垫底。轮心使用 1000 ~ 1500kN 的力压紧在轴上。电机车 21E 新轮箍的直径为 1100mm，EL-1 为 1120mm，国产的牵引机组为 1250mm。

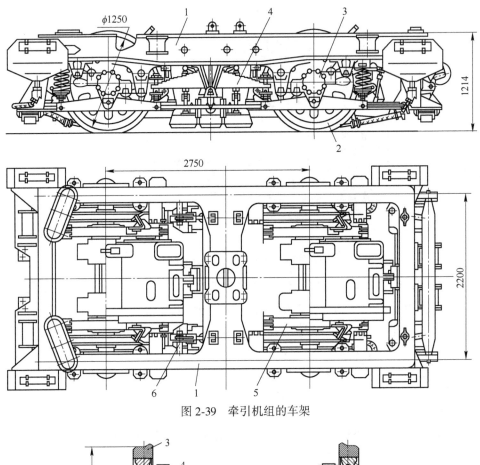

图 2-39 牵引机组的车架

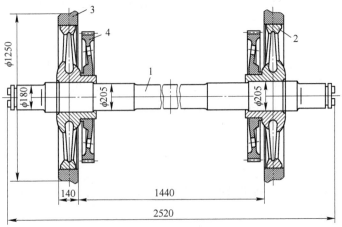

图 2-40 电机车的轮对

齿轮采用斜齿。齿轮是使用优质的镍铬钢制造。传动数量决定电机车的牵引特性，因为它可以变化机车的速度和牵引。

　　装有滑动或滚动轴承的轴箱是用来把轮对的力传递给车架的构架。在电机车21E，EL-1就采用这所谓的轴承座箱。这时，轴箱的外壳垂直移置在构架的缺口内。这样的结构是传统的，在很多矿车和机车都被采用。现代的是无轴承座箱（见图2-39）。此时，车架的构架没有轴承箱的缺口，而轴承箱的外壳是导杆，轴承箱的外壳使用两个拨杆与构架相连接，橡胶金属轴套压装入其铰链内。依靠橡胶的弹性变形可以向上、向下和沿电机车的运行移动外壳。这种轴承箱的优点是无摩擦部件。

　　电机车21E，EL-1，EL-2的轴承箱装有自动润滑滑动轴承。为此，在轴上固定一些叶片，它在转动时，把润滑油从轴承箱外壳的底部舀取，并把它喷洒到各处。润滑油顺着轴承的润滑油槽流入润滑轴颈。在牵引机组的结构中，使用滚柱轴承的轴承箱。

　　弹簧悬挂装置是用减轻从轮对传递的动力和均匀分布轴间的荷载。为减轻冲击，使用扁簧和圆柱形螺旋弹簧。载荷的分布是利用连接各个轴的板簧的平衡器实现（见图2-39）。平衡器是以扁簧的形式或以刚性梁的形式。平衡板簧组是悬挂装的一个点。按照这种方式，完成车体在车架上的支承，来保证车架构架的稳定的位置。

　　牵引传动装置是用来把牵引电机转轴的转矩传递到轮对的轴上。它是以单级双向齿轮传动的形式完成传动。齿轮固定在电机转轴的两端。而齿轮固定在轮对的轮箍上。齿轮传动装置使用形成油槽的外罩进行覆盖。露天矿电机车和牵引机组的齿轮传动装置的传动速度比为4.3~5.6。

　　车架的制动系统是用来把气动气缸的力传递给作用在轮对轮箍上的制动块。制动系统以保证单面或双面加压制动块的杠杆形式完成制动。

　　电机车的本体是用来在其内部设置司机室和所有的设备。

　　电机车Д94和牵引机组ОПЭ1、ПЭ2М、ОПЭ1А（采用非组节式车架），牵引力是由车体进行传递。因此，它通过构建完成。电机车EL-1、EL-2、21E、26E（采用组节式车架），车体没有加强构架，是以覆盖设备的罩的形式来完成。

　　车体的形状取决于司机室的数目和位置。电机车EL-1和牵引机组ОПЭ1是采用车辆型式的车体，设有两个操作室。类似的结构要求电机车班组，在改变运行方向时，从一个司机室过渡到另一个司机室。但是，对设备和仪器装置的配置和维护创造很好的条件。

　　大多数露天矿的电机车和牵引机组（EL-1，Д94，21E，ПЭ2М，ОПЭ1А）是采用房式车体。设有两个操作岗位的司机室位于电机车的中部（或稍有位移），从而改善在两个方向运行时司机的视野。

　　电机车Д94，EL-1和所有的牵引机组，车体通过中央和侧面的支承，支撑在行走车架上。中央支承是用来把本体的重量传递给车架上，而侧面支承是用来增加横向稳定性，电机车 21E，车体和车架是一个整体。这样，车体的构架当作车架的上面的部分。

车体安装在各个独立的车架上，这样保证在轮对之间更均匀地分布载荷，从而改善电机车在弯道处的内切。

气动系统：电机车的气动系统是由几个环节组成：气动制动电机车和列车的制动系统；管理气动传动装置的仪表的控制系统为信号装置，给砂管路和翻斗车卸载的辅助系统。

气动系统的压缩空气是取自安装在电机车或牵引机组上的 2~3 台生产能力 100~150m³/h 的空压机，它把压气压入储罐内，送往管路。通常，空压机会在压力 0.75MPa 时打开，而当压力达到 0.95MPa 时空压机停止。

压缩空气从压气机出来通过油分离器和逆止阀（阻止压气向压气机方向运动的）给入主气罐，而后从供气管路输往在每一操作岗位上的司机制动阀。利用制动阀进行制动和制动管路的充气，压气从那里送到所有的压气分配器和矿车的储备罐（额定压力 0.55MPa）。工业电机车，除自动制动器外，还装备直接作用的制动装置，其动作只是扩展在电机车上。

控制电路的气动系统，把压力 0.5MPa 的压气供给集电器和各种装置（接触器，换向器、调节器）。

辅助气动系统是用来在往电机车车轮下面撒砂子时往撒砂器的喷嘴供给压气，以及为音响信号装置，翻斗车卸载时控制翻转供给压气。

电力系统：露天矿电动车组的牵引电机（见图 2-41）是用来把电能变为机械能。使用直流串激电机作为电动机。牵引电机使用轴向轴承一侧支撑在轮对的车轴上，另一侧使用摆式挂架或平螺旋形弹簧系统固定在车架的构架上。这样，实现电机车每一车轴的单机传动。

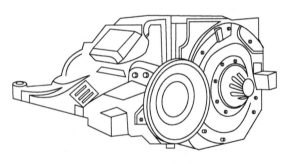

图 2-41　电机车的牵引电机

牵引电机的工作经常在负荷情况下进行启动（每昼夜达 400 次合闸）。牵引电机，由于在启动时以及克服上坡线路需要比额定牵引力更大的牵引力。因此，应具有很大的过载能力。输入电机的电压变化很大，也可能出现集电器脱落架线。在电机运行期间，连续地由于线路的不平度引起的振动和冲击，以及受到粉尘污物，水分和雪的影响。最后，牵引电机的尺寸受到轮对中心之间有限空间的挤紧。同时，牵引电机应该做到方便检查、修理和生产维护。

串激电机的优点是：启动时的牵引力不大，并联电机之间的荷载分布均衡，结构简单。串激电机的特点是：当负荷增加时，它的回转频率将自动的下降。因此，电机车在线路的上坡区段运行时，从架线需要的功率增加不大。

牵引电机的特点是小时功率数值。

小时功率（或消失制动率）叫做最大功率，此时的电机在 1 小时之内不会出现其任何部位产生过热（超过额定值）现象（指绕组或电极）。与小时功率相适应的电机的电流叫做小时电流。为了增加牵引电机的功率设置强制风机。它是一种安装在电机车上的专用风机，使用空气吹冷电机。

在露天矿条件，作为计算，可以采用区别于小时的工作制度（例如，15min 或 30min）。由于在这个时间内牵引电机的过载能力，从而可以做到增加牵引电机的功率，即增加机车的牵引力。

正如上述，在所有露天矿使用的电机车和牵引机组都是应用直流牵引电机。因此，在不同类型的电动车组，给牵引电机供电的方法是不同的。

在交流电机车（ОПЭ1、ОПЭ1А、ОПЭ1Б）上，采用降压变压器和静止式电压变换器。

在直流电机车上，是直接从架线或通过可控硅电压变换器（后者在牵引机组 ПЭ3Т 中使用）来实现向电机供电。

牵引变压器在二次侧设有调节绕组。逆联和顺联绕组可以取得必要的分级调节电压的次数。

半导体变流器是用来把交流电整流为直流电。可控硅整流换流片是用来调节牵引电机的电压。

电机车和牵引机组的控制装置的功能是启动、调节速度、变换运行方向、电气制动。

对于交流电机车的启动，借助控制器的转换，使变压器二次绕组连接的不同组合，来实现分级增加并联连接的牵引电机的电压（牵引机组 ОПЭ1）。电压给到硅整流器，而后给到牵引电机。在牵引机组 ОПЭ2、ОПЭ1А、ОПЭ1Б 上，半导体整流器不仅把交流整流为直流，而且平稳地把电压调节到变压器每一级的范围内，从而可以实现机车的牵引力增加 7%~10%。

对于直流电机的启动，牵引电机采用串联或串并联连接，并在其电路中附加接入限制启动电流的电阻，为增加电机转轴的回转频率，应增加其端子的电压。因此，随着电机车的启动，借助控制器轮流切断单个的启动电阻元件。继续增加运行速度可以通过转换到另一种电机的连接方式——并联来达到。在这种情况下，通过每台电机的电压增加一倍，从而运行速度约增加一倍，采用这种电机连接方式，也可以通过切除启动电阻来实现。

因此，借助控制器实现牵引电路内分级变化电阻和变更牵引电机的连接。这样的控制系统已应用在所有露天矿电机车和牵引机组 ПЭ2М。对于牵引机组 ПЭ3Т，在牵引电机为固定并联时，采用平滑的半导体-脉冲调节电压，这可以增加牵引力 20%～25%。

在电动列车中，除气动制动外，采用以牵引电机的可逆性为基础的电气制动。在机车下坡运行时，电机的电枢利用齿轮传动产生转动，电机带动直流发电机。如果发电机的电路内接入电阻，则发生的电力将被它吸收而转化为热能，从而产生制动效果。电阻制动在露天矿电机车中得到广泛应用。

为完成操作电动车列的所用程序，必须使用全套的启动调整装置（集电器、接触器、控制器、电阻片、转换开关、速动开关、继电器、保护装置）。

根据上述，可以划分为如下几组装置：动力电路装置、控制电路装置和辅助电路装置、保护装置、取暖器和测量仪。

为了给动力电路供电，动力电路一方面通过集电器接上架线，而另一方面通过列车的行走部分与轨道相接，形成回线。

从架线供电是利用设置在电机车车体上的中央和侧面的集电器来实现。

中央集电器（伸缩集电器）是一种铰链框架结构。在机车运行时，集电器的活动部分在弹簧作用以 80～120N 的力压紧架线。伸缩集电器的控制采用气动。

侧向集电器（电机车的每一侧设置一个），应用在电机车沿移动线路运行时，从侧面的架线供电。在集电器不工作的位置，其滑轨与由机车的轴线平行。在向气动传动装置的气缸供给压气时，集电器的臂回转 90°。而后升举臂，臂对架线的施压为 60～80N。

电阻式在动力电路用作启动和电力制动。电阻是使用高欧姆电阻的钢带或铸铁件制造。电阻片是依靠自然通过车体的通风窗或者利用风机进行强制通风，前者是在电机车 EL-2，21E 上使用，而后者是用于电机车 EL-1 和所有的牵引机组。

动力电路的转换是通过接触器实现，一般使用电力气动接触器，而其接入则使用压气。运行的方向利用改变电枢绕组中的电流方向来换向。

动力电路的装置也包括速动自动开关（防止电路短路和过载）；用于切断有故障电机的隔离开关（断路器）；在使用变阻器制动方式时，用作电机电路连接的制动转换开关。

控制电路的装置有控制器，电磁接触器，电力气动阀，调节器，开关和转换开关。

牵引机组的电器设备有：电磁制动的刹车块。刹车块是由 3 组钢导磁体——极和线圈组成，供电电压 50V。

在电机车或电动矿车的每一车架上设置两块磁刹车块，其中一块使用 1 个或 2 个伸缩气缸系在距离 130～150mm 的轨道头之上。为使制动器起作用，往气缸内送入压气，而后，在电磁刹车块输入电压。为使制动器从气缸放下，放出压气，同时从电磁刹车块卸下电压。

每台电机车和牵引机组装备一些辅助的电力设备：为电机车控制电路提供低压电流和蓄电池充电的发电机；运转空气压缩机的压缩发动机；冷却牵引发动机和启动制动电阻的风机发动机。

牵引机组机 ОПЭ1，ОПЭ1А，ОПЭ1Б，ПЭ3Т，柴油发电机组用来作为自备电源，柴油机的功率为 1100kW 或 1470kW。柴油机和发电机安装在一个共同的构架上，并使用弹性联轴器进行连接。通过采用相应供水，润滑油和燃料系统保证设备在不同工作制度下稳定的工作。

2.4.4 运输机式列车

由于采用运输机式列车，使得铁路运输在质的方面达到了一个新的水平，它是一种带式槽形承载货物的列车形式的运输设备，它能装载大块物料连续运行，而且沿轨距有一定的间隔，见图 2-42。

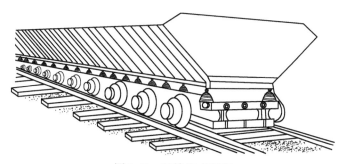

图 2-42 运输机式列车

运输机式列车是由铰链连接的各个单轴车架组成。因此，在小半径的弯道容易内切，而且容易环绕纵轴转动，各个车架的车槽借助挠性的车架间的搭接联成一完整的车槽。

运输机式列车可以使用单斗挖掘机借助移动式料斗进行装载。卸载工作是在移动的或固定的型式的卸载设施上，利用运输机式列车回绕纵轴回转的方法，或者通过卸载头在垂直面回转进行卸载。

运输机式列车是利用橡胶轮胎，采用分散的摩擦式地板传动，或者以线性感应电动机和在线路配置定子（电感器）的形式传动，也可以把这两种形式的传动组合起来。

运输机式列车的运输工艺系统有两种：一种是连续的工艺系统，使用运输机式列车直接将大块矿岩从工作面运至排土场或选矿厂；另一种是间断-连续的工艺系统，它是使用汽车把矿岩运至转载站，而后用运输机式列车继续运出。这两种情况，都要求列车在闭合的环形路线上运行。

在露天开采的条件下，下面的运输机式列车的主要参数值为最优的：货物在车槽内的截面 $1.5 \sim 2m^2$，载重量 $300 \sim 400t$，重载运行速度 $5 \sim 7m/s$。

运输机式列车的主要优点是：可在陡坡（达 $20° \sim 25°$）上工作；能运输大块矿岩（块度可达 1200mm），可以在小弯道半径（$<30 \sim 40m$）的路线上运行；轴载重为 $70 \sim 100kN$；可以采用全自动化作业。

缺点是需要大量数目的传动装置，列车易受交变应力（压缩力、拉力）的影响。

在露天矿采用运输机式列车，目前还存在很大问题，科学研究和设计单位尚需进行研究工作。

2.4.5　内燃机车

内燃机车是一种装备内燃发动机的机车。内燃发动机的功率与其曲轴的转数成正比。在发动机启动时应具有最大的转矩，即具有最大的转数。因此，内燃发动机不能直接与轮对连接在一起。为了启动，发动机与轮对断开，使之空转，而后把转矩平稳地传递给转轴。

转矩传递到主动的方法区分出机械传动的内燃机车，液力机械传动的和电动机械传动的内燃机车。

机械传动的内燃机车，发动机通过齿轮箱和联轴节传动主动轴。这样的系统可以达到 $180 \sim 220kW$。

液压机械传动是一般的液力传动装置与机械传动（齿轮传动）的结合。它可以传动与机械传动更大的功率（达 $600 \sim 750kW$）。

电力机械传动的内燃机车在一般应用和露天矿铁路运输中得到广泛应用。使用电力机械传动的内燃发动机（柴油发动机）使直流或交流发电机转动，把电力供给牵引电机和辅助设备。

内燃机车牵引的主要优点是独立性，见表 2-13。

表 2-13　内燃机车牵引的技术参数

参　数	TЭM1	TЭM2	TЭ3（1 节）	TЭM7
转轴形式	$3_0 - 3_0$	$3_0 - 3_0$	$3_0 - 3_0$	$(2_0 + 2_0) - (2_0 + 2_0)$
挂接重量/t	120	122.4	127	180
轨道的轴压/kN	200	204	210	225
柴油机的功率/kW	735	880	1470	1470
转轴的转数/$r \cdot min^{-1}$	740	750	850	1000
柴油机型号	2Д-50М	ПД-1М	2Д-100	2-2Д49
长时间的牵引力/kN	200	205.5	205.5	350

参 数		ТЭМ1	ТЭМ2	ТЭ3（1 节）	ТЭМ7
长时间牵引力时的速度/km·h⁻¹		9	11	20	10.3
功率/kW	主发电机	625	780	1350	1310
	牵引发动机	87	112	206	1310
沿挂钩的长度/mm		16970	16970	16970	21500
最小弯道半径/m		80	80	150	90
燃料储存量/kg		5440	5440	5440	6000

采用内燃机不需要架线，架线不仅使成本增加，并且使露天矿的作业复杂化。在很多露天矿，移动架线的长度有数十千米，其费用达到运输总费用的 12%~15%。在存在架线时，给爆破工作造成困难。同时，挖掘机从一个工作面转移到另一个工作面以及沿铁路线转运尺寸过大的设备（钻机、起重机等）都会造成不便。这些情况对评估在露天矿使用内燃机车有非常重要的意义。内燃机车牵引在金属露天矿和露天煤矿都得到非常广泛的应用。

现用的内燃机车有：单级式内燃机车 ТЭМ1、ТЭМ2，单节或两节主干线内燃机车 ТЭ3，内燃机车 ТЭМ7（见表 2-13）。

采用电力机械传动的内燃机车 ТЭМ1（见图 2-43），挂接重量 120t，柴油机功率 735kW。内燃机车的设备安装在主构架上。主构架安装在三轴车架的上面。内燃机车的车体由 5 部分组成：冷藏室、机房、高压室、司机室和蓄电池舱。在司机室内装有内燃机车控制仪表的操纵台。内燃机车的操作是通过转动 8 个工位的控制器进行。主发电机与柴油机2Д50 的转轴相接。此外，它还驱动压缩机，

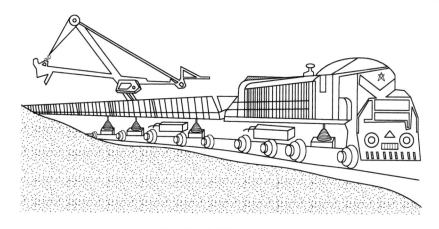

图 2-43 内燃机车 ТЭМ1

冷却牵引发动机的风机，给控制电路供电的发电机，冷却器的风机和照明设备，牵引电机串联连接两组，每组 3 台电机。

内燃机车 TЭM2 与前者尺寸相同，它对增加柴油机功率、弹簧悬挂装置、电力系统进行了改进。

内燃机车 TЭ3（见图 2-44），一节的挂接重量为 127t，在每一节有一台功率 1470kW 的柴油机。内燃机车的动力设备和车体设置在主构架上，支撑在两个三轴车架上。内燃机车的可互换车架装有滚柱轴承箱。内燃机车 TЭ3 通过弯道区段的半径不小于 150~160m。在每一车架上配置 3 台牵引发动机。它通过单向圆柱齿轮传动装置转动车轮。

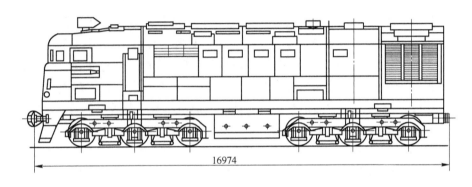

图 2-44　内燃机车 TЭ3

柴油机转轴的前端通过半刚性联轴节与主直流发电机相接，转轴的后端与分配器的减速器相接。通过减速器驱动压缩机，牵引发动机的风机和冷却器的风机。

主发电机的电流进入六台串激的牵引发动机，它们分成 3 组并联，每组 2 台串联。内燃机车的速度及其牵引力的调节是通过改变发电机的励磁和利用燃料供应量的变化来改变柴油机的转数进行调节。内燃机车的每一节有一操作岗位。

内燃机车 TЭM7 是使用电力机械传动装置，它是单级八轴挂接重 180t 的内燃机车，在很大程度上适用于工业运输的条件，内燃机车的司机室有着良好的侧面视野。在结构方面作了一系列现代技术方面的改进：交流牵引发电机、电气设备的冷却系统，为增加挂接重量的利用，机械的分布轴向荷载的系统。

根据内燃机车在露天矿作业的结果分析，可以指出，内燃机车在深度不大，移动线路很长的露天矿，使用的效果最好。在使用内燃机车运输中，购置一台主要设备的基本投资高于电力机车 15%~20%。内燃机车运输的独立性可以缩短矿山基建工作的期限。减少铺设非电气化线路的时间，排除由于爆破工作损坏架线而引起的时间损耗，这一切将增加装运综合生产能力 10%~15%。

2.4.6　机车的技术服务和修理

电动车列的可靠性程度取决于电机车机构完善的程度和生产条件。露天矿电机车损坏的原因是由于如下的主要设备和系统容易出现故障：牵引电机、辅助设备、电气设备、机械部件、气动系统。牵引电机的损坏一般是由于电枢线圈击穿，集电环磨损，齿轮断裂。

电动压缩机的损坏是辅助设备故障最为普及的。在电气设备中最常见的是动力控制器、集电器、控制电路出现故障。机械部分的故障多出自嘴轮切断、弹簧悬挂架的扯断。分析表明：在车库排除电机车的故障每隔 40~50 天就将产生。同时，在生产线产生需要排除的故障（通常由于电气设备故障），其排除的时间不超过 3~4h。

为保持机车处于完好状态及燃料、水、润滑油和砂子的储备得到补给，在露天矿应设有车库和供应品站。

对于露天矿机车，应规定如下形式的机车技术服务和修理。

技术服务（TO-1 和 TO-2）由机车班组（或被招募的修理人员）完成，其职责是保持工作能力，摩擦部件的润滑，以及保证安全运行的行走部件，制动设备，报警和无线电通讯仪表的检查。TO-1 是每天完成一次，而 TO-2 是根据当地的条件。它们是在专用线上进行这方面的服务。

预防检查 TO-3 每 1~1.5 个月专车库进行一次，主要目的是检查和必要的调整。

日常修理 TP-1（小的定期修理）、TP-2（大的定期修理）、TP-3（架修），是在车库内进行检查，更换和修复各个零件，机组和部件。小的定期修理为 1.5 个月 1 次，占用时间 1~1.5 天。同时，仔细地检查机械和电气部分的所有构件排除明显的故障。大的定期修理每 7~8 个月进行一次。其修理作业：架修-15 个月一次。同时进行轮对的辊压和车外圆，牵引机和辅助设备的拆卸，浸渍电枢。

电机车的中修每 3~4 年进行一次，而大修每隔 10 年进行一次。这些修理是在电机车制造厂或者在企业工厂的专门车间完成。修理时间 20~25 天。

内燃机车的大修工作每 5 年进行一次。修理时，修复内燃机车的主要部件和各个组合件，如：柴油机、主要的和辅助的发电机、压缩机、冷却器、牵引发电机和车架的行走部分。

机车的修理，合理采用组合方法，其方法的实质在于对抵达修理的机车，可先查明要修理的部件和组件（车架、发动机、设备等），从机车卸下磨损的组件和在修理车间进行修理。

这样的方法改善了修理的质量和缩短了机车的修理时间。

车库建筑物是由一系列进行各种形式修理的专用车间和修配间组成。修理车间装备有检修坑和起重机。修理间的数目取决于企业的修理工作的总量，其长度取决于机车的类型。

在电机车的车库内，设有各种修配间，如钳工机械间、电机间、浸渍-干燥间、电气器具间、锻造间、轮箍间、浇注间、焊接间、压缩机间、木工间、试验室等。

机车车库划分为主要的和检修的。检修车库只有一个检修坑，用于电机车的技术检查和定期维修。主要车库是建造在露天矿工艺综合工程平台上或者靠近岩石站。通常在露天矿建有并存的电机车-矿车库房，为了修理电机车和矿车分别设置单独的修理间。

正在工作的机车，应及时地补充燃料、水、润滑油和砂子的消耗。为此，在露天矿的各站设有必需品自备站点，在这里设置燃料和润滑油库、给水柱和烘砂间。为缩短机车整备作业的停工时间，所有的工序应是机械化。

2.5　铁路运输的牵引计算

有不同方向和大小的力对正在运行的列车起着作用，它们是：沿运行线路方向的外力或其分力；垂直作用在运行线路上的分力；列车在不稳定运行过程中产生的内力（作用在列车各个单元间）。

沿运行线路方向的外力是影响列车运行的主要影响：它们是牵引力 F，运行阻力 W 和制动力 B。

2.5.1　牵引力

从机车车轮上的牵引发动机传递的转矩，以力偶形式 $F-F'$ 传递给轮缘（图 2-45）。但是力偶不可能使之产生前进动力。为了运动，必须有轨道的外部支承。

在机车停立在轨道时，对轨道产生压力，因而在 O 点，即在轨道与车轮之间产生接合。在车轮在力偶的作用下转动时，产生一个水平的轨道反作用力 F_K，其大小等于 F。在紧贴车轮中心的力 F 的作用

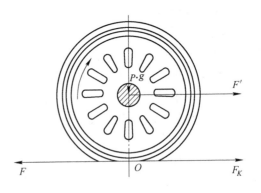

图 2-45　产生切向牵引力的示意图

F'，机车开始动作。但是，因为只有在停在轨道的反作用力的情况，产生运动。因此，把后者叫做作用在轮缘上的切向牵引力或牵引力。

因此，把牵引力叫做机车在与轨道相互作用时产生的控制外力，它紧贴在机

车运行车轮上。

任何机车的牵引力受到了 3 个主要要素的限制，它们是：能源、发动机的功率和黏着重量。

牵引力与黏着重量的关系对所有机车来说都是共同的。当牵引力到达一定的极限，车轮沿轨道滚动，以致轮缘的相切点 O 可以假定为转动的瞬时中心。当 O 点开始与轨道相对运动时，正常运动将被破坏。如果作用的牵引力超过车轮与轨道的黏着力（产生空转），即：

$$F_K > 1000Pg\varphi \tag{2-4}$$

式中　P——单轴机车的重量，t；

　　　φ——黏着系数。

同时，机车产生的牵引力急剧下降，因为黏着力大大减低，而且部分转矩消耗在加速车轮的转动。正常运行的条件是：

$$F_K \leqslant 1000Pg\varphi \tag{2-5}$$

黏着系数是具有机车牵引特性的主要物理量之一。黏着系数 φ 与很多物理因素有关，首先，与接触表面（车轮和轨道）的光洁度和状态有关。

精确地计算 φ 值是不可能的，主要根据试验途径确定。对此，在使用测力计试验或按照电动机的电流测定其最大的牵引力。此时，机车运行不会产生打滑，已知机车的挂接重量和牵引力，确定黏着系数。确定黏着系数的经验公式是：

$$\varphi = a + \frac{b}{c + dv} \tag{2-6}$$

式中　v——运行速度，km/h；

a, b, c, d——常系数，其大小取决于牵引电机的类型，启动系统和速度调整，电机之间的连接方式。

增加黏着系数常用的方法是运行的车轮之间撒砂子。这种方法广泛应用在露天矿线路中极困难的上坡区段，特别是列车在启动时。

电机车和牵引机组的牵引力受到黏着重量和电动机最大允许的电流的限制。露天矿电动车列，采用不同的电动联接方式，其黏着系数是不同的。这是因为：如果牵引电机在电路中串联，则传动电机运行的传动轴彼此形成相互电力依存，以致一个轴的车轮打滑，就会降低轮对之间所有相互电力依存的电流强度。在电机并联时，这种联接感觉就大大减低，而实际牵引力增长 10% ~ 15%。在利用平稳调节牵引力代替分级调节，牵引力增加 5% ~ 10%。此时，将产生电流和牵引力的跳跃式变化。

在采用电机串并联和分级调节速度（电机车 EL-1，2E 和牵引机组 ПЭ2М）时，当区间的运行速度为 15 ~ 30km/h，黏着系数为 0.22 ~ 0.23，启动时，则黏着系数为 0.28 ~ 0.3。

在牵引电机并联，并采用分级调节速度（电机车 Д94，牵引机组 ОПЭ1），运行时黏着系数为 0.25~0.26；而在启动时，则为 0.32~0.34。

在牵引电机并联，并采用平稳调节速度（牵引机组 ОПЭ2，ОП1А，ОПЭ1Б，ПЭ3Т），运行时黏着系数为 0.27~0.29，而启动时黏着系数为 0.34~0.36。

按照沿电机流动的最大电流的换向条件，在换向器上不应该出现不允许的强烈火花。一般来说，最大的电流不应该大于小时制电流值的一倍。

电机车牵引力同样受到牵引电机的发热条件的限制，即在该牵引力，电流流过电机电枢的持续时间产生热量的限制，这种限制取决于机车在具体条件下的工作状态。

电机车（牵引机组）的运行速度 v 和牵引力 f 可以通过变化引入电机的电压和沿电机绕组流过的电流进行调整。

运行速度 v 和牵引力 F 与电机电流 I 的关系式，即 $v = f(I)$ 和 $F = f(I)$ 的关系式，叫做作用在运行车轮轮缘上的机电特性。$F = f(v)$ 的关系式叫做牵引特性。

电机车的运行速度 $v(\text{km/h})$ 是按照规律变化的：

$$v = \frac{U_{\text{ДВ}} - IR}{c\Phi} \tag{2-7}$$

式中　　$U_{\text{ДВ}}$ ——引入电机的电压，V；

$\quad$ R ——电机电路中的电阻，Ω；

$\quad$ Φ ——电机的磁通量；

$\quad$ c ——与电机的极对数量，电机线圈的参数，主动轮的直径和电机转轴与主动轴的传动比有关的系数。

因为磁通量与电机的电流成正比，因此 $v = f(I)$ 的关系式具有双曲线的特性。但是，在大电流情况下，由于电路的磁饱和，关系式不具双曲线的特性，而且当增加电流时，速度的变化不大。

电机车的运行速度大致与进入电机的电压成正比。电机车的有些速度特性适应进入电机的不同的电压。

电机车的牵引力，当电流变化时，其变化的规律是：

$$F = 0.367c\Phi I - \Delta F \tag{2-8}$$

式中　　ΔF ——在电机和传动装置内由于损耗引起的牵引力下降。

电力机械特性可以确定在沿不同剖面要素运行时，电机车的有效电流和速度值。

电力机械特性可以相当精确地使用露天矿电机车（牵引机组）通用特性曲线来表示（见图 2-46）。

通用特性曲线是以相对单位表示的牵引力和速度与电机电流的关系。小时的牵引力，速度和电流值看作100%。当已知该电机车的小时的牵引力，速度和电机的电流值，这些数值的现时值就可根据坐标轴上指定的百分率加以确定。

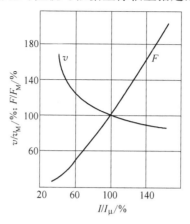

图2-46 露天矿电机车通用特性曲线

机车的牵引特性曲线 $F = f(v)$ 可以根据已知的电动力特性曲线进行强制。电机车（牵引机组）的牵引力定为每台电机所能产生牵引力的总和。图2-47是举例说明在露天矿电机车和牵引机组普遍使用的牵引特性曲线。

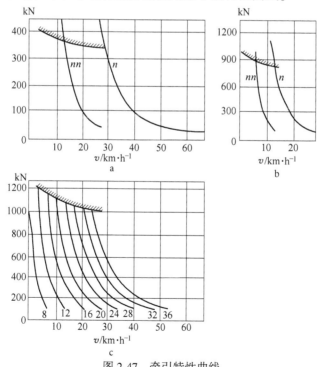

图2-47 牵引特性曲线
a—电机车 EL-1；b，c—牵引机组 ПЭ2M 和 ОПЭ1

内燃机车的牵引力受到柴油机的功率，以及发电机和牵引电机的温升的限制。

发动机的有效功率 $N_{эф}$（кВт），即在发动机的转轴上可以获得的功率。

$$N_{эф} = \frac{iV_h p_i n \eta_M}{30\tau} \tag{2-9}$$

式中　　i——发动机的气缸数；

V_h——气缸的有效容积，L；

p_i——气缸的平均压力，MPa；

n——曲轴的转数；

τ——冲程系数；对四冲程发动机，$\tau = 4$，而对于两冲程发动机，$\tau = 2$；

η_M——发动机的机械效率，$\eta_M = 0.7 \sim 0.9$。

对于使用电力机械传动的内燃机，发电机把内燃发动机的有效功率变为电流功率（kW）。

$$N_{эф}\eta_\Gamma = N_\Gamma \frac{UI}{1000} \tag{2-10}$$

式中　　N_Γ——发电机的功率，kW；

η_Γ——发电机的效率；

U——电压，V；

I——电流强度，A。

内燃机的主动轮缘上产生的功率（能力）：

$$N_K = N_\Gamma \eta_B \eta_{Д\cdot3} = N_{эф}\eta_\Gamma \eta_B \eta_{Д\cdot3} \tag{2-11}$$

式中　　η_B——用于辅助目的（传动风、制冷压缩机等）的电能损耗系数；

$\eta_{Д\cdot3}$——电机和齿轮传动装置的效率。

电机车的切线牵引力（N）：

$$F_K = \frac{3600N_K}{v} = 3600 \frac{N_{эф}}{v}\eta_\Gamma \eta_B \eta_{Д\cdot3} \tag{2-12}$$

2.5.2　运行阻力

在运行过程中，出现的与列车运行方向相反的反控制力叫做阻力。

阻力可以划分为列车在线路直线水平区段运行时产生的主要阻力和沿坡度线路的弯道运行时和启动时产生的附加阻力。几乎所有的运行阻力与列车的重量成比例，因此在计算中使用单位运行阻力（N/t），即列车单位重量的阻力。

主要运行阻力：在线路的直线水平区段只是产生主要阻力，它由 3 个部分组成：

（1）运行列车的内阻力，主要取决于轴承箱内的摩擦力。摩擦力本身也与轴承箱的轴承的类型，润滑油的种类和数量以及周围环境的温度有关；使用滚柱轴承的内阻力大大低于滑动轴承的内阻力（特别是在启动时）。

（2）车轮与轨道之间由于滚动摩擦和滑动摩擦，外轮缘触着轨道和接缝处的冲击，线路的弹性挠曲的结果而产生的线路阻力。对于露天矿线路，特别是移动线路（平面和剖面的不平度），线路阻力是基本运行阻力的主要分量。

（3）空气介质（列车截面积和运行速度的平方成正比）的阻力。对于露天矿条件，列车的运行速度不超过 30～40km/h，计算中可以不考虑空气介质的阻力。

由于决定基本运行阻力的因素很多，实际上不可能精确地计算出其各个分量。因此，单位基本阻力的计算值 ω_0 是按照经验公式来决定，而经验公式是根据大量的试验测定取得的。

经验公式一般考虑了 3 个主要因素建立起来的，它们是：列车的结构，列车的重量和运行速度，它们的形式有：

$$\omega_0 = a + bv ; \omega_0 = a + bv + cv^2 \tag{2-13}$$

$$\omega_0 = a + \frac{bv^2}{q} \tag{2-14}$$

式中　　ω_0——单位基本运行阻力；N/t；

a，b，c——反映影响线路状态、列车结构、润滑油种类等的经验系数；

v——列车运行速度，km/h；

q——矿车重量，t。

翻斗车沿露天矿线路运行的基本阻力可以按照工业运输设计研究院的公式进行确定。

对于在标准轨距的固定线路上运行的四轴重载翻斗车：

$$\omega_0'' = 31 + 0.2v \tag{2-15}$$

对于六轴和八轴的重载翻斗车：

$$\omega_0'' = 36 + 0.4v \tag{2-16}$$

电机车在电流作用下和无电流作用时运行阻力是不同的，分别为 ω_0' 和 ω_x'；这两种情况都将由于行走部分和齿轮传动装置内的摩擦损耗而增加阻力。

露天矿机车在电流作用下运行时的单位基本运行阻力：

$$\omega_0' = 2.8 + 0.8v \tag{2-17}$$

在无电流作用下的阻力：

$$\omega_x' = 3.6 + 0.9v \tag{2-18}$$

当列车沿移动线路运行时，基本运行阻力增加 20%～25%。

随着列车的改善和轨道线路状态的改进。将要改变所采用的确定基本运行阻力的经验公式。其中，由于在露天矿运用新的列车，有必要重新经验确定列车的运行阻力。

在计算中，传统上大都使用列车单位基本阻力。

$$\omega_0 = \frac{p\omega_0' + Q\omega_0''}{p + Q} \qquad (2-19)$$

式中　p ——机车的黏着重量，t；

　　　Q ——列车拖挂部分的重量，t。

在固定线路上运行时的近似计算中，$\omega_{o \cdot CT}$ = 40/45N/t，而在移动线路 $\omega_{o \cdot \Pi ep}$ =50/55N/t。当矿车在前面运行时，列车的运行阻力将增加 20% ~ 25%。

附加的运行阻力——由于线路坡度产生的阻力。当列车沿坡度运行时，列车由于其重量的分量作用而经受附加阻力（见图 2-48），如果把列车的重量集中在重心，则力 Q_g 分解为两个分力，一为分力 $Q_g \cos\alpha$，它与运行方向垂直，等于轨道的反作用；另一个分力 $\omega_i = Q_g \sin\alpha$，与运行方向平行，该分力就是由于坡度引起的阻力。

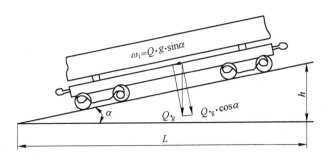

图 2-48　确定由于线路坡度引起阻力的示意图

因为，在采用机车牵引时，α 角不超过 4°，所以 $\sin\alpha \approx \tan x$。这样，$W_i = 1000Q_g \tan\alpha$。

坡度的斜率取决于在 1000 长度上提升或下放的数值，以‰表示：

$$i = \frac{h}{l}1000 = 1000\tan\alpha \qquad (2-20)$$

所以

$$W_i = Qgi \qquad (2-21)$$

由坡度引起的单位阻力（N/t）：

$$\omega_i = \frac{W_i}{Q} = gi \qquad (2-22)$$

由于坡度引起的单位阻力，在数量上大约等于十倍于坡度值（‰），也就是每千分之一坡度当量于阻力 9.8N/t。

当列车上坡运行时，由坡度引起的阻力为正值，而当列车下坡运行时，则为负值。因为，此时列车重量的分量有助于列车运行。

由于线路的弯道引起的阻力。在列车通过线路弯道时，由于车轮轮缘紧贴轨道车轮滑移，矿车和机车的车架扭转的附加摩擦而产生的阻力，它们主要与弯道的半径和轨距宽度有关，为计算 ω_R，可使用如下的经验公式：

$$\omega_R = \frac{A}{R} \quad \text{或} \quad \omega_R = \frac{A}{R}\frac{S_R}{l_\Pi} \tag{2-23}$$

式中　A ——经验系数；

　　　R ——弯道半径，m；

　　　S_R ——弯道长度，m；

　　　l_Π ——列车长度，m。

弯道半径/m	$\geqslant 300$	<300
单位阻力 $\omega_R /\text{N} \cdot \text{t}^{-1}$	$\dfrac{7000}{R}$	$\dfrac{9000}{100+R}$

（轨迹宽度 1520mm）

换算坡度，当同时出现弯道和坡度时，我们用总阻力来表示，用虚拟上坡代替由于弯道引起的阻力。

启动时的阻力对于装备滚柱轴承箱的列车，机车和矿车，启动时的附加阻力 ω_{TP} 为 30~40N/t。

列车运行时的总阻力等于各阻力的总和：

$$W = P(\omega'_O + \omega_R \pm gi) + Q(\omega''_O + \omega_R \pm gi) \tag{2-24}$$

2.5.3　制动力

制动力是用人工的方法建立一种可以调节的外力，其方向与列车运行相反。

在露天矿，铁路运输采用如下的方法制动列车：

摩擦制动，是利用制动块对车轮或轨道的作用而产生的摩擦力进行制动。按照控制方法，摩擦制动可划分为气动的、电控气动的和电磁的。

电力（电动的）制动是通过电机车牵引电机转换为发电机工作状态实现制动。同时可区分为再生制动（它把再生的电能返回架线）和电动力制动（它是把产生的电能通过制动电阻器消耗掉并把热能散发到周围大气）。

露天矿列车的主要制动形式是通过采用制动块压紧机车和矿车的车轮达到摩擦制动。

由于制动块使用压力 K 压紧滚动的车轮（见图 2-49），从而产生摩擦力 $K\varphi_k$（φ_k 为车轮与轨道之间的摩擦系数）。由于引起轴承箱的反作用，则摩擦力 $K\varphi_k$ 与之一起形成内力偶（$K\varphi_k\text{-}OC$）。使用等值力偶 B_oB_k 替代内力偶。车轮与轨道黏着的力 B_o，使之产生轨道水平反作用力，它将使运行放慢。此时，产生类似形式牵引力的过程，因此，制动力：

$$B_k = K\varphi_k \qquad (2\text{-}25)$$

制动力的大小，正如牵引力，受到车
轮与轨道的黏着限制。

$$K\varphi_k \leqslant P_{cu}g\psi_T \qquad (2\text{-}26)$$

当违反上述条件时，就将使车轮不能
转动（即在地上拖着运行）。

制动块压紧车轮的有效摩擦系数：

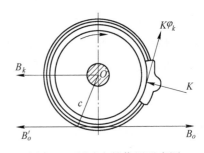

图 2-49　制动力的作用示意图

校准的铸铁制动块：

$$\varphi_k = 0.78 \times \frac{16K + 100g}{80K + 100g} \times \frac{100}{3.18v + 100} \qquad (2\text{-}27)$$

合成制动块：

$$\varphi_k = 0.603 \times \frac{5K + 100g}{20K + 100g} \times \frac{100}{1.4v + 100} \qquad (2\text{-}28)$$

制动块压紧车轮的有效值取决于制动气缸内的气压及其直径，杠杆传动装置
的传动速度比及其效率。

在露天矿运输中，制动计算是按照作用在制动块上的有效制动压力进行。矿
车通常是采用制动块单侧对车轮施压，因此在轴上设置两个制动块。电机车、牵
引机组和内燃机车为双侧制动，在一个轴上的总的制动块数目等于 4 个。

铸铁制动块的摩擦特性区别于组合制动块的特性，铸铁制动块的主要缺点是
在运行速度加大时，急剧地减低摩擦系数。这就是说，列车的制动力随着运行速
度的增大而急剧地下降，组合制动块的摩擦系数大于铸铁制动块。因此，当运行
速度增大时，仍保持相当稳定。

各种不同列车的制动压力值列于表 2-14 内。

列车的制动力（N） B_k 等于各制动块有效压力的总和乘以有效摩擦系
数 φ_k：

$$B_k = 1000 \sum K\varphi_k \qquad (2\text{-}29)$$

单位制动力（N/t）：

$$b_k = \frac{B_k}{P+Q} = 1000\varphi_k \frac{\sum K}{P+Q} \qquad (2\text{-}30)$$

比值 $\dfrac{\sum K}{P+Q}$ 称作列车的制动系数 ν，它表示每吨列车重量（或 1000t 列车重
量）的制动块的压紧力（N）。

在计算中，考虑到采用紧急制动，因此建议制动系数值采纳其全值。而在考
虑常规制动时，ν 值建议采纳其全值的 0.8。

此时，

$$b_k = 1000\varphi_k\nu \tag{2-31}$$

在应用磁力轨道制动装置时，在牵引机组上需要附加制动力：

$$B_{MP} = n_6\phi_6\varphi_6 \tag{2-32}$$

式中 B_{MP} ——磁力轨道制动装置的制动力，N；

n_6 ——制动闸瓦的数目；

ϕ_6 ——制动闸瓦作用在轨道上的电磁引力；

φ_6 ——制动闸瓦与轨道接触的摩擦系数：

$$\varphi_6 \approx 0.032 \times \frac{417 - \nu}{29 + \nu} \tag{2-33}$$

表 2-14 各种列车制动压力值参数

列车		当制动气缸内的压力为 0.4MPa、0.36MPa 和 0.14MPa 时有效压紧力/kN					
		0.4		0.36		0.14	
		制动块	总的制动块数	制动块	总的制动块数	制动块	总的制动块数
电机车 EL-1		69	828	42	504	20	240
牵引机组 ПЭZM、ОПЭ2、ОПЭ1А、ОПЭ1Б、ПЭ3Т（3 节）		43/19	2064/912	26/12	1248/576	12/5	576/240
牵引机组 ОПЭ1（3 节）		50	400	32	1536	15	720
翻斗车	6ВС-60	37/24	296/192	23/15	184/120	11/9	88/72
	2ВС-85	35	420	22	264	11	132
	2ВС-105	38/22	368/216	24/14	232/136	12/7	120/64
	ВС-180	—/22	—/352	—/14	—/14	—/7	—/112

注：斜线以前指指铸铁制动块，而斜线以后为组合制动块。

在使用电阻器制动（电动力制动）时，可使用启动制动电阻器或专用电阻器。此时，制动力将随着速度的增长而增大（见图 2-50），从而保证电阻制动的机械稳定性。为了保持列车在下坡运行以正常速度运行时，轻轻地制动是非常重要的。这种特性导致列车在下行时不可能完全停住，因为在慢速时，电动势消失而且电流终止，制动作用也就停止了。

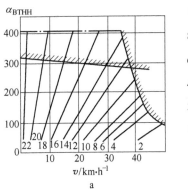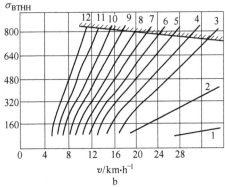

图 2-50　制动特性曲线

a—电机车 EL-1；b—牵引机组 ОПЭ1

2.5.4　运行方程式

列车的运行方程式是表示列车的加速度和牵引力合力，运行阻力和制动阻力之间的数字关系式。

列车的运行可以看作是列车集中在重心的重量位移。因此，按照牛顿定律，作用在列车的合力为

$$R = M_1 a$$

式中　a——列车加速度，m^2/s。

在速度无限小变化时，$a = \dfrac{\mathrm{d}v}{\mathrm{d}t}$。

如果列车重量 M_1 只是直线平移运动，则其大小可以通过机车的黏着重量 P 和列车拖挂部分的重量 Q 来确定：

$$M_1 = M = 1000(P + Q) \tag{2-34}$$

但是列车的某些部分，在直线运动的同时，完成回转运动（机车和矿车的轮对、牵引电机的电枢、齿轮传动装置的齿轮）。因此，有效（换算的）重量：

$$M = M_1 + \gamma M_1 = 1000(1 + \gamma)(P + Q) \tag{2-35}$$

式中　$1 + \gamma$——回转质量的惯性系数，对于牵引机组为 1.2~1.3，而对于重载矿车为 1.03~1.05。

如果列车运行时，作用在列车上的只是牵引力和阻力，则合力

$$R = F - W \tag{2-36}$$

代入 R，M 和 a 值，则得：

$$F - W = 1000(1 + \gamma)(P + Q)\frac{\mathrm{d}v}{\mathrm{d}t} \tag{2-37}$$

最后，列车的运行方程式：

$$\frac{\mathrm{d}v}{\mathrm{d}t} = \frac{1}{1000(1 + \gamma)} \frac{F - W}{P + Q} \tag{2-38}$$

设：

$$c = \frac{1}{1000(1 + \gamma)}$$

而对于生产运营计算，采用加平均值：

$$1 + \gamma = 1.08 \text{ 和 } c = \frac{1}{1080}$$

当作用力使用单位值时，运动方程式可以认为是列车的重量单位。
单位牵引力：

$$f = \frac{F}{P + Q} \tag{2-39}$$

单位阻力：

$$\omega = \frac{W}{P + Q} \tag{2-40}$$

单位制动力：

$$b = \frac{B}{P + Q} \tag{2-41}$$

运动方程式（单位形式）：

$$\frac{\mathrm{d}v}{\mathrm{d}t} = c(f - \omega) \tag{2-42}$$

$f - \omega$ 的差数叫做加速力。根据运动状态，这可能是局部的情况：

均速运动时，$\frac{\mathrm{d}v}{\mathrm{d}t} = 0$，因此，$f - \omega = 0, f = \omega$，就是说牵引力完全消耗在克服阻力（主要阻力和附加阻力）。

如果 $f > \omega$，则 $\frac{\mathrm{d}v}{\mathrm{d}t} > 0, \frac{\mathrm{d}v}{\mathrm{d}t} = c(f - \omega)$，这说明是加速运动。

如果 $\frac{\mathrm{d}v}{\mathrm{d}t} = \pm c\omega$，则产生无牵引力和无制动力作用的运动，根据 ω 的符号（±），运动是减慢或者加速；如果 $\frac{\mathrm{d}v}{\mathrm{d}t} = - c(\omega + b)$，则通过采用制动减慢运动。

2.5.5　牵引计算

在铁路运输中，牵引计算的目的是确定列车的重量，制动的条件和结果，制定沿线路各区段的运行时间和速度，牵引电机在运输中的发热程度和电能消耗。

列车的重量：在露天矿条件下，列车的重量是根据按限制坡度匀速运行的条件和机车黏着重量的全部利用确定。

在匀速运行时，$\dfrac{\mathrm{d}v}{\mathrm{d}t} = 0$，牵引力等于运行阻力：

$$F_k = P(\omega_0' + gi_p) + Q(\omega_0'' + gi_p) \tag{2-43}$$

式中　P——机车的计算重量，t；

　　　Q——列车挂接部分的重量，t。

由此，

$$Q = \frac{F_k - P(\omega_0' + gi_p)}{\omega_0'' + gi_p} \tag{2-44}$$

牵引力值：

$$F_k = 1000 P_{cц} g\psi \tag{2-45}$$

式中　$P_{cц}$——机车的黏着重量，t；

　　　ψ——运行时的黏着系数；

　　　g——自由落体加速度，$\mathrm{m^2/s}$。

为此，列车的挂接部分的重量：

$$Q = \frac{1000 P_{cц} g\psi - P(w_o' + gi_p)}{w_o'' + gi_p} \tag{2-46}$$

对于现今的露天矿电机车，牵引机组和内燃机车 $P = P_{cц}$。则：

$$Q = \frac{P_{cц}(1000 g\psi - \omega_o' - gi_p)}{\omega_o'' + gi_p} \tag{2-47}$$

在使用牵引机组时，可以加上某些不同用途的内容，如：

$$P_{cц} = P_{э\cdot y} + P_{д\cdot c}$$

$$P_{cц} = P_{э\cdot y} + P_{λд\cdot c} + P_{м\cdot д}$$

$$P_{cц} = P_{э\cdot y} + 2P_{м\cdot д}$$

式中　$P_{э\cdot y}$——操作的电机车的黏重；

$P_{д\cdot c}$，$P_{м\cdot д}$——分别为柴油机自备电源环节部分的黏重和重载电动翻斗车的黏重。

列车中矿车数量：

$$n = \frac{Q}{q + q_{т}} = \frac{Q}{q(1 + K_{т})} \tag{2-48}$$

式中　q，$q_{т}$——分别为挂接矿车的载重量和皮重，t；

　　　$K_{т}$——挂接矿车的车皮系数。

列车的有效重量：

$$nq = \frac{Q}{1 + K_{\text{т}}} + n_{\text{м·д}} q_{\text{м·д}} \tag{2-49}$$

式中 $n_{\text{м·д}}$ ——电动翻斗车的数目；

$q_{\text{м·д}}$ ——电动翻斗车的载重量，t。

当列车停止在限制坡度或缓坡上，按照在指定剖面的启动条件，并考虑启动时的运行阻力和牵引力克服惯性力的损耗，来测试列车的习用重量。

最后，根据运行方程式，得出的列车挂接部分的重量：

$$Q = \frac{P_{\text{см}}(1000g\psi_{\text{тр}} - \omega_o' - \omega_{\text{тр}} - gi_{\text{тр}} - 1080a)}{\omega_o'' + \omega_{\text{тр}} + gi_{\text{тр}} + 1080a} \tag{2-50}$$

式中 $\psi_{\text{тр}}$ ——启动时的黏着系数；

$\omega_{\text{тр}}$ ——启动时的附加阻力，N/t；

a ——启动时的加速度，$a = 0.05 m/c^2$；

$i_{\text{тр}}$ ——列车启动时所处的坡度，‰。

列车启动所处的线路坡度是不同的，最有利的是在平坦地段（$i_{\text{тр}} = 0$）；最困难的是在限制坡度上启动（$i_{\text{тр}} = i_{\text{р}}$）；列车的启动有可能在缓坡上，其数值小于 $i_{\text{р}}$。列车的启动条件取决于（不计紧急情况）工作水平与出车沟的连接状态。

在使用内燃机车时，牵引力受到柴油机的功率，列车挂接部分的重量的限制。

$$Q = \frac{3600 \frac{N_{\text{эф}}}{v} \eta_{\text{г}} \eta_B \eta_{\text{д·э}} - P(\omega_o' - gi_{\text{р}})}{\omega_o'' + gi_{\text{р}}} \tag{2-51}$$

制动设备：列车应保证以规定的速度安全运行，并保证在制动线路的长度上停车。所谓制动线路就是列车从制动开始到停车所行走的距离。

完全的，或者计算的制动线路（m）：

$$S_T = S_{\text{п}} + S_{\text{Д}} \tag{2-52}$$

式中，$S_{\text{п}}$ 为列车在制动装置起作用之前所通过的准备制动的线路，它取决于这段时间和在该时间内的运行速度 $v_{\text{н}}$。

在铁路上，当坡度达 20‰时，$S_{\text{п}}$ 的传统计算方法是：

$$S_{\text{п}} = \frac{1000v_H t_o}{3600} = 0.278 v_{\text{н}} t_o \tag{2-53}$$

当列车沿露天矿的陡坡运行时，应该考虑：在制动装置起作用之前，由于增加运行初速，导致准备制动线路的增长。

由此：

$$S_{\text{п}} = \frac{1000v_{\text{н}} t_{\text{п}}}{3600} + 4.62 \times 10^{-4}(gi - \omega_o) t_n^2 \tag{2-54}$$

使用气动制动器时，制动器准备作用的时间为 4~5s，而使用电控气动制动器为 0.5s。

$S_{\text{Д}}$ 为有效的（实际的）制动线路长度，它是使用近似解析分方法求解方程式。

该方法是：在列车运行方程式中，使用速度有限增量替代速度的无限小增量，并在这小增量的极限内，加速力按常数进行计算。

当在速度（v_1，v_2）的范围内，采用 $f-\omega$ 的力为常数时，就可得到速度与距离的关系式 $v = f(S)$。

$$\Delta S = S_2 - S_1 = \int_{v_1}^{v_2} \frac{v \mathrm{d}v}{c(f-\omega)} = \frac{1}{c(f-\omega)} \int_{v_1}^{v_2} v \mathrm{d}v = \frac{v_2^2 - v_1^2}{2c(f-\omega)} \tag{2-55}$$

假定 $v_2 = v_{\text{н}}$ 和 $v_1 = v_{\text{к}}$，则得到：

$$\Delta S = \frac{1000(1+\gamma)(v_{\text{н}}^2 - v_{\text{к}}^2)}{2 \times 3.6^2(f-\omega)} = \frac{1000(1+\gamma)(v_{\text{н}}^2 - v_{\text{к}}^2)}{2 \times 3.6^2(b_{\text{к}} + \omega_o - gi)} \tag{2-56}$$

$v_{\text{н}}$，$v_{\text{к}}$——分别为运行的初速和终速，km/h；

式中　　$b_{\text{к}} + \omega_o - gi$——合力；

i——坡度大小值。

根据这一公式进行制动，经过制动，列车停止，$v_{\text{к}} = 0$。

最后：

$$S_{\text{л}} = \frac{41.6(v_{\text{н}}^2 - v_{\text{к}}^2)}{b_{\text{к}} + \omega_o - gi} \tag{2-57}$$

为近似求解，单位制动力可以看做是常数，等于从 $v_{\text{н}}$ 到 $v_{\text{к}}$ 的范围的平均值。为了更精确求解，制动线路可以按照各个分段线路进行计算。为此，采纳在 5~10km/h 的范围内变化速度。

对于露天矿的条件，计算的制动线路的长度规定为 300m。

制动任务的解决，在于确定在采用已知的制动设备和初速的情况下的制动线路的长度，或者在规定速度下为安全运行确定必需的制动设备。

对于露天开采的条件，这里的坡度达到 40‰~50‰，还有继续坡度增加的趋势。加强列车的制动设备已成为增加列车速度和运行安全性的条件之一。

在采用气动制动装置时，可以通过缩短制动缸储气时间来加速制动过程（利用压气分配器的改进）。但由于自动车不允许很大的动力出现，加速过程大于 4~5s，这是不适宜的。要继续缩短动作时间，通过采用电控气动传动达到，因为它有可能同时吸动所有矿车的空气分配器动作。

电控气动制动器不同于气动控制方法。使用电流控制制动器可以做到同时在整个列车长度以一个单元工作。这就可以大大加速制动缸的储气。作用和储气的快速的同时性，在实施制动力时赢得了时间。采用电力控制制动器，制动线路的长度，较之气动控制制动器，缩短 20%~25%。

当应用磁力轨道制动器可以大大提高制动的效果。

列车上使用气动装置和在牵引机组使用磁力轨道制动装置结合起来可增加列车的制动力 30%，从而相应地可以减少制动线路的长度 25%~30% 和增加允许的列车的运行速度。

电机车和牵引机组采用电动力制动，可以达到很大的制动力。因为，电阻制动大大增加了运行的安全性，并可以使列车在露天矿的运行速度达到安全等级。

列车的运行速度和时间：列车沿不同线路剖面要素运行时，确定速度的方法有很多。精确的方法是根据运行方程式的图解积分法和解析积分法，其特点是繁琐和繁重。

露天矿的牵引计算，经常应用以推测为基础的近似法确定速度。

实际上，露天矿的线路是由大量的不同剖面要素所组成。严格地说，运行速度的确定，应该对每一个剖面要素单独地来进行。为简化计算，通常采纳拉直剖面，使用一个假定剖面的要素替代一系列剖面要素。

$$i_c = \frac{1000\ (h_{\text{к}} - h_{\text{н}})}{\sum S_i} \quad \text{或} \quad i_c = \frac{1000 \sum i_i S_i}{\sum S_i} \tag{2-58}$$

式中　$h_{\text{к}}$，$h_{\text{н}}$——分别为拉直区段的初始和最终标高，m；

　　　i_i，S_i——分别为进入拉直区段中每一剖面要素的坡度，‰和长度，km。

对在拉直区段的每一要素，检查拉直可能性的条件：

$$S_i \leqslant \frac{2000}{\Delta i} \tag{2-59}$$

式中　S_i——拉直区段任何要素的长度，m；

　　　Δi——拉直区段的假定坡度和被检查要素之间的绝对差，‰。

在拉直过程中遇到的线路弯道区段 S_R，可使用在拉直区段的长度上增铺上坡 $\sum S_i c$ 来替代，并考虑在弯道和增补上坡的阻力。

$$\frac{7000}{R} S_R = i_{\text{д}} \sum S_i \tag{2-60}$$

由此：

$$i_{\text{д}} = \frac{7000}{R} \frac{s_R}{\sum S_i} \tag{2-61}$$

当存在弯道时，拉直区段的坡度：

$$i_c' = i_c + i_{\text{д}} \tag{2-62}$$

拉直剖面应保持有效（实际）剖面的显著特点。通常，这样的线路区段是在露天矿台阶上，在出车沟、在地面、在排土场的进车线和排土场。

为确定定常（均衡）的运输速度，而使用机车的牵引特性。根据条件确定沿每一拉直剖面要素均衡运行时的牵引力：

$$F = P(\omega_o' \pm gi_c) + Q(\omega_o'' \pm gi_c) \tag{2-63}$$

而后，按照牵引特性曲线，确定相应的牵引力的运行速度。同时应始终力求以最大的速度运行，但不超过受安全运行条件限制的速度。当下坡运行时，当处于制动状态时，速度应根据制动条件采用最大允许值。在推进的台阶和排土场线路，运行的最大速度，一般限制在 20~25km/h。根据已知的速度 v（km/h）确定长度 S(m) 的该线路区段的运行时间 t(h)：

$$t = \frac{S}{1000v}$$

紧接着对所有的列车运行的区段进行计算。同时，当列车从固定线路转换到移动线路，要变更 ω_o' 和 ω_o'' 值，在空车运行时，把 $Q_{пор}$ 值列入计算中。

计算系统采用如下方式：

No.	剖面要素	运行阻力 $(\omega_o \pm gi)$ /N·t^{-1}	列车重量 $P+Q$ /t	牵引力/N	运行速度 /km·h^{-1}	沿剖面要素的运行时间 /h

运行总时间：

$$t_{дв} = \sum t_{гр} + \sum t_{пор} + t_{р·з} \tag{2-64}$$

式中　$\sum t_{гр}$，$\sum t_{пор}$——分别为重载和空载列车运行的总时间；

　　　　$t_{р·з}$——由于列车在各个站点停车时产生的时间修正值，每次加快为 2min 的修正值，每次减慢为 1min。

发动机发热的检查：

在采用电机车和内燃机车牵引时，应进行牵引发动机发热的检查，以便使机车的发动机功率能充分达到。

牵引发动机发热的程度取决于电流的大小和电流在线圈流动的持续时间，电流是与机车-列车的运行阻力成正比的。因此，发动机的发热程度取决于线路剖面和长度。

最精确地检查发动机发热的方法是确定发动机在有效工作条件的温度的方法。按照这种方法，可以利用发动机的加温和冷却曲线计算牵引发动机线圈的温度。对于露天矿这样的条件，可以应用按照有效电流检测发热的简便方法。有效电流叫做恒值电流 $I_{эф}$(A)，它长期在电机线圈内流过同样也引起热效应。因此，当列车沿该剖面线路运行时，线圈流过的有效电流：

$$I_{\text{эф}} = \alpha \sqrt{\frac{\sum I^2 t}{T}} \tag{2-65}$$

式中　I——在线路各区段的电机的电流，A；

　　　t——沿该剖面区段的运行时间，h；

　　　T——机车列车的往返时间，h；

　　　α——考虑在挖掘机装载和列车卸载过程以及调度时，电机加热的系数，
　　　　　　$\alpha = 1.05 \sim 1.1$。

在每一剖面要素上运行时的电流值可以根据电机的电力机械特性曲线，按照已知的牵引力值求得。

在如下条件下，电机不会产生过热：

$$I_{\text{эф}} \leqslant k_3 I_{\text{дл}} \tag{2-66}$$

式中　$I_{\text{дл}}$——电机的持续电流，A；

　　　k_3——考虑到在出现大负荷情况下，电机温度上升的系数。随着露天矿
　　　　　　深度的增加，系数必将增加，深度达 300m 时，其值为 1.1~1.2。

根据牵引电机发热条件确定的主动车轮轮缘上的功率可以按照式（2-67）确定：

$$N_k = \frac{k_N p_{\text{сц}} v_p}{0.367} \tag{2-67}$$

式中　v_p——在限制坡度上的运行速度，km/h；

　　　k_N——电机车所具有工作状态的功率系数。

k_N 值主要取决于露天矿的深度，以及限制坡度和装载线路的剖面。对于深度 100m、200m、300m 的露天矿，k_N 值分别为 0.17 ~ 0.18、0.205 ~ 0.215、0.22 ~ 0.23。

电能消耗：列车运行时的电能（kW/h）消耗，等于沿各个剖面要素运行时电能消耗的总和：

$$A = \frac{\sum I_{cp} t}{1000} U_{cp} \tag{2-68}$$

式中　I_{cp}——在每一剖面要素所需要的电流，A；

　　　t——在该剖面要素上的运行时间，h；

　　　U_{cp}——架线的平均电压值，V。

一定运行速度时的电流值可按照电机的电力机械特性曲线加以决定。当用并联电路数目乘以电流值可以得出电机车的电流。

计算列车运行的电能消耗不用确定各个剖面要素的电能消耗。

机车-列车一次往返时间内的电能消耗 $A_{\text{дв}}$（kW/h）。根据露天矿的深度和运

输距离的长度来确定:

$$A_{дв} = \frac{1}{3.6 \times 10^6} \left[(P_{сц} + Q_{гр})(\omega_o S + gH) + (P_{сц} + Q_{пор})\omega_o(S - S_т) \right]$$

(2-69)

式中　S——运输距离的长度, m;

　　　H——起始和最终运输点 (台阶到排土场) 的标高差, m;

　　　$S_т$——进行制动的区段的长度 (一般该区段包括基本堑沟和排土场的渡线), m。

在从数个台阶运输时, S 值包括台阶线路的加权平均长度和排土场线路的加权平均长度, 而 H 值则为加权平均的露天矿深度 H_k 和排土场的高度 $H_{отв}$。

机车-列车一次往返的总的电能消耗 $A_{обш}$ 是等于运行时的电能消耗 $A_{дв}$, 电机车本身需要的电能 $A_c = (0.01 \sim 0.05)A_{дв}$ 和调度作业需要的电能 $A_{ман}$ 之和。

调度作业的电能消耗 (主要是装载和卸载时列车的移动) 取决于装载和卸载线路的剖面, 约为 $(0.1 \sim 0.2)A_{дв}$。

折合 1t 物料的单位电能消耗 (a', kW·h/t) 和 1t·km(a'', kW·h/(t·km)) 的单位电能消耗分别等于:

$$a' = \frac{A_{обш}}{nq}$$

(2-70)

$$a'' = \frac{A_{обш}}{nqS}$$

(2-71)

上述计算的电能消耗只是考虑电机车运行时的电能消耗。在确定总的电能消耗时必须考虑架线的电能损耗 (总的电能消耗的 10%~12%) 和牵引变电站的电能消耗 (3%~5%)。

自备电源的功率:

在使用自备电源装备牵引机组时, 柴油机设备所需的功率 (kW):

$$N_Д = \frac{Fv}{3600\eta} + \Delta N_{с·н}$$

(2-72)

式中　F——在非电气化线路上运行时的牵引力, N;

　　　v——在非电气化线路上的运行速度, km/h;

　　　η——柴油机主动轴的转矩的传动效率;

　　$\Delta N_{с·н}$——自身需要和辅助设备消耗的功率, kW。

牵引力是根据列车的重量和单位运行阻力确定, 而列车挂接部分的重量 (t) 是按照列车在限制坡度上运行所规定的条件:

$$Q = \frac{P_{сц}(1000\psi - \omega_o - gi_p)}{\omega_o + gi_p}$$

(2-73)

结果：

$$F = (P + Q)(\pm i + \omega_{o\cdot\text{п}}) \tag{2-74}$$

式中　i——非电气化铁路线路的坡度，在这段线路是通过自备电源运行；

　　　$\omega_{o\cdot\text{п}}$——在移动线路上的单位运行阻力，N/t。

牵引机组在通过自备电源作业时的效率：

$$\eta = \eta_{\text{з}\cdot\text{п}}\eta_{\text{г}}\eta_{\text{д}} \tag{2-75}$$

式中　$\eta_{\text{з}\cdot\text{п}}$——在额定工作状态时齿轮传动的效率，$\eta_{\text{з}\cdot\text{п}} = 0.975$；

　　　$\eta_{\text{г}}$——牵引发电机的效率（一般采用0.9）；

　　　$\eta_{\text{д}}$——牵引发动机的效率（对于400~500kW 的发动机为0.92）。

牵引机组在自备电源状态运行时，部分柴油机的功率消耗在自身需要（如冷却）以及开动辅助设备（如压缩机、风机（冷却牵引发动机）和静力式换流器）的需要。自身需要的电能消耗 $\Delta N_{\text{с}\cdot\text{н}}$ 为14%~18%。

2.6　铁路运输的工作组织和管理

2.6.1　露天矿的货流量

一吨或立方米的货物通过运输设备在单位时间（一般为昼夜或小时）运出的货物叫做露天矿货流量。货流量由剥离岩石、有用矿物和生产技术物资组成。

剥离岩石的运输路线是起始于挖掘工作面，结束于排土场；而矿石运搬路线起始于工作面或装载站，结束于选矿厂或机械修理站。

如果所有的货物沿一条运输路线运输，露天矿的货流叫做集中运输。当使用不同的运输线路运输剥离岩石和矿石货流叫分散运输。

在设计露天矿时，应力求按用途区分货流，使露天矿剥离与采掘区段做到不相联系，从而达到整个露天矿运输系统的作业更加可靠。

货流可能的系统见图2-51。

系统Ⅰ：剥离岩石和有用矿物沿着共用的出车线运至地面（集中货流运输）。货流的分开在露天矿车站进行。

系统Ⅱ：在露天矿内，把岩石和有用矿物的货流分开，并沿着不同的运输线路外运：岩石通过岩石站运至排土场，而有用矿物则运往用户。

系统Ⅲ：有用矿物和剥离岩石在露天矿的附近分开。有用矿物的货流在地面集中运往同一选厂。

系统Ⅳ：在剥离岩石和有用矿物分散的同时，把剥离岩石的货流划分为2。这种情况是由于大量的剥离岩石引起的，或者因为露天矿的长度很长。

系统Ⅴ：有用矿物和剥离岩石的货流按照运输方式（例如，运输机运输，把煤从露天矿运出）分开。此时，岩石通过岩石站运至排土场。从运输机运出

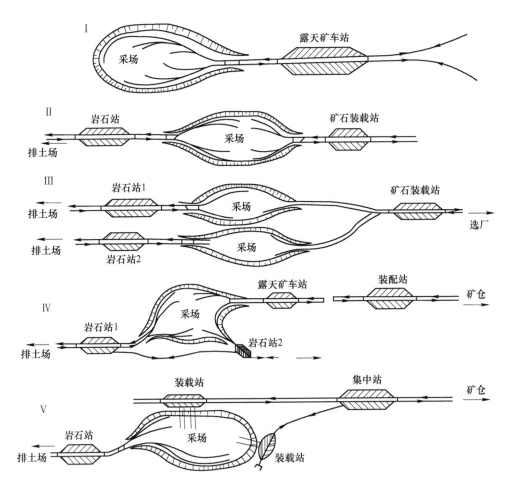

图 2-51　露天矿的货流系统图

的煤在装载站装入矿车，并通过集中站运至交通部所属的铁路线。

2.6.2　分界点（分界站）

根据运行安全条件和为了增加露天铁路线的通过能力，利用分界点划分区间。

根据作业的特点和线路的扩展（股线），把分界点叫做信号楼，会让站和车站。信号楼没有在主要线路为增加通过能力而设置股线的分界点。

在露天矿中，信号楼设置在与主要支线衔接的点处（见图 2-52a）和在工作水平（工作面和排土场）主要线路的分支点（图 2-52e、图 2-52f）。

会让站——在单线线路上的分界点，设有股线，用于错车和列车越位。在会

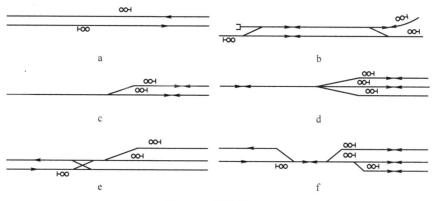

图 2-52　信号楼

让站进行列车交换——空车送到工作面，交换在会让站等候的重载列车。为了快速换车，在露天矿或排土场附近以及在台阶的工作平台上设置会让站。当单线线路长度很大时，为增加通过能力，而设置一系列会让站。会让站到发线的数目取决于列车的繁忙程度。

最简单的会让站：最简单的会让站除了主要的线路以外还有一条到发线（见图 2-53a）。

会让线的长度：

$$L_p = L_п + 15 + 2L_0 \tag{2-76}$$

式中　L_p——列车的长度，m；

　　　L_0——从道岔的起点到警戒标的距离，m；

　　　15——考虑到列车位置的不精确性而增加的长度，m。

考虑到列车的超位，在会让站规定第 3 条线路（见图 2-53b）。从 A 侧来的列车在 No. 3 线停车，而从 Б 侧来的列车在 No. 2 线停车。在不停车时，列车沿主线路通过。此时会让线长度：

$$L_p = L_п + 15 + 2L_0 + d \tag{2-77}$$

式中　d——线路的纵向位移，一般为道岔的长度。

之字线：当使用折返式堑沟开拓矿床时，在工作水平与出车堑沟衔接点设置折返坑线。这种折返坑线（见图 2-53c）有最低限度的长度，但不允许同时接受和始发从邻近水平来的列车。

在图 2-53d，e 上表示一条和两条线路的折返坑线与各工作水平衔接的系统示意图，它允许同时接受列车和会车。

在会让站，当采用电话通信方法和电气路签闭塞法时，在大约距 50m 处（从道岔尖算起或从警戒标算起）。当会让站使用自动闭塞、半自动闭塞以及电气连锁时，在为列车发送的每一条线路上，附加设置进场信号装置。

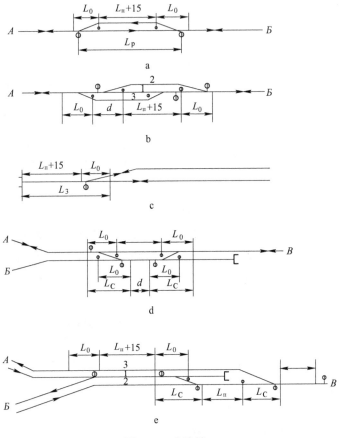

图 2-53　会让站

装、卸点：在挖掘机装载点，必须设置配线（股道），以保证列车在最短的时间内进行会让。

在台阶上，一台挖掘机作业和列车折返运行时，会让点设置在台阶系统开始的单线系统是最简单的。但是，挖掘机为等候列车的停工时间是最多的。在工作线的中部设置会让站或者铺设第二条线路，可以缩短列车的会让时间。

当运输工作按照折返系统和采用高效的斗轮挖掘机，可以在两条线路进行装载工作。

当在台阶上有两台挖掘机作业时，采用折返式系统可以取得最好的指标。因为，此时从一个分界点（位于台阶线路的起始）保证列车独立的会让。

卸载点：排土场的卸载点通常有一条单线尽头折返系统，很少是环形线路系统。列车的会让是在车站或排土场线路与主要线路衔接的位置。如果排土场尽头线的长度超 1.5～2.0km，应相应设置附加会让线。

车站——具有配线（股道）的分界点，在这些配线上，除了列车会让和机车调头外，还进行其他一些操作（矿车的装载和卸载，列车的编组和分解，机车的整备和换班，矿车的摘钩等）。

车站通常设置在线路的直线区段。在困难条件下，允许车站和会让站设置在同一个方向转弯的弯道上，半径不小于600m。车站线路的坡度不应超过2.5‰，固定线路的有效长度和全长应该区别开。有效长度L_n是固定线路的一部分，在其范围内，列车的设备不应妨碍沿邻近线路上列车的运行。有效长度L_n'，L_n''，L_n'''以警戒线或出场信号装置为限（见图2-54a）。在设置出场信号装置时，线路的有效长度稍有减少（见图2-54b）。对于线路1，有效长度有两个值，运行的正方向和反方向分别为$L_{n·n}$和$L_{n·0}$。

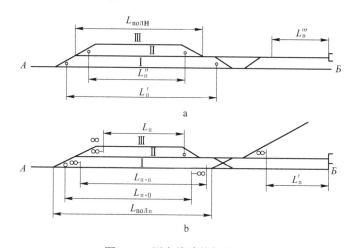

图 2-54　固定线路的长度

根据固定线路的用途，可以划分为主要线路（是区间线路的延长部分）；到发线路（用于列车的接受停车和出发）；分类的线路（用于列车的聚集和编组）；矿车的装、卸线路；牵引线路（在进行调度工作时，个别矿车和列车的重新配置）；车库线；其他路线（指仓库和机车整备和联络的线路）。

用于完成同类作业的站线利用道岔与所谓的车场的组线联结起来。例如，在大型站是把接受车场、发送车场、分类车场等分开。车场的端部，这里集中所谓的咽喉道岔。站线的道岔数应是最少的，但为了最快的完成所有规定的作业，应有足够的道岔。同时，道岔应该进行分组，尽可能使站点的数目最少。

在单线线路的站，为了错车和掉头的可能性，除主要路线外，还应铺设两条线路。在双线线路上，在任何情况下，在每一方向，应有一条越行线。

为了组织运输剥离岩石和有用矿物，建立不同用途的车站。

露天矿车站用来分配剥离岩石和有用矿物的货流（见图2-55）。为了适应这些，使各个站线专业化。

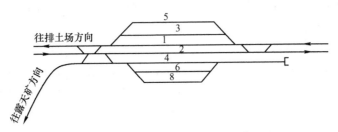

图 2-55　露天矿车站的配线（股线）

岩石站用来转运剥离岩石，设置在露天矿和排土场之间。除了在台阶-排土场区段对列车起调度功能外，岩石站用来完成对列车（机车整备、技术检查和矿车小修、自动制动器的检查）的技术服务。岩石站有通行线和尽头线组成。在图 2-56a 上是表示复线线路的通行站。线路 4 和 6 用来接受重载列车停车。空车则停在线路 3 和 5。主要路线 1 和 2 用来不停车通行列车。机车和矿车设施的线路 7 与空列车方向的线连接。

当露天矿附近设置车站时，运输系统可以使各个台阶的线路直接引入车站（见图 2-56b）。

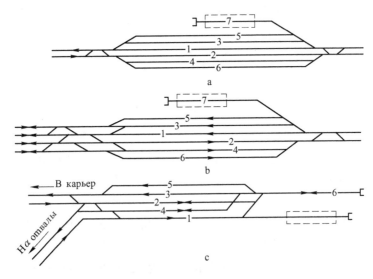

图 2-56　岩石站的配线

在地形条件复杂的地区，可采用尽头岩石站。当它需向排土场进车时，其运行方向可改变为向排土场进车。正如所见，配线系统保证安全的是接受来自不同方向的列车。

矿石（煤）站——矿石站保证接受来自露天矿的有用矿物的列车，并按照指令把它们送到选矿厂、团矿厂、发电厂。

货物站——货物站是用来完成货物的装、卸。它是设置在露天矿的地面或选矿厂的有用矿物装载点。当使用运输机从露天矿外运有用矿物时，货物站是为设置在露天矿边缘的装车仓和备用储矿场服务。选矿厂的货物站一般有各种车场：一种是接受来自露天矿的列车卸载和把空车送到露天矿；另一种接受来自铁道部线路的列车（用于装载经加工的有用矿物），为过磅并发往用户。

集中—分配站是用来完成对连接来自交通部（铁道部）的车站进入的列车进行分解，以及把列车分发到铁道部之前的列车编组。

露天矿铁路运输工作根据工业铁路运输技术操作规程（ПТЭ）制定细则。内容：铁路和铁路运输工作人员的基本原则和工作程序、主要构筑物、设备和列车的主要尺寸、维护保养标准、列车运行的组织系统和发信号的原则。

2.6.3 通信信号和自动化的设备

因为铁路运输的特点是采用分支通信联络系统，在线路有大量列车情况下，为了保证正常工作，调度员必须做到与分发和接受列车的分界点联系，以及机车组人员与调度员和装载点的联系，和各个露天矿区段之间的联系。

为列车运行服务的工作人员的通信联络的主要设备为电话通信。除此之外，在露天矿内可以进行无线电通信。当采用无线电通信时，调度员可以预先给机车司机提出关于当前在车站调度的指令，而司机可以给调度员转告必要的信息-无线电通信。也可以用于调度员与挖掘机班组进行联络。

作为露天矿铁路运输的主要固定信号是采用交通信号灯。所有信号装置在列车运行方向的线路右侧。根据用途，灯光信号用来作为严禁或允许列车进站、严禁或允许列车在区间发送、严禁或允许列车通过从一个闭塞区段到另一个闭塞区段。

信号装置的适度显示应该是在不小于制动线路长度的距离上能清晰可见。如果能见度不能保证，在制动线距信号装置的这段距离上安装加强主要信号装置显示的警告信号。

列车运行按照各列车的线路，通过变换信号和道岔进行调整。主要的运行组织条例规定：在每一铁路线的区间不能同时存在多于一个列车。由此，列车从任何一个站（会让站、信号楼）发送到区间只有邻近站（会让站、信号楼）同意接受该列车方可。

根据所采用的设备，使用不同的调节列车运行的系统。

电话联络的方法：该方法是通过车站的值班人员给各个信号楼会让站联系，获取所在位置的信息和发送关于列车的通过，接收或发放的指令。根据分界点之间的协调，给机车司机发放占领区间的文字许可证。电话联络方法在运行强度不大情况下得到应用。其中，包括从台阶和排土场接受和发送列车。这种方法很不方便，协调时间需要 0.75~1min。

电气路签闭塞法：该方法用于单线线路上调整列车的运行。区间占据的标识是交付给司机的金属定形测杆。使用这样的系统，每一个区间装备两个安装在相邻车站上的电气路签闭塞装置。测杆插入并锁住在各区间的两个路签装置内，电气路签闭塞装置本身之间通过电气相互联结。因此，根据相邻区间之间的协调从两个装置中同时只能取出一个测杆，以致在区间只能发送一台列车。在采用电气路签闭塞系统，分界点联络所需的时间为 0.5min。

半自动化闭锁：半自动化闭锁用来在单一和复线区段调节列车的运行。在采用半自动闭锁时，区间占用的许可是出场和通过信号的发放状态。半自动闭锁的作用在于列车当通过开放的通过信号装置时，由于对踏板（电力机械或继电器）的施压，关闭这一信号装置。车场值班人员第二次开放信号装置只有邻近车站值班人员证实列车到达和解除关闭的信号装置方才可能。半自动闭锁可以把各个站点之间的联络时间缩短到 0.1min。但是，在露天矿内的运输和短的区间，不便采用这种系统。这种系统应用在把地面的有用矿物沿线路转运到公用的铁路线上。

自动闭锁：自动闭锁主要是在单线和复线线路上使用，自动的根据运行列车所在位置进行对灯光信号装置的打开和关闭来控制列车运行的系统。

采用二显示的自动闭塞的工作原理是：每一区间划分为闭塞区，在其区间边界设置灯光信号装置。在每一闭塞区间范围内设有带电源和轨道继电器的轨道电路。为了分离轨道电路，邻接闭塞区的轨道使用绝缘接头接起来。

每一闭塞区的轨道电路由安装在闭塞区末端的轨道电池 ПБ、安装在闭塞区始端的信号电池 СБ 和继电器 ПР 组成。当 No. 1 区段没有列车时，轨道电池的电流沿轨道线路流经轨道继电器的线圈内，重新返回到轨道电池的负极。同时，轨道继电器的簧片当吸入磁极上时，闭合接触器 В，并接通由信号电池 СБ 供电的绿色灯光信号装置。结果在闭塞区的始端闪烁允许运行的绿色灯光信号。如果在 No. 2 闭塞区有列车，则轮对（因为是电流导体）把轨道本身连接起来。同时，在轨道继电器内有很少电流下降，电磁铁簧片从电极脱离，闭合下部的接触器，接通灯光信号装置的红色信号灯，闭塞区被占领。灯光装置将处于关闭状态，直到列车离去闭塞区，而后红色灯光信号转为绿色。

自动的信号关闭不仅出现列车进入闭塞区，而且当轨道电路的完整性受到破坏：出现轨道断裂、电池耗尽、连接导线折断等。

在采用直流电或交流电的电力牵引时，此时轨道作为牵引电流的反向电导。

目前，自动闭锁的代码制得到广泛应用。它用来作为通信联络的信道，沿轨道电路传递形成信号码的电流脉冲。

采用自动闭塞时，通信联络的时间在单线线路上可缩短为 0.1min，在复线线路上实际上等于 0。

自动闭塞已经在大型露天矿中得到成功应用。由此，它可以大大增加露天矿线路的安全运行和通过能力。但是，在露天矿装备自动闭塞只是在固定路线，即固定部署闭塞信号所在区段。对于移动线路，必须建立专门的自动闭塞系统。因为考虑到在运输运营过程中，以及移动线的特点，需变化配线方案，见图 2-57。

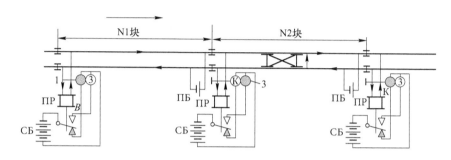

图 2-57 自动闭塞系统图

道岔和信号装置联锁（集中）：在车站有大量的股道时，应采用道岔和信号装置的集中管理。

在采用机械集中管理道岔和信号装置时，车站的值班室利用可挠的钢拉杆（操作道岔和信号装置的手柄）进行操作。

与用手控制比较，机械联锁（集中）的优点是：由于缩短进路（指车站的范围内列车的行程）的准备时间，增加车站通过能力；由于改进了道岔位置的控制，增大路线运行的安全性，一个信号楼（所）可以控制 30~40 个道，从而减少道岔工的定额。

更加完美的是道岔和信号装置的电气联锁。同时，作为信号采用灯光信号装置，而对于道岔位置的转换和控制——道岔电驱动。值班人员的作用在于操控道岔电驱动的电机，即利用转换手柄或按住信号装置的按钮启动它们。这可以扩大集中的信号所的作用半径，接入大量的道岔的联锁，创造良好的劳动条件和增加列车运行的安全性。此外，采用电力连锁大大增加进路准备过程——电气联锁系统缩短时间到 10~12s。

在采用电气连锁的车站安装有仪器和电源。在使用个体控制道岔的继电联锁中，采用以配电信号板形式的联锁装置。直接在信号板上设置道岔手柄和信号装置的控制按钮。

为运行安全性，在进入每一进路的道岔和信号装置之间，以及不同的进路之间设有闭塞装置。

机车自动信号装置：它是利用在机车控制室的控制设施发出信号，在列车接近车站信号装置时，自动的重复显示可通过的车站的信号。为了实现机车设备与线路设施的联系，使用电气轨道电路。把信号从线路传递给机车是通过机车的接受器（接受线圈）与轨道电路（线路发送器）的电感耦合来实现的。

自动停车装置：在关闭信号之前，自动停止列车的装置（如果司机没有采取制动和停止列车）。

列车自动驾驶装置：它是铁矿运输作业自动化设备之一。此时，利用控制设备来实现对机车运行的控制。列车自动驾驶装置将按照规定的运行图表，以及根据信号的要求自动调整列车的运行速度，实施停车和启动。为此，在机车设置程序装置和计算机。根据规定的程序（通过各个区段列车停车的计算时间等），以及实际的运行数据，计算机解运行微分方程式和选择最佳的运行制度。把相应的信号传递给操作电路块，通过它控制机车的牵引和制动的工作状态。

无线电控制（管理）电机车：使用无线电进行列车调度，如在挖掘机装载列车时是适宜的。从多斗挖掘机和斗轮挖掘机，为了使运动列车与挖掘机的生产能力相协调，利用超短波控制电机的系统得到应用。

从机车控制道岔：当露天矿的工作水平或排土场使用单开道岔时，从机车控制道岔是适宜的。电力驱动的道岔利用电力机械型的传感器进行控制。利用电视把区间和车站的线路图像传递到司机室或车站的值班室。

2.6.4　运行图表

露天矿铁路运输工作是按照执行图表或强制执行图表进行组织。

执行图表是在工作过程中的调度员进行编制并反映事物的实际情况。通过调度员的有效工作，完成计划的制定和消除挖掘机和机车-列车的停工。

强制执行图表是运动组织的较高形式，它是事先进行编制而且必须遵守的。编制强制执行图表的基础是完成保证挖掘机和列车有效利用各工序的先进的时间定额。

为编制运行图表，应建立如下的主要要素：

（1）每台挖掘机装载和卸载列车的时间；

（2）列车沿各个区段的运行时间。同时应考虑随着块段的采完而改变挖掘机的位置。因此，要计及沿露天矿线路运行的时间；

（3）列车在挖掘机附近处互换的时间；

（4）每个排土场的接受能力。

在存在几个装载点（几台挖掘机）时，应根据：是固定的、不是固定的或混合的列车运行方式制作图表。

固定的列车运行（周转）（闭路循环）组织工作：是每台列车固定在指定的挖掘机，所有工作班都为这台挖掘机服务。这种方案运行的组织工作，非常简单和明确，而且大大地简化了调度管理。固定的列车的运行，适用于 2~3 台的工作挖掘机，而且为每台挖掘机服务的列车数是整数。否则，将会出现列车停工，从而减少其生产能力。

不是固定的列车运行（周转）（开路循环）：其运行组织工作是在工作过程中，列车可以提供给任何一台无列车占用的电铲。因此，运行组织需要明确的调度管理。但是，采用这种运行组织，可以更有效地利用挖掘机和列车。

混合列车运行是指一些列车按照闭路循环为一部分挖掘机服务，和按照开路循环为一部分挖掘机服务。这样的运行组织形式通常用于工作的挖掘机数量很多。

运行图表是一种比例格。在其上，把每一台列车的运行用竖线和斜线绘制成图，见图 2-58。

运行图表的网格的水平线（*A*，*Б*，*B*），分别为：分界点（车站、会让站、信号楼）的轴线，垂直线为小时条带（按 10 分间格划）。

用斜线（1，2，3）绘制列车的运行（在该区段范围内以预定的等速），分界点的停车用水平线绘制。

在每一单线线路的区间，同时只能有一辆列车。因此，在单线线路的图表上，列车运行线路只是在分界点能够交叉。在复线线路上，反方向的列车可同时运行。在图表上，不同列车的运行路线可以在区间区交叉。

绘制图表时，区间的运行时间必须考虑间隔时间（图 2-58）（为完成列车的接受、发送或通过等工序所需要的最少的时间间隔）。间隔时间取决于分界点之间的通信联络方法。

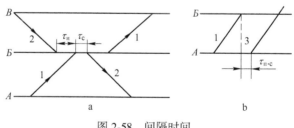

图 2-58　间隔时间

对于露天矿运输这样的条件，间隔时间的主要形式：列车的不同时到达 $\tau_{\text{н}}$——最小的时间间隔，即一个方向来的列车到达单线线路区段的分界点，与另一台迎面方向到达或通过该分界点前进的列车之间可允许的间隔时间，见图 2-58a。错车时间 τ_{c}（到达或通过单线线路车站的列车与在同一区间迎面方向列车发车之间的最小时间间隔）；列车的顺路跟随 $\tau_{\text{п·c}}$（列车到达分界点与随后的同一方向的列车从该车站发车之间的最小时间间隔）见图 2-58b。

间隔时间取决于区间列车通信联络设备，控制道岔和通信装置的方法，分界点的线路。

在露天矿，错车的间隔时间为：列车采用电话通信联络方法：4~6min；电气路签闭塞和半自动闭塞系统：3~4min；自动闭塞：1~1.5min。顺路跟随的时间间隔，采用电话通信联络方法为3~4min，采用半自动闭塞1~2min，采用自动闭塞时 $\tau_{\text{п·с}} = 0$。

运行图表的编制，是从列车装车过程开始。同时在挖掘机处附近交换列车时应停留最小的间隔时间，以便提高后者的生产能力。

调度员在管理露天矿运输作业的工作最为繁重。调度必须考虑挖掘机和列车运行不间断变化作业条件和选择最好的列车通行方案。

这项任务在自动化管理系统的组成中是比较一般的。铁路运输操作控制的总的任务可划分为3个独立的部分：运输工作的控制，计算和分析；机车-列车的管理；主要工艺设备的装载计划。

解决这些任务需要技术物质和组织工作的保证。

2.6.5　运营计算

机车列车的往返时间：在露天矿轨道运输工作的特点是机车列车沿闭路循环运行，其组成工序：挖掘机装车、货物运行、卸载和空车返回。根据生产数据，列车装载占整个往返时间的30%、卸载20%、运行（考虑在线路的耽搁和整备作业）45%。

机车-列车的往返时间，是确定其生产能力和在露天矿的列车数量的主要指标。因此，减少列车-机车的往返时间是增大露天矿运输能力的主要手段之一。

机车-列车运行的整个往返时间（t）

$$T_{\text{об}} = t_{\text{п}} + t_{\text{дв}} + t_{\text{р}} + t_{\text{ож}} \tag{2-78}$$

式中　$t_{\text{п}}$——装载时间，t。

$$t_{\text{п}} = \frac{nq}{Э_{\text{в}}} \quad 或 \quad t_{\text{п}} = \frac{nV_{\text{д}}}{Э_{\text{о}}} \tag{2-79}$$

式中　n——列车中的翻斗车数目；

q——翻斗车载重量，t；

$V_{\text{д}}$——翻斗车的容重（按密实重量计算），m³；

$Э_{\text{в}} \cdot Э_{\text{о}}$——分别为挖掘机的按重量 t/h 和按容重 m³/h 的生产能力。

$$t_{\text{дв}} = t_{\text{г·н}} + t_{\text{г·ст}} + t_{\text{н·п}} + t_{\text{п·ст}} + t_{\text{р·з}} \tag{2-80}$$

式中　$t_{\text{г·н}}$——重列车和空列车沿移动线路的运行时间，h，$t_{\text{г·н}} = t_{\text{н·п}} = \dfrac{S_{\text{п}}}{v_{\text{н}}}$；

$S_{\text{п}}$——移动线路的长度，km。当工作线平行推进时，其长度按照工作线一半计算：$S_{\text{п}} = \dfrac{S_{\text{ф}}}{2}$ ；当扇形方向推进时，$S_{\text{п}} = \dfrac{2}{3} S_{\text{ф}}$ ；

$v_{\text{н}}$——沿移动线路运行的速度，km/h；精度计算时可按牵引特性确定，实际上不超过25km/h；

$t_{\text{г·ст}}$——重载列车和空载列车沿固定线路的运行时间，h，$t_{\text{г·ст}} = t_{\text{п·ст}} = \dfrac{S_{\text{ст}}}{v_{\text{ст}}}$ ；

$S_{\text{ст}}$——露天矿内的固定线路的长度，km；

$v_{\text{ст}}$——在固定路线的运行速度，km/h，按照机车的牵引特性确定，实际上不超过40~50km/h；

$t_{\text{ож}}$——机车-列车为等待装车和卸车的停留时间，取决于配线系统和分界点之间的通信方法，为了预先计算一次往返所需停留时间，可以采用5.0~10.0min 的范围；

$t_{\text{р·з}}$——列车在分界点停车时引起的修正值，每次启动为2min；

$t_{\text{р}}$——列车在排土场，选矿厂或转载点的卸载时间，min，取决于列车中的矿车数 n 和每辆矿车的卸载时间 $t_{\text{р·в}}$（$t_{\text{разгр}} = n t_{\text{р·в}}$）。当矿车同时卸载时 $t_{\text{разгр}} \approx t_{\text{р·в}}$。在夏季时，每辆矿车的卸载时间为1.5~2.0min，在冬季时为3.0~5.0min。

生产能力（生产率）：机车的生产率是使用单位时间（通常是昼夜）从露天矿运出的有用矿物和矿岩的数量（t 或 m³）。每昼夜的生产率 $Q_{\text{л·с}}$（t）取决于列车中的矿车数量，矿车的用量和机车-列车的往返时间。

$$Q_{\text{л·с}} = \frac{T}{T_{O6}} nq \qquad (2\text{-}81)$$

或者 $Q_{\text{л·с}}$（m³）：

$$Q_{\text{л·с}} = \frac{T}{T_{O6}} n V_{\text{д}}$$

式中　T——机车每昼夜的工作时间，h；

nq——列车中货物的有效重量，t；

$nV_{\text{д}}$——列车的容重，m³；

$\dfrac{T}{T_{O6}}$——往返次数，是指在工作时间内，机车-列车可以完成的往返次数。

代入 T_{O6} 值后，就可求得 $Q_{\text{л·с}}$（m³/天）

$$Q_{\text{л·с}} = \frac{T_n V_{\text{д}}}{\dfrac{n V_{\text{д}}}{3_{\text{o}}} + t_{\text{дв}} + t_{\text{р}} + t_{\text{ож}}} \qquad (2\text{-}82)$$

机车-列车的生产率随着列车的有效载重量的增加而增大。但是，到达某一实际极限就要根据机车的黏着重量和现有的为完成指定运输量所需的翻斗车总数。

随着机车有效载重量的增加，挖掘机的生产能力通过列车交换时停车的时间减少而增加，而每辆翻斗车的生产能力随着列车中其数量的增加而下降。

列车的有效载重量同样也取决于露天矿线路的通过能力。当通过能力有限时，增加列车的载重量是合理的。根据具体条件，可以规定一个保证指定运输量的最小列车载重量的定额：

$$(nq)_{min} = \frac{fQ_{cyt}(t + \tau)}{0.5\rho T} \tag{2-83}$$

式中　f——列车运行的不均衡系数，$f = 1.1 \sim 1.2$；

　　Q_{cyt}——露天矿每昼夜的运输量，m^3 或 t；

　　　t——列车在限制区间的运行时间，h；

　　τ——分界点之间的通信联络时间；

　　ρ——限制区间的线路数目；

　　T——运输工作的计算时间。

机车和翻斗车的总数的确定：

为完成露天矿指定运输量所需机车的总数，可按下面公式计算：

$$N_{л·нив} = N_{раб} + N_{рем} + N_{рез} + N_{хоз} \tag{2-84}$$

式中，$N_{раб}$、$N_{рем}$、$N_{рез}$、$N_{хоз}$ 分别处于列车运行作业修理、备用、日常的线路服务（如运输道碴、吊车作业、运送工人、调度等）的列车数目。

列车运行所占用的机车数取决于运输量。每昼夜所需的班次次数：

$$R = \frac{fQ_{cyt}}{nq} \tag{2-85}$$

在已知每台列车的往返次数，求得列车运行的机车数：

$$N_{раб} = \frac{R}{r} = f\frac{Q_{cyt}T_{об}}{Tnq} \tag{2-86}$$

根据实际资料：

$$N_{рем} = 0.15N_{раб}；N_{рез} = (0.05 \sim 0.1)N_{раб}；N_{хоз} = 2 \sim 3$$

翻斗车的工作数量一般取决于每台列车中机车和矿车的工作数量：

$$N_{д·раб} = nN_{раб} \tag{2-87}$$

翻斗车的注册数量：

$$N_{д·инв} = N_{д·раб}k_{д} \tag{2-88}$$

式中　$k_{д}$——考虑处理、备用等的系数，$k_{д} = 1.25 \sim 1.3$。

　　通过能力：铁路线（区间、车站）——在单位时间（通常一昼夜内）通过该区段最大的列车数（在单线区间，列车的对数）。

　　在单线区间，列车的对数：

$$N' = \frac{60T}{t_{\text{гр}} + t_{\text{пор}} + 2\tau} \tag{2-89}$$

式中　T——昼夜的运输作业时间，h；

　　　$t_{\text{гр}}$——货流（重车）方向，沿区间的运行时间，min；

　　　$t_{\text{пор}}$——空车方向，沿区间的运行时间，min；

　　　τ——按照限定区间的每个车站计算的总的间隔时间，min。

$$t_{\text{гр}} = \frac{60S_{\text{п}}}{v_{\text{гр}}} ; \; t_{\text{пор}} = \frac{60S_{\text{п}}}{v_{\text{пор}}} \tag{2-90}$$

式中　$S_{\text{п}}$——区间的长度，km；

　　$v_{\text{гр}}$，$v_{\text{пор}}$——分别为重车和空车方向的列车的运行速度，km/h。

　　设 $v_{\text{гр}} = v_{\text{пор}}$，得出单线线路的对数：

$$N' = \frac{30T}{t_x + \tau} \tag{2-91}$$

式中　t_x——在区间的运行时间，min。

　　对于复线线路，通过能力可按照列车的空车和重车的方向确定：

$$N'_{\text{гр}} = \frac{60T}{t_{\text{гр}} + 2\tau} ; \; N'_{\text{пор}} = \frac{60T}{t_{\text{пор}} + 2\tau} \tag{2-92}$$

　　在 $t_{\text{гр}} = t_{\text{пор}}$ 时，复线线路的通过能力：

$$N'' = \frac{60T}{t_x + \tau} \tag{2-93}$$

　　由列车对占据区间的时间称为运行周期。

　　对于单线线路（见图 2-58a），运行周期等于重载列车和空载列车占据区间的时间和 2 次间隔的时间的总和：

$$T'_{\text{п}} = t_{\text{гр}} + t_{\text{пор}} + 2\tau \tag{2-94}$$

　　对于复线线路（见图 2-58b），运行周期等于：

$$T''_{\text{п}} = t_x + \tau_{\text{п·}c} \tag{2-95}$$

式中　$\tau_{\text{п·}c}$——顺路通行的间隔时间。

　　在采用自动闭塞时，复线线路的通过能力是按照一台列车跟随一台列车之间的时间间隔来确定：

$$N'' = \frac{Tv}{S} \tag{2-96}$$

　　时间间隔取决于运行列车之间的距离 S，即根据所采用的信号联络装置。

在采用自动闭塞时，尽可能采用两显示和三显示的信号系统。

自动闭塞的两显示系统（见图 2-59）：在需要尽可能减少列车之间的间隔距离，以便保证较多的频率的情况时，采用红色的"к"和绿色的"з"灯光的两显示系统。列车之间的最小间隔距离：

$$S = \frac{l_\text{п}}{2} + l_\text{бл} + \frac{l_\text{п}}{2} + l_\text{г} \tag{2-97}$$

式中　$l_\text{л}$——列车长度，m；

　　　$l_\text{бл}$——闭塞区段的长度，m；

　　　$l_\text{г}$——保证安全条件的距离。

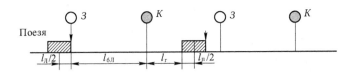

图 2-59　自动闭塞的两显示系统

闭塞区段的最小长度不小于制动的线路长度。

因此，当 $l_\text{бл} = l_\text{т}$ 和 $l_\text{п} = l_\text{т}$ 时：

$$L = l_\text{т} + 2l_\text{п} \tag{2-98}$$

台阶上的线路通过能力（列车对数）：

$$N_\text{уст} = \frac{60T}{t_\text{уст}}$$

式中　$t_\text{уст}$——占据线路的时间，min，$t_\text{уст} = t_\text{гр} + t_\text{п} + t_\text{пор} + \tau$；

　　　$t_\text{п}$——列车的装载时间，min；

$t_\text{гр}$，$t_\text{пор}$——分别为重车到交接点运行时间和空车到挖掘机的时间，min；

　　　τ——列车在交接点不同时到达和错车的间隔时间的总和，min。

在采用连续供给空车系统时：

$$t_\text{гр} + t_\text{пер} + \tau \approx 0 \tag{2-99}$$

此时，$t_\text{уст} = t_\text{п} + (2 \sim 3)$，min。

排土场尽头线的通过能力（列车对数）：

$$N_\text{отв} = \frac{60T}{t_\text{отв}}$$

其中

$$t_\text{отв} = t_\text{гр} + t_\text{р} + t_\text{пор} + \tau$$

车站接受-发出线路的通过能力：

$$N_{\text{н·о}} = \frac{60T\rho}{k_{\text{н}}t_3}$$ (2-100)

一辆列车占据线路的持续时间：

$$t_3 = t_{\text{ст}} + t_{\text{нр}} + t_{\text{отнр}} + t_{\text{ман}}$$ (2-101)

式中　$t_{\text{нр}}$——接受列车所耗费的时间，在这期间内，列车驶过距离等于制动线路的长度，从进站信号到进站道岔的距离，进站咽喉区的长度和占用的线路的长度的总和；

$t_{\text{ст}}$, $t_{\text{ман}}$——分别为在车站的停留和调车的时间；

$t_{\text{отнр}}$——发车时间，在这期间内，列车驶过的距离等于列车的长度和出站咽喉区的长度；

$k_{\text{н}}$——考虑到列车运行的不均衡性系数；

ρ——接-发线路的数目。

露天矿线路网（由一系列区间和分界点组成）的通过能力受区间通过能力的限制，因为在区间往往通过能力是最小的。区间占用的时间最多，通常，这样的区间包括出车堑。限制的区间最明显的标志是：最困难的线路剖面、平面和最大的线路长度。

运输能力是指在单位时间内，可以沿露天矿线路转运的货物数量。在采用集中货流（一条出车堑沟）时，一昼夜的运输能力是按照限制区间进行计算：

$$M = \frac{N}{f}nq$$ (2-102)

式中　N——限制区间的通过能力；

f——运输能力的备用系数，$f = 1.1 \sim 1.2$。

增加露天矿线路运输能力的方法是：通过采用更大型的列车减缓线路剖面增大列车的运行速度；使用自动闭塞缩短通信联络时间；铺设辅助线路。

2.6.6　铁路运输工作的经济指标

在俄罗斯的一些大型露天矿，如萨尔拜依露天矿、卡恰卡拉尔露天矿、科务拉特露天矿等成功的采用了铁路运输。

在大多数情况下，采用铁路运输的露天矿在平面有很大的尺寸。

铁路运输工作的经济指标取决于运输量、列车货物的有效重量、运输距离、组织工作、运输设备确定的利用率。

在评估铁路运输工作的技术经济指标时，采用折算费用 Π(卢布/年)，它既包括了投资费用 K(卢布)，又包括经营费用 C(卢布/年)：

$$\Pi = C + EK$$ (2-103)

式中　E——基建投资定额效果系数，$E = 0.15$。

投资费用包括固定构筑物的建设费用，铁路运输设施的费用和列车的费用。

$$K = K_{3\cdot\pi} + K_{в\cdot c} + K_c + K_{ст} + K_{p\cdot x} + K_{э\cdot т} + K_{п\cdot c} \qquad (2\text{-}104)$$

式中　　$K_{3\cdot\pi}$——路基的施工费用；

　　　　$K_{в\cdot c}$——铺设线路上部结构的费用；

　　　　K_c——信、集、闭和通信设施的施工费用；

　　　　$K_{ст}$——铁路车站建设费用；

　　　　$K_{p\cdot x}$——机车列车设施（车库，机车整备作业点，矿车检修点）的施工费用；

　　　　$K_{э\cdot т}$——建设电气化构筑物（牵引变电站、架线）的费用；

　　　　$K_{п\cdot c}$——列车（包括机车、矿车、筑路机器和机械）的费用。

经营费用是由固定构筑物，设备和列车维护费用组成。

$$C = C_{\pi} + C_{ст} + C_c + C_{p\cdot x} + C_{т\cdot\pi} + C_{k\cdot c} + C_{ун} + C_{н\cdot c} \qquad (2\text{-}105)$$

式中　　C_{π}——铁路线每年的维护费用；

　　　　$C_{ст}$——车站每年的维护费用；

　　　　C_c——信、集、闭和通信设施的年维护费用；

　　　　$C_{p\cdot x}$——修理设施的维护费用；

　　　　$C_{т\cdot\pi}$——牵引变电站的维护费用；

　　　　$C_{k\cdot c}$——架线的维护费用；

　　　　$C_{ун}$——管理运输人员的工资；

　　　　$C_{н\cdot c}$——列车的维护费用。

在计算经营费用时，应确定与运输量有关系的定额（主要与列车作业有关）和固定设施维护费用的定额，以及与运输量无关系的定额。

目前，露天矿电机车运输 1t/km 的成本为 0.9~1.3 戈比。同时，在成本核算中，1t/km 的运输成本中，工资占 40%~45%。约 35% 的成本为折旧费和材料费用，大约 20% 为维修费用。

利用铁路运输技术经济指标，可以得出决定最有效的采用铁路运输有远景设备的规律性结论。随着线路坡度的增加，采用增加黏着重量的机车已变得非常重要。而这种依赖性随着露天矿深度的增加越益明显。

在采用各种不同的挖掘机和列车时，装-运综合设备的费用评估表明：在使用载重量 165~170t 的翻斗车时，折算费用的水平在任何情况下都将下降。当使用黏着重量达 240~360t 的机车时，为使装-运设备的能力相互配套，必须使用斗容 12.5m³ 的挖掘机。

增加机车的黏着重量，在露天矿开采中是极有效地增加劳动生产率的手段。随着黏着重量增加到约 360t，装-运综合配套设备的生产率增加 40%~50%。

第 2 篇

陡坡铁路运输设计技术

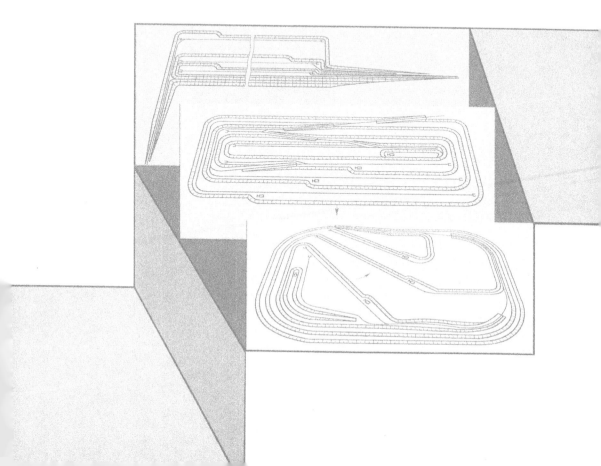

3　陡坡铁路结构参数

3.1　概述

　　我国露天矿山铁路运输采用的是中华人民共和国铁道部准轨标准，轨距1435mm，电力机车牵引，电力机车黏重一般为 80t、100t 和 150t，极个别矿山用200t 电机车，普遍采用 ZG150-1500 型电机车。使用的钢轨多为 43kg/m 和 50kg/m型，碎石道床（厚度 200~300mm），木枕或混凝土轨枕，普通垫板或 70 式扣板式扣件，铁路坡度限制在 30‰以下，困难条件下也不超过 35‰。

　　陡坡铁路运输采用的是湘潭电机厂的 ZG224-1500 型电机车和 ZG150-1500 型电机车，常规铁路装备和上部建筑不能满足陡坡铁路运输要求，确定陡坡铁路上部建筑结构形式和构筑参数是陡坡铁路运输应用的前提。

3.2　轨道强度检算

　　强度检算就是检算在最大可能荷载作用下，轨道各部件的一次破坏强度，根据既定的轴重和速度，通过铁路轨道强度检算，选择必需的陡坡铁路轨道设备标准。在进行轴重、速度、轨道设备及重载组合列车等参数研究时，铁路轨道强度检算的计算结果，作为陡坡铁路轨道的工作应力水平进行比较分析。

3.2.1　陡坡铁路轨道强度检算原理

　　陡坡铁路轨道强度检算原理依据中华人民共和国铁道部标准（TB 2034—1988），并结合陡坡铁路轨道结构特点即轨道及机车的技术状态，均超过铁路技术管理规程和部颁有关技术标准的要求这一实际情况。

　　3.2.1.1　强度检算前提

　　（1）钢轨为连续弹性基础上的等截面无限长梁，梁的下沉和基础反力之间成线性关系，或钢轨为弹性点支座上的等截面连续长梁，支座的下沉与其反力之间成线性关系。

　　（2）用一个当量静荷载来描述车轮对轨道的作用。作用于轨道上的荷载系，符合力的独立作用原理。

　　（3）机车车辆对轨道的动力影响，采用荷载系数 a、f、β 来表示。

3.2.1.2　轨道基础参数

(1) 道床系数 C。

它表示道床及路基的弹性特征。其定义为使道床顶面产生单位下沉必须施加于单位顶面积上的压力，量纲为 $N/cm^2/cm$。由定义可得：

$$C = \frac{q}{y_0} = \frac{2(1000R)}{lb\theta y_p} \tag{3-1}$$

式中　q——道床单位顶面积上的压力，N/cm^2；

　　　y_0——轨枕底面的平均下沉量，cm；

　　　R——枕上压力，kN；

　　l, b——分别为轨枕底面的有效支承长度和宽度，cm；

　　　y_p——轨枕在轨下断面处的下沉量，cm；

　　　θ——轨枕挠曲系数：$\theta = y_0/y_p$，木枕：$\theta = 0.82 \sim 0.92$；混凝土：$\theta = 1.0$。

(2) 钢轨支座刚度 D。

将钢轨视为弹性点支座上的等截面连续长梁时，它表示钢轨点支座的弹性特征。其定义为使支座产生单位下沉所必须施加于支座上的压力，量纲为 kN/cm。

对于混凝土枕线路，钢轨的弹性支座可视为由轨下"垫板弹簧"与枕下"道床、路基弹簧"所组成的串联弹簧。其支座刚度可表示为：

$$D = \frac{D_1 D_2}{D_1 + D_2} \tag{3-2}$$

式中　D_1——垫板刚度，kN/cm；

　　　D_2——道床、路基刚度，kN/cm，$D_2 = R/y_p$。

(3) 钢轨基础弹性模量 u。

当把钢轨视为连续弹性基础上的等截面无限长梁时，u 表示该基础的弹性特征。其定义为使钢轨产生单位下沉时，在单位钢轨长度上，该基础所产生的反力。其量纲为 $(N/cm^2/cm)$。据定义所得：

$$u = \frac{1000D}{a} \tag{3-3}$$

式中　a——轨枕间距，cm。

对于混凝土枕的刚性轨下基础，检算钢轨的荷载效应时，采用 D 值的下限值。检算轨枕、道床和路基时，采用 D 值的上限值，以检算其最不利状态。

3.2.1.3　轨道荷载参数

(1) 速度系数 α。

列车在直线区间运行时，由于轮轨之间的动力效应，在垂直方向施加于轨道的附加动力影响，用 α 表示。

$$P_d = P_0(1 + \alpha) \tag{3-4}$$

式中 P_d——车轮作用于钢轨上的垂直动荷载，kN；

$\quad\quad P_0$——车轮作用于钢轨上的垂直静荷载，kN；

$\quad\quad \alpha$——速度系数，电力牵引种类、不同检算部件的速度系数值见表3-1。

表3-1 电力牵引种类、不同检算部件的速度系数值

牵引种类	检算内容	
	检算钢轨	检算轨枕、道床、路基
电 力	$0.6v/100$	$0.045v/100$

注：v 以 km/h 计。

（2）横向水平系数 f。

由于轮轨之间的横向水平力及垂直力的偏心作用，使钢轨承受横向水平弯曲及扭转。由此而引起的轨头及轨底的边缘应力相对于其中心应力的增量用 f 系数来表示，不同线路平面条件时的 f 值见表3-2。

表3-2 不同线路平面条件时的横向水平力系数 f

直线	曲 线					
	$R=200\text{m}$	$R=300\text{m}$	$R=400\text{m}$	$R=500\text{m}$	$R=600\text{m}$	$R\geqslant800\text{m}$
1.25	2.20	2.00	1.80	1.70	1.60	1.45

注：本表数据对于矿用150t和224t电机车作适当调整。

（3）偏载系数 β。

列车行经曲线时，由于未被平衡的超高使内、外轨产生偏载。由此偏载而引起的钢轨附加荷载用系数 β 来表示。

$$\beta = \frac{2\Delta h H}{S^2} \tag{3-5}$$

式中 Δh——未被平衡的超高，mm；

$\quad\quad H$——机车或车辆的重心高，mm；

$\quad\quad S$——内、外表钢轨中心距，1500mm。

若取我国机车最大重心高度为2300mm，则式（3-5）可简化为：

$$\beta = 0.002\Delta h \tag{3-6}$$

我国现行规定，允许最大未被平衡超高一般为 $60\sim75\text{mm}$，特殊情况允许达到 90mm。本次攻关研究最大超高为 100mm。

3.2.1.4 轨道各部分荷载及其应力的计算

（1）钢轨下沉量、钢轨弯矩、轨枕压力的计算。

1）将钢轨视为连续弹性基础上的等截面无限长梁时，在静轮载作用下，钢轨下沉量 Y_0，钢轨弯矩 M_0 和轨枕压力 R_0 的计算。

其力学模型见图3-1。Y_0，M_0 和 R_0 的计算公式如下：

$$\left.\begin{array}{ll}
Y_0 = \dfrac{k}{2u} \sum (1000 P_{0i}) \eta_{0i} & \text{（cm）} \\[3mm]
M_0 = \dfrac{1}{4k} \sum P_{0i} \mu_{0i} & \text{（cm · kN）} \\[3mm]
R_0 = \dfrac{k\alpha}{2} \sum P_{0i} \eta_{0i} & \text{（kN）}
\end{array}\right\} \tag{3-7}$$

式中　　u——钢轨基础弹性模量，N/cm/cm；

　　　　k——钢轨基础弹性模量与钢轨弯曲刚度的相对比值，$1/\text{cm}$，其值可按下

　　　　　式计算，其量纲为 $k = \sqrt{\dfrac{u}{4(100E)I}}$；

η_{0i}，μ_{0i}——连续弹性基础上等截面无限长梁的下沉量 Y_0 和弯矩 M_0 的影响系数，

　　　　　　X_i 为第 i 个轮载到计算断面的距离，cm；

　　　　E——钢材的弹性模量，$E = 2.1 \times 10^5 \text{MPa}$；

　　　　I——钢轨断面的惯性矩，cm^4；

　　　P_{0i}——第 i 个车轮作用在钢轨上的静轮载，kN。

2）当钢轨被视为弹性点支座上的等截面连续长梁时，其计算模型见图 3-2。

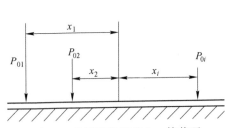

图 3-1　连续弹性基础上，等截面
无限长梁力学模型

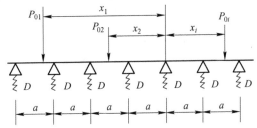

图 3-2　弹性点支座上的等截面连续梁力学模型

在静载作用下，支座下沉量 Y_0，钢轨弯矩 M_0 和轨枕压力 R_0 的计算公式如下：

$$\left.\begin{array}{ll}
Y_0 = \dfrac{1}{D} \sum P_{0i} \eta_i & \text{（cm）} \\[3mm]
M_0 = \alpha \sum P_{0i} \mu_i & \text{（cm · kN）} \\[3mm]
R_0 = \sum P_{0i} \mu_i & \text{（kN）}
\end{array}\right\} \tag{3-8}$$

式中　η_i，μ_i——弹性点支座连续梁的支座下沉和长梁弯矩的影响系数。轨道刚
　　　　　比系数 K 及 ξ 值按式（3-9）和式（3-10）计算（K、ξ 均为无
　　　　　量纲）；

　　　其余符号意义同前。

$$K = \frac{Da^3}{24EI} \qquad (3-9)$$

$$\xi = X_i/a \qquad (3-10)$$

式中 X_i——第 i 个轮载到计算断面的距离，cm；

其余符号意义同前。

3）钢轨动力下沉 Y_d，动弯矩 M_d 和轨枕动压力 R_d 的计算公式如下：

$$\left.\begin{array}{ll} M_d = M_0(1 + \alpha + \beta) & (\mathrm{cm \cdot kN}) \\ R_d = P_0(1 + \alpha + \beta) & (\mathrm{kN}) \\ Y_d = Y_0(1 + \alpha + \beta) & (\mathrm{cm}) \end{array}\right\} \qquad (3-11)$$

式中符号意义同前。

（2）钢轨应力计算。

1）轨底边缘动弯应力 σ_{gi} 计算

$$\sigma_{gi} = \frac{10M_d}{W_g}f \quad (\mathrm{MPa}) \qquad (3-12)$$

式中 W_g——钢轨的下部断面系数，cm^3。

2）轨头边缘弯曲应力 σ_{id} 计算

$$\sigma_{id} = \sigma_{gd}\frac{W_g}{W_j} \quad (\mathrm{MPa}) \qquad (3-13)$$

式中 W_j——钢轨上部断面系数，cm^3。不同轨型、不同钢轨垂直磨耗 W_g/W_j 之
值见表 3-3。

表 3-3 各型号钢轨垂直磨耗表

轨型/kg·m⁻¹ 　　垂直磨耗/mm	75	60	50	43	38	33
0	1.17	1.16	1.15	1.04	1.00	1.10
3	1.18	1.21	1.17	1.05	1.03	1.13
6	1.19	1.29	1.20	1.08	1.04	1.17
9	1.21	1.37	1.22	1.12	1.10	—

3）钢轨温度应力计算

有缝线路的钢轨温度应力按表 3-4 选用。

表 3-4 钢轨温度应力 σ_t　　　　　　　　　　（MPa）

钢轨长度/m	钢轨类型/kg·m⁻¹			
	75	60	50	43
12.5	34.5	42.5	50	60
25	41.5	51	60	70

（3）轨枕弯矩及承压面应力 σ 计算。

1）木枕横纹承压应力 σ_{zi} 计算。

$$\sigma_{zi} = \frac{10R_d}{F} \quad （MPa） \tag{3-14}$$

式中　F——轨底或铁垫板与木枕顶面的接触面积，cm^2。

2）混凝土枕弯矩的计算。

①轨下断面正弯矩计算。

轨枕下道床的支承图示见图 3-3。计算轨下断面正弯矩时，假定中间部分处于完全掏空的最不利状态。轨下断面正弯矩 M_g 值为：

$$M_g = k_s R_d \left(\frac{a_1^2}{2e} - \frac{b_g}{8} \right) \quad （kN \cdot cm） \tag{3-15}$$

式中　a_1——钢轨中心线至枕端的距离，cm，按现行设计标准，$a_1 = 50cm$；

　　　e——一般钢轨下，轨枕的全支承长度，cm，按现行设计标准，$e = 95cm$；

　　　b_g——钢轨底宽，cm；

　　　k_s——轨枕设计系数。

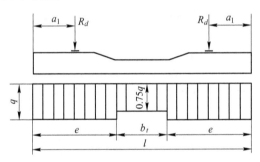

图 3-3　混凝土枕下道床支承图示

②钢轨中间断面负弯矩计算。计算轨枕中间断面负弯矩时，假定中间部分（图 3-3 中长度为 b_1 的范围内）为部分支承，其支承反力为全支承部分的 0.75 倍。负弯矩 M_z 的算式为：

$$M_z = - k_s R_d \left[\frac{8e^2 + 6l^2 - 24la_1 - 16ea_1}{8 \times (31 + 2e)} \right] \quad （kN \cdot cm） \tag{3-16}$$

式中　l——轨枕长度，cm，在现行标准设计中 $l = 250cm$；

　　　其他符号意义同前。

（4）道床顶面及基床表面压应力计算。

1）道床顶面压应力 σ_z 计算。

$$\sigma_z = \frac{10R_d}{be'} \quad （MPa） \tag{3-17}$$

式中　b——枕底平均支承宽度，cm；

　　　e'——一股钢轨下的轨枕有效支承长度，cm，木枕时，取 $e'=110$cm；混凝土枕中间部分掏空时，取 $e'=95$cm；混凝土枕中间不掏空时，按图 3-3，$e'=\dfrac{3l}{8}+\dfrac{e}{4}$，当 $l=250$cm，$e=95$cm 时，$e'=117.5$cm。

2）基床表面压应力计算。道床顶面压力在道床中按扩散角 ϕ 向下传递（图 3-4）。不同道床厚度时的基床表面压应力按下列公式计算：

当道床厚度 $h\leqslant h_1$ 时：

$$\sigma_L=\frac{10R_d}{be'}\quad\text{（MPa）}\tag{3-18}$$

当 $h_1<h<h_2$ 时：

$$\sigma_L=\frac{5R_d}{e'h\tan\phi}\quad\text{（MPa）}\tag{3-19}$$

当 $h>h_2$ 时：

$$\sigma_L=\frac{2.5R_d}{h^2\tan^2\phi}\quad\text{（MPa）}\tag{3-20}$$

$$h_1=\frac{b}{2}\cot\phi；\qquad h_2=\frac{e'}{2}\cot\phi$$

式中　h——道床厚度，cm；

　　　ϕ——有碴道床压应力扩散角，一般情况下可取 $\phi=35°$。

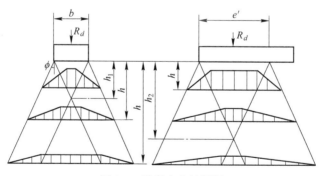

图 3-4　道床应力扩散图

3.2.1.5　轨道各部分的容许应力及强度条件

（1）钢轨的容许应力及强度条件。钢轨的强度条件是要求在列车作用下，钢轨的最大可能工作应力不超过钢轨钢的屈服点除以一定的安全系数所得出的容许应力，钢轨的强度条件可用下式表示：

$$\sigma_b + \sigma_t = \sigma_1 \leqslant [\sigma] = \frac{\sigma_s}{K_1} \tag{3-21}$$

式中　σ_1——钢轨最大可能工作应力，MPa；

　　$[\sigma]$——钢轨容许应力，MPa；

　　σ_s——经标准拉伸试验所得出的钢轨钢屈服点。根据国产钢轨试验资料的统计结果，按极限强度 σ_b 的不同级别，σ_s 的取值不同，对于 σ_b 为 785MPa 级的钢轨（普通炭素轨），取用 405MPa；对于 σ_b 为 883MPa 级的钢轨（低合金轨），σ_s 取用 457MPa；

　　K_1——安全系数，采用 1.3，对于再用轨采用 1.35。

（2）木枕容许应力及强度条件。木枕横纹承压强度条件可表示为：

$$\sigma_{zi} \leqslant [\sigma_{zi}] \tag{3-22}$$

式中　$[\sigma_{zi}]$——木枕支承面横纹容许承压应力，其值见表 3-5。

表 3-5　木枕横纹容许承压应力　　　　（MPa）

木材种类	松木	杉木	桦木	桉木
$[\sigma_{zi}]$	1.4	10.4	3.9	4.2

（3）混凝土枕容许弯矩及强度条件。

对于轨下断面：

$$N_g \leqslant [M_{gx}] = \frac{M_{gx}}{K_{gx}} \tag{3-23}$$

对于中间断面：

$$M_{zd} \leqslant [M_{zz}] = \frac{M_{zz}}{K_{zz}} \tag{3-24}$$

式中　$[M_{gx}]$，$[M_{zz}]$——混凝土枕轨下断面和中间断面的容许弯矩；

　　M_{gx}，M_{zz}——混凝土枕轨下断面和中间断面的未开裂极限弯矩；

　　K_{gx}，K_{zz}——混凝土枕轨下断面和中间断面的安全系数。

（4）道床的容许应力及强度条件。道床的承压强度条件可表示为：

$$\sigma_s \leqslant [\sigma_z] \tag{3-25}$$

式中　$[\sigma_z]$——道床顶面容许压应力，MPa，碎石道床 $[\sigma_z] = 0.5$MPa；筛选卵石道床 $[\sigma_z] = 0.4$MPa；冶金矿碴道床 $[\sigma_z] = 0.3$MPa。

（5）基床表面容许应力及强度条件。基床表面强度条件可表示为：

$$\sigma_L \leqslant [\sigma_L] \tag{3-26}$$

式中　$[\sigma_L]$——基床表面容许压应力，新建线路 $[\sigma_L] = 0.013$MPa；既有线路 $[\sigma_L] = 0.15$MPa。

3.2.2 铁路轨道检算基本条件

"陡坡铁路运输系统研究"专题组根据中华人民共和国国家标准《铁路线路设计规范》(GB 50090—1999)及攻关任务内容,初步设计了一条40‰~45‰坡度的陡坡铁路试验线路。

3.2.2.1 线路计算资料

试验线为Ⅲ级半固定线路,连接朱矿1300m水平干线和1285m水平移动线,初定陡坡铁路上部建筑装备见表3-6。

表3-6 陡坡试验线路上部建筑选型表

线路级别		40‰试验线 A	原干线 B	移动线 C
年运量/Mt		≥1.5	≥5	≥2
最大轴重/kN		280	280	280
最大运行速度/km·h⁻¹		40	40	15
钢轨类型/kg·m⁻¹		60	50	50
轨枕 /根·km⁻¹	混凝土枕	1760	1760	
	木枕		(1760)	1760
扣件(B型)		弹条Ⅰ型	弹条Ⅰ型、道钉垫板	道钉、垫板
线路限坡/‰		40	6	0
道床厚度/mm		400	300	200

3.2.2.2 钢轨计算资料

陡坡试验线路选用钢轨60kg/m,而矿山普遍用50kg/m钢轨。检算两类钢轨,其计算数据见表3-7和表3-8。

表3-7 60kg/m钢轨计算数据表

钢 轨						钢轨支座刚度 D/N·cm⁻¹	
面积 /cm²	底宽 b'_g /cm	惯性矩 J_x /cm⁴	W_g /cm³	W_j /cm³	$[\sigma]$ /MPa	计算钢轨用	计算轨枕道床基床用
77.45	15	2879	375	291	352	3000	7000

表3-8 50kg/m钢轨计算数据表

钢 轨						钢轨支座刚度 D/N·cm⁻¹	
面积 /cm²	底宽 b'_g /cm	惯性矩 J_x /cm⁴	W_g /cm³	W_j /cm³	$[\sigma]$ /MPa	计算钢轨用	计算轨枕道床基床用
65.8	13.2	1827	275	230	339	水泥枕 2200 木枕 1200	水泥枕 4200 木枕 1500

注:钢轨轨头磨损按10mm报废计算。

3.2.2.3　轨枕资料

陡坡铁路试验线路选用 S-2 型混凝土轨枕，1285m 水平移动线为木枕，1300m 干线为木枕和混凝土枕。S-2 型混凝土枕计算数据见表 3-9，木枕计算数据见表 3-10。

表 3-9　S-2 型混凝土轨枕计算数据表

钢轨	轨　枕								
E	$\dfrac{W_g}{W_j}$	间距 /cm	长度 /cm	枕端至轨中距 /cm	满支承长度 /cm	有效支承长度 /cm	平均底宽 /cm	轨下断面正弯矩 M_{gx} /kN·cm^{-1}	中间断面负弯矩 M_{zz} /kN·cm^{-1}
$2.1×10^3$	1.29	57	250	50	95	117.5	27.5	$1.4×10^3$	$1.1×10^3$

表 3-10　木轨枕计算数据表

钢轨	轨　枕						
E	$\dfrac{W_g}{W_j}$	间距 /cm	长度 /cm	枕端至轨中距/cm	满支承长度 /cm	有效支承长度 /cm	平均底宽 /cm
$2.1×10^5$	1.2	57	250	50	110	110	20

3.2.2.4　ZG224-1500 型工矿电力机车计算资料

机车黏着重量 224t；

机车轴数 8；

机车轴距 2400mm；

机车全轴距 21270mm；

机车长 25600mm；

机车宽 3200mm。

224t 电机车轮重与轴距图标注尺寸单位为 cm，见图 3-5。

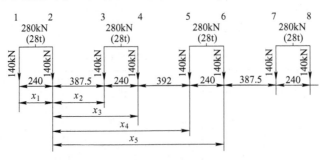

图 3-5　224t 电机车轮重与轴距图

3.2.3 强度检算结果与分析

依据强度检算原理公式，按攀钢朱矿所建的 40‰~45‰ 陡坡试验线路轨道具体条件，以及 ZG224-1500 型工矿电力机车主要性能参数，KF-60 型自翻矿车主要性能参数，采用"点支承法"和"连续支承法"进行检算，轨道各部分强度检算结果汇总见表 3-11 和表 3-12。表中 A 表示 40‰~45‰ 陡坡试验线，B 表示 1300m 干线，C 表示 1285m 移动线。

表 3-11　点支承法强度检算结果表

项　目			钢轨计算应力 /MPa		轨枕弯矩 /N·cm^{-1}		道床顶面压应力 /MPa	基床表面压应力 /MPa
			σ_g	σ_j	M_g	M_z	σ_z	σ_L
A	60kg/m 钢轨 1760 根/km 钢筋混凝土轨枕	计算值	271.5	332.6	1294674	−1086410	0.3788	0.1165
		允许值	352	352	1388255	−1100000	0.5	0.13
B	50kg/m 钢轨 1760 根/km 松木轨枕	计算值	366.2	426.112	木枕横纹承载能力 1.106MPa		0.42	0.14995
		允许值	339	339	1.40		0.5	0.15
C	50kg/m 钢轨 1760 根/km 松木轨枕	计算值	333.158	386.6	1.0124		0.384	0.114
		允许值	339	339	1.40		0.50	0.130

表 3-12　连续支承法强度检算结果表

项　目			钢轨计算应力 /MPa		轨枕弯矩 /N·cm^{-1}		道床顶面压应力 /MPa	基床表面压应力 /MPa
			σ_g	σ_j	M_g	M_z	σ_z	σ_L
A	60kg/m 钢轨 1760 根/km 钢筋混凝土轨枕	计算值	262.65	320.86	1299037	−1090092	0.380	0.117
		允许值	352	352	1388255	−1100000	0.50	0.130
B	50kg/m 钢轨 1760 根/km 松木轨枕	计算值	328.21	380.69	1279345	−1073568	0.7743	0.131
		允许值	339	339	1388255	−1100000	0.50	0.15
C	50kg/m 钢轨 1760 根/km 松木轨枕	计算值	323.653	375.237	木枕横纹承载能力 1.01374MPa		0.3848	0.09814
		允许值	339	339	1.4		0.5	0.15

采用"点支承法"和"连续支承法"两种计算方法，检算在最大可能荷载作用下，轨道各部件的一次破坏强度。

用"点支承法"计算钢轨弯矩比用"连续支承法"结果要大 5% ~ 10%，而计算钢轨挠度和枕上压力时则要小 1% ~ 2%。随着刚度的增加，其差值也稍有增大，但这两种计算方法的精度均可满足工程要求。从力学模型来看，"点支承法"适合于刚度较大的混凝土枕线路，在计算钢轨接头，轨枕失效和断枕等特殊问题时，也需要用"点支承法"，而"连续支承法"计算简便，被工程界和科学研究广泛应用。因此，本次计算，两种方法都进行。当两种方法计算结果有一种超过允许值，一种未超过，认为满足要求；当两种方法计算均超过允许值，认为不能满足要求。

1300m 干线轨道，钢轨轨头边缘弯曲应力 σ_j，两种计算方法均超过允许值。

采取降低机车最大运行速度的办法，特别是在不大于 R300m 的弯道处，降低最大运行速度。

当在弯道处最大运行速度限制在 10km/h 时，σ_j = 339.15MPa，接近或达到允许值 $[\sigma]$ = 339MPa。

1285m 移动线轨道，钢轨轨头边缘弯曲应力 σ_j 两种计算方法均超过允许值。这种类别轨道为 50kg/m 钢轨 1760 根/km 木枕，采场工作面，装车移动线路，降低运行速度为 10km/h，增大每千米木枕数至 1840 根/km，可以满足要求。

4 40‰~50‰陡坡铁路施工技术

4.1 陡坡铁路工业试验线路

"陡坡铁路运输系统研究"的工程依托单位是攀钢集团矿业公司朱家包包铁矿（以下简称朱矿）。朱矿采场 1285m 水平经过多年的采剥，本水平东西端长度已达 1350m，平均宽度达 350~450m，东西两端回头曲线半径均可以达到 150m 以上，形成了较好的铁路运输条件。

铁路运输运量大、成本低，具有其他任何运输方式无可比拟的优越性。朱矿现有汽车运输单位费用：平坡为 2.5 元/（t·km），上坡为 2.8~3.0 元/（t·km）；铁路运输单位费用仅为 0.25~0.3 元/（t·km）。按照总体规划设计，截至 2000 年底，朱矿 1285m 水平剩余矿石量 120.2 万吨、岩石量 1430.4 万吨，兰营徐采场剩余矿石量 617.4 万吨、岩石量 1723.3 万吨，朱兰采场 1285m 水平剩余矿岩总量达 3891.3 万吨，铁路进线，早建设可早出效益。

陡坡铁路已在俄罗斯联邦国家应用较为成熟，坡度已达到 50‰以上，但在国内仍是首次应用。224t 电机车在 40‰坡道上运行仅是停留在理论计算和计算机模拟基础上，陡坡铁路的运输可靠性仍需实践验证。随着朱矿南帮扩帮的完成，朱矿深部陡坡铁路在两年后将投入运行。先建设一条线路进行试验，试运行，可为深部陡坡铁路运输摸索出一套经验，提供一定的技术保障，以保证采场生产的持续稳定。

陡坡铁路工业试验线路研究提出了两个方案，Ⅰ方案是东进线方案，Ⅱ方案是西进线方案。Ⅰ方案：陡坡铁路从 1267 矿山站接线，以 40‰的坡度下到 1258m 水平，线路坡道长度 225m。其优点是进线方便、工程量小、投资小。但其主要缺点是坡道太短，满足不了"十五"国家科技攻关任务书下达的攻关目标的需要；另一方面，当时南帮扩帮正在进行，1285m 以上扩帮计划在 2001 年底完成，1285~1258m 仍有 105×10⁴m³（即 315 万吨）扩帮量，需将 105×10⁴m³ 扩帮量完成后，才能具备进线条件，完成 105×10⁴m³ 扩帮工程量至少需要 1 年时间，即两年后（2003 年初）才能形成铁路进线条件，在时间上满足不了攻关需要。故未再对东进线方案做详细工作，仅对西进线方案进行深入细致工作。根据现场实际情况，研究了西进线采场外固定线、采场内半固定线，两种方式的进线方案。

Ⅰ方案是固定线进线方案,线路从1300信号所至1300m水平铁路线接线,线路远点标高1304.6m,线路经采场变电所西侧,沿着1300m水平铁路线下到采场1285m水平,线路纵坡40‰,坡道全长490m,采用9号单侧右开道岔,道岔部分长50m,整个固定线全长540m,采场内采用50kg/m钢轨铺设移动线路,并延伸到东山头及南帮,移动线全长2340m。

Ⅱ方案是场内半固定线路方案,线路从1300m水平铁路1302.2m标高接线,下到采场内1287m标高,线路纵坡40‰,坡道全长380m,采用9号单侧右开道岔接线,道岔部分长50m,整个陡坡试验线路全长820m。采场内采用50kg/m钢轨铺设移动线路,并延伸到东山头及南帮,移动线全长2040m。

1285m水平铁路进线后,矿石仍采用汽车运输至倒装矿仓转铁路运至破碎站,以利用矿仓进行矿石的质量均衡与中和,岩石尽量采用铁路运输,并按照"上土上排、下土下排、最小运输功"等的原则,运输至Ⅱ土场。

两方案主要技术经济比较详见表4-1。

表4-1 Ⅰ、Ⅱ方案技术经济比较表

方案 内容	Ⅰ方案	Ⅱ方案	备注
一、工程量			
1. 土石方/m³	73831.6	47952.1+22500	
2. 水沟:长度/m	500		
挖方/m³	325		
浆砌片石/m³	225		
3. 挡墙:长度/m	81		
基础挖方/m³	122		
浆砌片石/m³	409.8		
混凝土/m³	22.68		22500m³ 指后期去兰营徐采场斜坡道土石方量
4. 拆迁			
(1) 6000V 线路/m	2500		
(2) 150m 水池/座	1		
5. 线路			
(1) 固定线路/m	490	430	
(2) 移动线路/m	500	500	
9号道岔/组	1	1	
二、投资/万元	444.06	247.69	
三、现状需扩帮量/万吨	28.7	21.6	
四、运输安排 1. 2000年底1285m			

方案 内容	Ⅰ方案	Ⅱ方案	备注
结存量：矿石量/万吨 岩石量/万吨	120.2 1430.4	120.2 1430.4	
2. 铁路线形成后 矿岩结存量：矿石/万吨 岩石/万吨	102.2 1389.9	102.2 1389.9	
3. 运输方式	矿石通过倒装矿仓运至破碎，汽车运距0.8km，铁路运距5.3km；岩石通过铁路运至Ⅱ$_{\pm}$，运距5.35km	矿石通过倒装矿仓运至破碎，汽车运距0.8km，铁路运距5.3km；岩石1171.5万吨通过铁路运至Ⅱ$_{\pm}$，运距为5.35km。218.4万吨通过倒装矿仓去Ⅰ$_{\pm}$，汽车运距0.7km，铁路运距3.9km	
4. 运输单价/元·$(t·km)^{-1}$ 汽车 铁路	2.50 0.30	2.50 0.30	
5. 吨矿岩运营费/元·t^{-1} 矿石 岩石	3.74 1.61	3.74 Ⅰ$_{\pm}$：3.04；Ⅱ$_{\pm}$：1.61	
五、运营费/万元	2620.0	2938.8	
六、工期/月	4.5	3	
七、优点	（1）固定线路一次建成，避免以后移动，重复投资； （2）线路较长，可满足试验要求，为深部开采铁路进线提供可靠的依据； （3）生产经营费较低； （4）可保证1285m水平朱兰采场全期使用铁路	（1）可满足试验要求，为深部陡坡铁路运输提供可靠的依据； （2）工程量小，投资较小； （3）施工较容易，工期短	

内容　　方案	Ⅰ方案	Ⅱ方案	备注
八、缺点	（1）工程量大，投资大，工期长； （2）拆迁工程量较大； （3）施工难度较大； （4）施工对 1300 铁路生产影响较大。时间约为 1.5 月	（1）铁路建成后移动困难，兰营徐采场需重建斜坡线，重复投资； （2）影响本水平及下一水平的推进； （3）生产经营费较高	

由表 4-1 看出，Ⅰ方案施工困难，投资较大，工期较长，运营费较低，施工中铁路拆迁、挖方、接岔等对 1300m 水平生产影响较大，影响时间达 1~1.5 月，但可保证朱矿采场岩石全部用铁路运输，同时可保证兰营徐采场 8~9 年后使用，不需重复投资；Ⅱ方案施工简单、投资较小、工期短，但运营费较高。同时，Ⅱ方案由于在采场内建设半固定陡坡铁路，对采场的正常推进有一定影响，结合朱矿 5 年采掘计划仅能保证 1~1.5 年的试验时间，试验完备，铁路线需拆除，等待 1285m 水平下盘推进到一定宽度后，再建铁路陡坡线。要同时保证 1285m 水平铁路运输与生产正常推进难度较大。表 4-1 中所列的铁路运输量是理想状态下达到的铁路运输量，而实际上在试验期间完成 1171.5 万吨铁运量，难度太大。综合比较两方案，从缩短工期，着重近期考虑，推荐Ⅱ方案。

4.2　陡坡试验线路平面参数

新建朱矿 1300m 干线至 1285m 水平铁路线设计为Ⅲ级半固定运输干线，线路坡度不小于 40‰。线路起点为 A 点，在 1300m 干线出岔，标高 1302.889m，出岔方位为 NW43，坐标为：$X = 4136.616$，$Y = 7171.617$。定线终点为 K 点，标高 1287m，坐标为：$X = 4684.491$，$Y = 6894.156$。从起点 A 到终点 K 经过一个 9 号单侧右开道岔和两个半径分别为 200m 和 300m 的反向曲线。为避免误差累计，定线中分别示出各段导线的方位与边长，算出各段的坐标增量及各控制点的坐标。全线里程为 820m，其中≥40‰坡度的坡段长 380m，线路的平面图见图 4-1，各控制点及曲线的要素见表 4-2。

（1）直线与圆曲线连接。为使列车从直线驶入或驶出曲线时，离心力不突然发生和消失，曲线超高，加宽不至于突变，曲线两端的超高，加宽采用直线递减，递减率不大于 3‰，递减直线段长为 30m。

（2）相邻曲线的连接。JD_1 和 JD_2 为相邻两个转向角方向相反的反向曲线，在陡坡线路上设置两个反向曲线，目的是使线路处于最不利状态，试验陡坡运输。为保证列车运行平稳、防止车辆由于突然转向而造成的振动，反向曲线间设置夹直线。Ⅲ级半固定线路，设置夹直线长 20m。由于反向曲线端点间的距离小于 25m，在该段距离全长安装护轮轨。

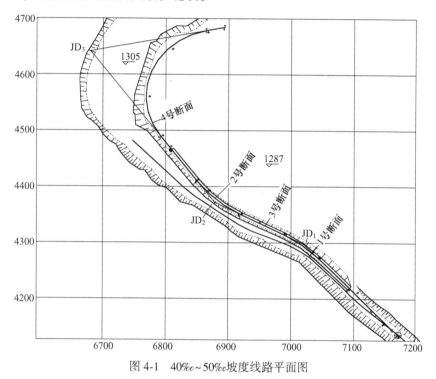

图 4-1　40‰~50‰坡度线路平面图

（3）圆曲线。铁路线路在不同方向的相邻直线间必须以一定半径的圆曲线相接。从 1300m 干线出岔至 1285m 水平，为了减少新建 1285m 铁路线进采场的土石方工程费，结合地形条件，研究确定 40‰陡坡线路有两个圆曲线（反向），半径均为 200m（JD_1 和 JD_2 点）。同时，为了验证 224t 电机车在小半径 120m（JD_3 点）状态下电机车的技术性能，40‰陡坡铁路进 1285m 工作面，设置最小圆曲线半径为 120m（验证 220t 电机车通过的半径曲线的性能）。

（4）曲线超高。

$$h = 7.6 \frac{v_{\max}^2}{R} \tag{4-1}$$

式中　h——曲线超高，mm；

　　　$v_{\max}$——最大行驶速度，km/h，取 40km/h；

　　　R——圆曲线半径，m。

当 $R = 200\text{m}$ 时：

$$h = 7.6 \times \frac{40^2}{200} = 60.8\text{mm}$$

当 $R = 120\text{m}$ 时：

$$h = 7.6 \times \frac{40^2}{120} = 101.33\text{mm}$$

实际建设时，$R = 200\text{m}$，取 $h = 60\text{mm}$；$R = 120\text{m}$，取 $h = 100\text{mm}$。

曲线加宽：$R = 200\text{m}$，取曲线轨距加宽 15mm；$R = 120\text{m}$，取曲线轨距加宽 20mm。

半径 $R = 120\text{m}$ 处，设置护轮轨，护轮轨钢轨为 60kg/m 钢轨。具体要素见表 4-2。

表 4-2　1285m 进线 40‰~50‰坡度铁路控制点及曲线要素

点别	距离/m	方位	Δx	Δy	x	y	$\alpha/(°)$	R/m	T/m	L/m
A	28.848	NW43°	+20.054	−20.676	4136.616	7171.617				
B	85.937	NW43°	+62.769	−56.193	4156.831	7151.015				
C	71.175	NW43°	+47.212	−43.770	4225.146	7087.681				
D	34.366	NW43°	+25.202	−23.364	4272.358	7043.911				
JD$_1$	34.366	NW62.5°	+16.006	−30.532	4297.560	7020.547	19.5	200	34.366	68.068
E	80	NW62.5°	+37.039	−70.648	4313.566	6990.015				
F	46.174	NW36.5°	+21.498	−41.005	4350.605	6919.367				
JD$_2$	46.174	NW36.5°	+37.218	−27.372	4372.103	6878.362	26	300	46.174	102.935
G	70	NW36.5°	+56.370	−41.458	4409.321	6850.990				
H	30	NW36.5°	+24.168	−17.775	4465.691	6809.532				
I	120.428	NW36.5°	+151.742	−111.600	4489.859	6791.757				
JD$_3$	120.428	NW79°	+37.015	+184.689	4641.601	6680.157	115	120	188.362	240.855
J	30	NW79°	+5.875	+29.310	4678.616	6864.848				
K	820				4684.491	6894.156				

4.3 陡坡试验线路纵断面参数

1300m 干线至 1285m 水平铁路线路坡度（含曲线折减）不小于 40‰，如图 4-1 所示。为使陡坡纵断面坡度不小于 40‰，必须对曲线段进行坡度折减。

当圆曲线长小于列车长时，坡度折减计算：

$$\Delta i_w = \frac{12.2 \sum \alpha}{L} \tag{4-2}$$

式中 Δi_w——曲线折减系数；

$\sum \alpha$——位于列车长度范围内的曲线转向角的总和，（°）；

L——列车长度，m。

224t 电机车牵引 9 辆 KF-60 型自翻车，列车长 143.176m。

曲线 $N_2 (R = 200m)$ 长度 68.068m，小于列车长度，坡度折减数为 1.66‰，实际坡度为 40‰，曲线阻力坡度为 1.66‰，合计坡度为 41.66‰。曲线 $N_2 (R = 300m)$ 长度 102.935m，小于列车长度，坡度的折减系数 2.22‰，实际坡度为 40‰，曲线阻力坡度为 2.22‰，合计坡度为 42.22‰。

当列车通过变坡点时，由于列车运行方向的改变而产生附加力；由于惯性作用，机车将仍沿原来方向前进，在重心未过变坡点的瞬间，机车前轮将呈悬空状态，在悬空高度超过轮缘高度时，即有脱轨可能；引起相邻车辆的车钩中心纵向的上下错动，当错动量超过限定数值时，有可能引起脱钩。因此，在变坡点处必须设置竖曲线。为此，规定坡度代数差大于 4‰时以圆曲线型竖曲线连接。

原 1300m 干线纵坡为 11‰，A 点至 B 点坡段纵坡为 6‰，坡度代数差 $\Delta i = 5‰ > 4‰$。

B 点至 C 点坡段，坡度为 6‰；C 点至 D 点坡段，坡度 40‰；坡度代数差 $\Delta i = 34‰ > 4‰$。

G 点到 H 点坡段，坡度为 40‰；H 点到 I 点坡段，坡度 0‰，坡度代数差 $\Delta i = 40‰ > 4‰$。

为保证 224t 电机车、KF-60 型矿车和 150t 电机车双车通过变坡点时，不脱钩、不断钩、不脱轨情况，确定竖曲线半径为 3000m，竖曲线要素计算如下：

$$T_V = \frac{R_V}{2000} \Delta i \tag{4-3}$$

式中 T_V——竖曲线切线长，m；

R_V——竖曲线半径，m；

Δi——相邻坡段的坡度代数差。

$$E_V = \frac{T_V^2}{2R_V} \tag{4-4}$$

式中　E_V——竖曲线外矢矩，m；

　　　T_V——竖曲线切线长，m；

　　　R_V——竖曲线半径，m。

代入 A 点、C 点和 H 点三处数值计算得：

A：$T_V = 7.5\text{m}$，$E_V = 0.0094\text{m}$

C：$T_V = 51\text{m}$，$E_V = 0.434\text{m}$

H：$T_V = 60\text{m}$，$E_V = 0.600\text{m}$

由于 A 点的外矢矩值小于 0.01m，此处可不设竖曲线，C 点和 H 点处均设置半径为 3000m 的竖曲线。

为了轨道铺设与养护方便，竖曲线设置在递减直线段以外，在设计纵断面时，变坡点位置离开递减直线段大于半个竖曲线长度。

4.4　陡坡铁路上部建筑装置

陡坡铁路上部建筑装置有：

（1）轨道结构。

运营条件：224t 电机车牵引 9 辆自翻车，最高行车速度不大于 40km/h。

通过强度验算，1300m 干线至 1285m 水平陡坡铁路线路上部建筑配置：60kg/m 钢轨；混凝土枕（S-2 型），铺设参数 1760 根/km（每节轨 44 根）；岩石路基，道床厚度 400mm，碎石道砟，规格 20~40mm。但是，考虑陡坡试验线路结构，圆曲线设置及加强防爬等因素，轨枕铺设数量取 1840 根/km（每节轨铺 46 根），轨枕中心距 545mm。

（2）钢轨及配件。60kg/m 重型轨道采用 25m 标准长度的钢轨，接头采用对接，曲线内股使用厂制缩短轨调整钢轨接头的位置。接头螺栓选用 I 级，垫圈采用单层弹簧垫圈。直线轨距 1435mm，半径 200m 的曲线轨距加宽至 1450mm，半径 120m 的曲线轨距加宽至 1455mm。轨距误差不得超过 +6mm ~ −2mm；其误差变化率不大于 2‰。

50kg/m 和 60kg/m 钢轨采用异型钢轨连接，异型钢轨长 6.25m。

（3）轨枕及扣件。试验线路上段和 40‰陡坡段（B~1 点），铺设 S-2 型混凝土轨枕，A~B 点铺 9 号单侧右开道岔，铺设木岔枕，试验线路段（I ~ K 点）铺木枕。木枕伸入混凝土枕段 15 根。混凝土轨枕使用弹条 I 型扣件。

（4）道床。

道床材料：20~40mm 碎石。

道床顶面宽度：3000（mm）（直线段），3100mm（曲线段）。

道床边坡坡度：1：1.75。

路基宽度：4700mm。

混凝土枕端部埋入道床深度 150mm，其中部 600mm 范围内，道床顶面应低于轨枕底 30mm。

木枕轨道的道床顶面低于轨枕顶面 30mm。

（5）道岔。40‰陡坡铁路线路是从 1300 干线出岔，引入 1285m 水平。朱矿 1285m 水平尚剩余 1200 万吨运输量，1300 干线仍继续担负 1300m 水平和部分兰营徐采场运输量，岔点位置年运输通过能力较密，研究使用 60kg/m 道岔。但是，朱矿目前普遍使用的是 50kg/m 道岔，而且本次试验线路使用年限短，故实际选用 50kg/m 道岔。

道岔型号：9 号单侧右开。

道岔与 40‰陡坡线路的 60kg/m 轨型不同，在道岔后端铺设 12.5m 同类型钢轨。即一节 50kg/m 钢轨后，铺设一节 6.25m、50kg/m 和 60kg/m 异型钢轨，再铺设 60kg/m 钢轨。

5　陡坡铁路防爬装置

轨道爬行指两方面概念：一是钢轨爬行，二是轨梯爬行。

铁路线爬行是指在运行列车车轮作用下钢轨沿轨枕的纵向移动。轨梯爬行是指钢轨排在运行列车车轮作用下沿道床的纵向移动。

对于使用混凝土轨枕和弹性扣件，由于牵引电机车轴重 28t，且新建朱矿 1300 干线至 1285m 水平陡坡铁路线路坡度不小于 40‰，超过了限定的 25t 轴重铁路设计规范。因此，上部建筑的防爬安装显得尤为重要。

防爬设计的思路是：以防爬装置承接纵向爬动力。

爬行会严重破坏铁路线的正常运营，对整个运输工序的效率产生重大影响。在对轴荷增加、坡度加大、货运量增大和使用更有效的制动系统的情况下，研究和分析线路的可靠性具有特别的意义。

前苏联库尔斯克舍维亚科夫科研所和列别金采选公司专家们对露天矿使用的上部建筑结构（混凝土（木）轨枕、道床钢轨固定件和防爬装置）分析研究表明：现有常规固定件不能充分适应陡坡铁路要求，并就防爬力，总结如下一些规律：

机车在列车尾部推进的重车在 50‰列别金露天矿直线区段运行时，钢轨爬行的方向与列车运行的方向相反（负爬行）。运行列车作用下钢轨的纵向移动见图 5-1。

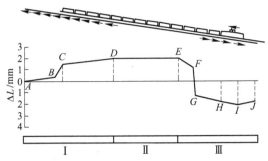

图 5-1　机车推进时，在运行的列车作用下钢轨的纵向位移示意图

AB—加速区段；*BCD*—前部翻斗车作用下的位移；*DE*—平稳区；*EF*—后部翻斗车作用下的位移；

FGHI—牵引机组作用下的拉伸区；*IJ*—反向位移；

Ⅰ，Ⅱ，Ⅲ—分别为压缩区、平衡区、拉伸区在曲线段轨道产生"多极"位移。内线为"正"(沿列车运行方向)爬行,而外线(支撑)为"负"爬行,即反方向爬行。

从上坡至平台或相反,沿列车运行方向线路产生爬行。在缓慢下坡区,线路的爬行方向与列车运行方向相同,但爬行量大。因为,爬行力随着下坡度的增加大大增大。

列车以牵引状态持续下坡运行时,不出现钢轨剩余位移。钢轨处于弹性变形范围内,也就是说在运行列车作用下,钢轨"往这边"、"往那边"运动,纵向力的作用是均衡的,无拉断力,对线路状态的影响是良好的,见图5-2。

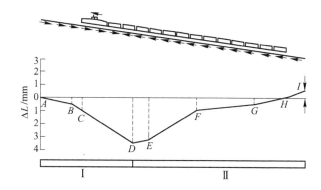

图5-2 机车牵引时,在运行的列车作用下钢轨的纵向位移

AB—加速区段;*BCD*—在牵引机组的作用下的位移;
DEFGH—在重载翻斗车作用下的位移;Ⅰ,Ⅱ—分别为拉伸和压缩区

此外,作用于外轨的侧向力比机车在尾部推进的列车运行时低18%~27%。

根据计算和试验资料确定,在陡坡持续下坡时,整个线路均受由于制动摩擦而产生的附加爬行力的作用,车轮与钢轨的接触而产生与列车运行方向相同的纵向力,导致爬行增强。坡度越大,则爬行越大。因为列车持续下坡运行时,给定区段达到极限允许速度时,司机需周期性地制动,紧接着在其他区段也要进行制动。因此,在持续下坡过程中,都将受到制动摩擦时引起的附加的爬行力。

作者对陡坡铁路轨道爬行进行研究分析,认为轨道爬行的主要原因是因为列车动荷载使钢轨垂直变形产生挠曲、电机车上坡牵引力、列车下坡制动力、气候变化产生的温度应力等造成爬行力。其中,钢轨在列车动荷载作用下的波浪式的挠曲是爬行的重要因素。但这些爬行力的大小受列车条件、轨道上部建筑条件的不同而变化。即使在相同条件下,又因列车运行因素的瞬时变化,各种爬行力的组合也在大幅度的波动。这些变化与波动,很难比较准确的确定爬行力的大小和作用方向用于工程设计。通过研究分析和借鉴国外的实践,认为解决陡坡铁路轨道爬行这一课题的有效途径,应该是先准确的了解所设计的轨道本身所具有的爬行阻力。当列车运行对其施加作用时,对轨道爬行进行专门的试验,测出各种作用参数，对照原具有的爬行阻力，得出轨道爬行原因。只有进行多次试验和测验找出其规律，才能解决当前国内外仍在探索尚未解决的这一难题。

根据马鞍山矿山研究院作的"轨道纵向阻力试验报告"，轨枕（扣件）和钢轨的阻力 15.68kN/根枕，轨枕（轨梯）和道床阻力为 8.54kN/根枕，前者为后者的 1.84 倍，增加轨枕和道床阻力使两者相平衡，实质增加了轨道整体防爬力。本次研究经过国内调查和分析，寻求施工简单，结构可靠经实践证明行之有效的防爬结构。为此，经过计算和结构设计把原国内采用的木枕的"霸王桩"结构改进，用于水泥枕防爬，采用两根 50kg/m 废钢轨为立桩，一根 50kg/m 废钢轨为横梁，用特制的橡胶（或木楔）斜垫楔入横梁与混凝土枕间。

根据计算 25m 长每节钢轨铺设 46 根混凝土枕和道床间阻力 365.5kN/节轨，25m 长每节钢轨和轨枕（扣件）阻力 675.1kN/节轨，两者相差 309.6kN/节轨，依据设计计算每组防爬桩阻力可达 150kN/组，每节 25m 长钢轨，安装两组防爬桩，使钢轨和轨枕阻力与轨枕和道床阻力相平衡。每根轨枕阻力 15.68kN/根枕，作为轨道防爬阻力。

每 25m 钢轨，设两组"防爬桩"，采用 60kg/m 钢轨制作。

陡坡试验线路平坡段或纵坡小于等于 6‰ 地段，铺设 S-2 型混凝土枕，安装弹性扣件，不安装防爬桩装置。

陡坡线路上缓和直线段和曲线段铺设 S-2 型混凝土枕，每 25m 轨安装绝缘轨距杆 10 根，每 25m 轨安装轨撑 14 对。

陡坡线路直线段铺设 S-2 型混凝土轨枕，采用弹条 I 型扣件，不安装轨距杆和轨撑。

6 陡坡铁路供电技术

6.1 绪言

攀钢集团矿业公司朱家包包铁矿（以下简称朱矿）40‰~45‰陡坡铁路进行工业试验，按电机车牵引力达到的最大电流，即150t电机车双机牵引可达到启动电流4000A，运行电流3600A；224t电机车单机牵引可达到启动电流3000A，运行电流2600A考虑，按朱矿现有的牵引网路正常供电条件、正常供电条件下最大电压降和严重的情况，供电末端短时最大电压降基本达到运输要求原则，开展陡坡铁路供电技术研究。

朱矿牵引变电所馈出到1267m矿山站，经Ⅴ号线，Ⅵ线，1300m水平，1277m站，Ⅱ$_\pm$干线和移动线为一个供电分区（12号），自牵引变电所馈至1315m站、Ⅶ号线、1315m水平、1330m水平为另一供电分区（11号），这两个供电分区分别由牵引变电所12号和11号馈电盘分别供电，快速开关瞬时整定值分别为2000A，当前使用正常；40‰~45‰陡坡铁路试验段自1300m干线出岔线，到达1285m水平，并入11号盘供电。由于增加150t电机车双机牵引试验或224t电机车单机牵引试验取电，在40‰~45‰陡坡段重车上坡出现高峰负荷电流，会造成快速开关频繁跳闸，陡坡试验无法进行。

朱矿采用150t电机车牵引12辆60t自翻矿车组成列车形式，当前，基本上处在山坡凹陷露天开采阶段。空车上坡重车下坡。全矿开动13台150t电机车作业。牵引变电所现有4140kV·A硅整流装置（电流2250A、电压1650V）3台，开动2台、备用1台、基本满足要求。当进行40‰~45‰陡坡铁路试验及投产使用增加1台150t电机，增加1台224t电机车投入牵引网路取电运行，在陡坡试验段，重车上坡会出现电流高峰值。现有牵引变电所硅整流装置容量，是否能满足要求要在试验中研究解决。

开展此项研究的目的是对40‰~45‰陡坡铁路试验区间牵引网路进行分析，在达到运输要求的条件下，研究牵引网路供电结构，使陡坡试验和使用正常运行。它的意义是使40‰~45‰陡坡铁路150t双机牵引或224t电机车单机牵引12辆矿车能正常运行，牵引网路建设费用最大限度节约，并取得较好的经济效益。

6.2　供电网路负荷参数

电机车负荷电流是牵引网路电气计算和牵引变电所容量确定的依据，负荷电流的大小取决于电机车在不同运行状态下所需的牵引力。

6.2.1　电机车牵引力计算

（1）电机车启动时所需的牵引力。
对于重车

$$F_{zq} = (P + Q_{qz})(w_0 + w_r + w_q \pm i + 110a_{zq}) \tag{6-1}$$

对于空车

$$F_{kq} = (P + Q_{qk})(w_0 + w_r + w_q \pm i + 110a_{kq}) \tag{6-2}$$

式中　F_{zq}，F_{kq}——分别为重、空车机车启动时所需牵引力，kg；

Q_{qz}——重车时的牵引重量，t，$Q_{qz} = n(q + q_0)$；

q——每个矿车的装载重量，t；

q_0——每个矿车的自重，t；

n——电机车牵引的矿车数；

Q_{qk}——空车时的牵引重量，t，$Q_{qk} = nq_0$；

i——列车启动处的线路坡度，‰，列车在坡道上运行时，由于本身重力分量形成的阻力，i 为坡度值（‰），上坡时取"＋"，下坡时取"－"。

P——电机车黏着重量，t；

w_0——列车基本单位运行阻力，kg/t，$w_0 = \dfrac{w_0'P + w_0''Q}{P + Q}$，启动时 w_0 选取，$v = 10\text{km/h}$；

Q——矿车牵引重量，t；

w_0'——电机车基本单位运行阻力，kg/t；

w_0''——矿车基本单位运行阻力，kg/t；

w_r——列车在弯道上运行时由于摩擦力与向心力的作用产生的附加阻力，kg/t；

w_q——启动附加阻力，kg/t，对于具有滚动轴承的机车车辆可以不考虑启动附加阻力；

$110a$——惯性阻力，kg/t；

a——加速度，m/s^2，露天矿运输：重车启动 $a = 0.10 \sim 0.20\text{m/s}^2$；空车启动 $a = 0.15 \sim 0.30\text{m/s}^2$；在限制坡度上 $a = 0.05 \sim 0.07\text{m/s}^2$；重车启动一般取 $a = 0.1\text{m/s}^2$，空车启动一般取

$a = 0.2 \mathrm{m/s^2}$。

当列车长度小于或等于弯道长度时：

$$w_r = \frac{630}{R} \tag{6-3}$$

式中 R——曲线半径，m。

当列车长度大于弯道长度时：

$$w_r = \frac{11 \sum \alpha}{L} \tag{6-4}$$

式中 $\sum \alpha$——位于列车长度范围内的曲线转向角的总和，（°）；

L——列车长度，m。

（2）电机车运行时所需的牵引力。

对于重车

$$F_{zy} = (P + Q_{qz})(w_0 + w_r \pm i) \tag{6-5}$$

对于空车

$$F_{ky} = (P + Q_{qk})(w_0 + w_r \pm i) \tag{6-6}$$

式中 F_{zy}，F_{ky}——分别为重、空车运行时所需牵引力，kg。

准轨电机车运行时，w_0 值的选取：对于固定线和半固定线，取 $v = 20 \mathrm{km/h}$，对于移动线，取 $v = 10 \mathrm{km/h}$。

（3）计算条件。

ZG224-1500 型工矿电机车：

　　黏着重量 224t

　　启动黏着系数 0.28

　　运行黏着系数 0.22

KF-60 型自翻矿车：

　　　自重 34t，载重 60t

每列车由 9 辆组成，列车牵引重量 846t。每列车由 12 辆组成，列车牵引重量 1128t。

ZG150-1500 型工矿电车机车：

两台机车重联运输，补机牵引力计算为主机牵引力的 0.95。黏着重量 150t，黏着系数与 224t 电机车相同。

KF-60 型自翻矿车：

每列 12 辆组成列车牵引重量 1128t。

（4）计算结果。

计算结果见表 6-1 和表 6-2。

224t 电机车牵引 9 辆 60t 矿车，牵引重量：重列车为 846t，空列车牵引力为 315t。

表 6-1　224t 电机车牵引 9 辆 60t 矿车牵引力

线路状况种类	单位	重车启动 （10km/h）	空车启动 （10km/h）	重车运行 （20km/h）	空车运行 （20km/h）
平坡	kg	19922	16336	6258	3619
	N	195236	160093	61328	35466
上坡 40‰上坡	kg	54483	27816	46704	23994
	N	533933	272597	457699	235141
移动线	kg	20941	17156	7440	4572
	N	205222	168129	72912	44806

150t 电机车双机牵引 12 辆 60t 矿车，牵引重量：重列车 1128t，空列车 420t。

表 6-2　150t 电机车双机牵引 12 辆 60t 矿车牵引力

线路状况种类	单位	重车启动 （10km/h）	空车启动 （10km/h）	重车运行 （20km/h）	空车运行 （20km/h）
平坡	kg	27288	22395	8572	5262
	N	267422	219471	84006	51568
上坡 40‰上坡	kg	74626	33135	63971	32894
	N	731335	324723	626916	322361
移动线	kg	28684	23521	10194	6268
	N	281103	230506	99901	61426

6.2.2　电机车负荷电流

（1）电机车特性曲线 $F = f(I_d)$。计算电机车负荷电流时，首先计算出电机车的牵引力，并除以电机车的牵引电动机台数，得出每台牵引电动机的牵引力，然后由牵引电动机的 $F = f(I_d)$ 特性曲线，查得相应的电流值 I_d，再根据电动机的运行状态（即牵引电动机串、并联状态），计算出电机车的负荷电流。

（2）电机车运行状态。准轨 224t、150t 电机车负荷电流 I，与单台牵引电动机的负荷电流 I_d 的换算见图 6-1。

在牵引网路研究中，固定线上电机车启动和运行电流均按第 Ⅱ 种运行状态，在移动线上均按第 Ⅰ 种运行状态。计算结果见表 6-3 和表 6-4。

6.2.3　牵引网路电压降

（1）正常供电条件下最大电压降。

$$\Delta U_p = \Delta U_j' + \Delta U_g' + \Delta U_k' + \Delta U_h' \tag{6-7}$$

式中　ΔU_p——正常供电条件下最大电压降，V；

　　　$\Delta U'_j$——接触线的正常电压降，V；

　　　$\Delta U'_g$——轨道正常电压降，V；

　　　$\Delta U'_k$——馈电线的正常电压降，V；

　　　$\Delta U'_h$——回流线的正常电压降，V。

电机车类型	牵引电动机台数	电机车第 I 种运行状态时的电流分布	电机车第 II 种运行状态时的电流分布
准轨 224t	8	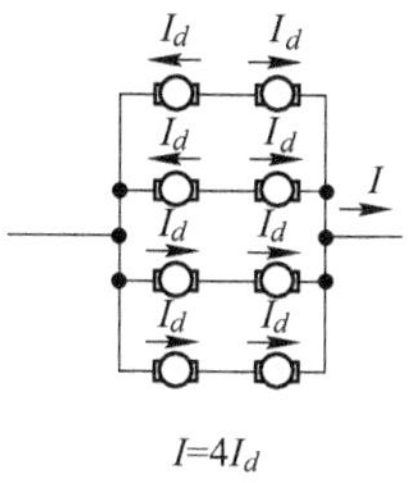 $I=4I_d$	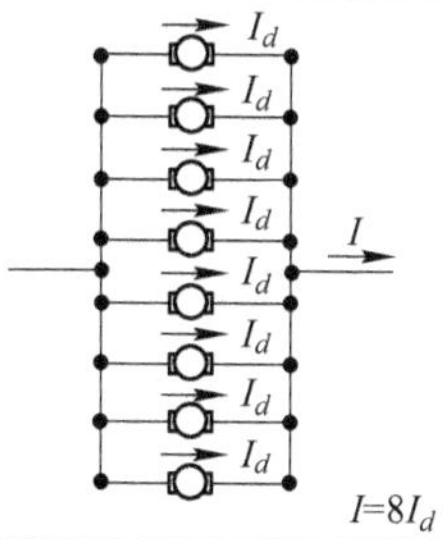 $I=8I_d$
准轨 150t	6	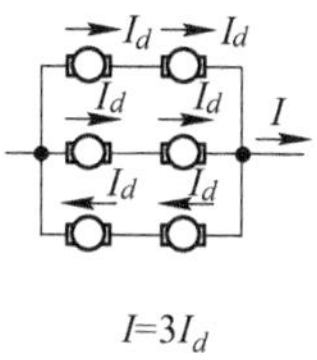 $I=3I_d$	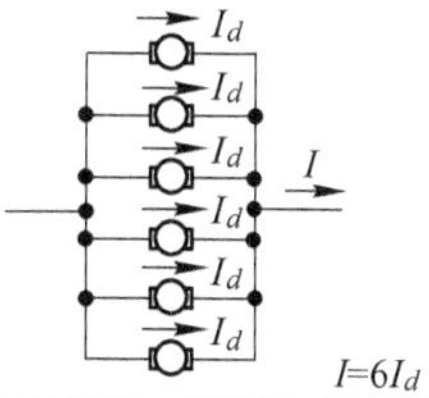 $I=6I_d$

图 6-1　电流与电动机负荷电流换算图

表 6-3　224t 电机车牵引 9 辆 60t 矿车电流　　　　　（A）

线路状况种类	重车启动 （10km/h）	空车启动 （10km/h）	重车运行 （20km/h）	空车运行 （20km/h）
平坡	1424	1280	800	640
上坡 40‰ 上坡	2896	1720	2592	1600
移动线	728	648	432	360

表 6-4　150t 电机车牵引 12 辆 60t 矿车电流　　　　（A）

线路状况种类	重车启动 （10km/h）	空车启动 （10km/h）	重车运行 （20km/h）	空车运行 （20km/h）
平坡	1896	1680	900	624
上坡 40‰上坡	3900	2304	3420	2100
移动线	990	888	510	390

接触线的电压降：

$$\Delta U'_j = \sum I'Lr_j \tag{6-8}$$

式中　$\sum I'L$——正常运行电流矩之和，$A \cdot km$；

　　　r_j——接触线电阻，Ω/km。

轨道电压降：

$$\Delta U'_g = \sum I'Lr_g \tag{6-9}$$

式中　r_g——轨道电阻，Ω/km。

馈电线电压降：

$$\Delta U'_k = \sum I'L_k r_k \tag{6-10}$$

式中　$\sum I'$——馈电线的正常负荷电流，A；

　　　L_k——馈电线长度，km；

　　　r_k——馈电线电阻，Ω/km。

回流线的电压降：

$$\Delta U'_h = \sum I'L_h r_h \tag{6-11}$$

式中　$\sum I'$——回流线的正常负荷电流，A；

　　　L_h——回流线长度，km；

　　　r_h——回流线电阻，Ω/km；

　　　r'_j——加强馈电线与接触线并联电阻，Ω/km，

$$r'_j = \frac{r_j r_q}{r_j + r_q}$$

　　　r_q——加强馈电线电阻，Ω/km。

按下式校验正常供电条件下，最大电压降是否满足要求。

$$\Delta U_p(\%) = \frac{\Delta U_p}{U_e} \times 100\% \leqslant 25\% \tag{6-12}$$

式中　U_e——引网路额定电压降，V。

（2）供电末端短路时最大电压降

$$\Delta U_{max} = \Delta U_j + \Delta U_g + \Delta U_k + \Delta U_h \tag{6-13}$$

式中　ΔU_{max}——供电末端短时最大电压降，V；

　　　ΔU_j——接触线的最大电压降，V；

　　　ΔU_g——轨道的最大电压降，V；

　　　ΔU_k——馈电线的最大电压降，V；

　　　ΔU_h——回流线的最大电压降，V。

接触线的最大电压降：

$$\Delta U_j = \sum ILjr_j \tag{6-14}$$

式中　$\sum IL$——严重条件下电流矩之和，$A \cdot km$。

轨道最大电压降：

$$\Delta U_g = \sum I L_g r_g \tag{6-15}$$

馈电线的最大电压降：

$$\Delta U_k = \sum I L_k r_k \tag{6-16}$$

式中　$\sum I$——馈电线最大负荷电流，A。

　　回流线的最大电压降：

$$\Delta U_h = \sum I L_h r_h \tag{6-17}$$

式中　$\sum I$——回流线的最大负荷电流，A；

　　其余符号意义同前。

　　按下式校验供电末端最大电压降是否满足要求：

$$\Delta U_{\max}(\%) = \frac{\Delta U_{\max}}{U_e} \times 100\% \leqslant 40\% \tag{6-18}$$

6.3　陡坡铁路供电方案

6.3.1　150t 双机牵引供电方案

　　150t 双机牵引供电方案示意见图 6-2，数据见表 6-5。

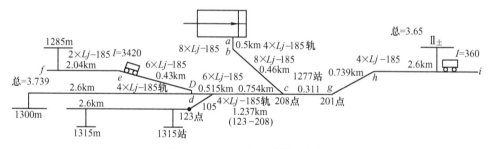

图 6-2　150t 双机牵引供电方案

表 6-5　150t 双机牵引供电方案数据

项目 名称	电阻 $r/\Omega \cdot km^{-1}$	线长 L/km	电流 I/A	正常电压降 $\Delta U_p/V$	最大电压降 $\Delta U_{\max}/V$
接触线	0.022①(0.051)	1.399(2.04)	3420	127.83	127.82
馈电线	0.0196	0.96	3780　4125	71.49	77.62
轨道	0.0113　0.0078 0.0078①(0.0195)	0.43　1.237 0.46(2.04)	3420　3420　3780 3420　3420　4125	63.18	68.21
回流线	0.0196	0.5	3780　4125	37.0	40.42
II± 接触线	0.031	3.65	360　705	40.74	79.77
II± 轨道	0.0098　0.0195	0.311　3.379	360　705	24.53	48.1

①计算最小短路电流时节电阻 r、线长 L。

（1）正常电压降：150t 双机重列车在 40‰坡道上坡运行，$I = 3420A$。150t 重列车在 Ⅱ$_{\pm}$线端运行，$I = 360A$。

（2）最大电压降：150t 双机重列车在 40‰坡道上坡运行，$I = 3420A$。150t 重列车在 Ⅱ$_{\pm}$线端启动，$I = 705A$。

馈电点 c，回流点 b，按 11 号馈电分区增加 40‰陡坡段和 1285m 水平供电。

正常电压降$\sum \Delta U_p = 364.77$。

$$\frac{\Delta U_p}{U_e} \times 100\% = 24.31\%$$

最大电压降$\sum \Delta U_{\max} = 441.88$。

$$\frac{\Delta U_{\max}}{U_e} \times 100\% = 29.45\%$$

6.3.2　224t 电机车牵引供电方案

224t 电机车牵引供电方案示意见图 6-3，数据见表 6-6。

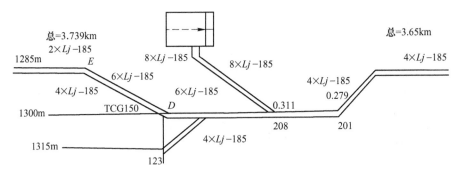

图 6-3　224t 电机车牵引供电方案

表 6-6　224t 电机车供电方案数据

项目　名称	电阻 $r/\Omega \cdot km^{-1}$	线长 L/km	电流 I/A	正常电压降 $\Delta U_p/V$	最大电压降 $\Delta U_{\max}/V$
接触线	0.025　0.149	0.43　2.6	2592　360 2590　705	167.32	301
馈电线	0.02	1.0	2592　3297	59	65.9
轨道	0.016　0.0195 0.0147	0.43　2.6 1.698	2592　360　2952 2592　705　3297	109.76	135.87
回流线	0.02	0.5	2952　3297	29.52	32.97

（1）正常电压降：224t 重列车在 40‰陡坡上坡运行，$I = 2592A$，150t 重列

车在 1315m 末端运行，$I = 360A$。

（2）最大电压降：224t 重列车在 40‰陡坡上坡运行，$I = 2592A$，150t 重列车在 1315m 末端启动，$I = 705A$。

馈电点 d，回流点 b，11 号馈电分区增加 40‰陡坡段和 1285m 水平供电。

正常电压降 $\sum \Delta U_p = 365.58$。

$$\frac{\Delta U_p}{U_e} \times 100\% = 24.3\% < 25\%$$

最大电压降 $\sum \Delta U_{max} = 535.74$。

$$\frac{\Delta U_{max}}{U_e} \times 100\% = 35.7\% < 40\%$$

6.3.3　计算说明

（1）供电分区。

1）12 号供电分区：自朱矿牵引变电所馈出到 1267m 矿山站。沿 5 号线到 1277m 站，分别供给 5 号、6 号、1300m 采场和 2 号土干线到达排土场 Ⅱ$_\pm$-1、Ⅱ$_\pm$-2。

2）11 号供电分区：自朱矿牵引变电所馈出到 1315m 站。分别供给 7 号线，1315m 水平，1330m 水平采场。

（2）5 号线（$b \sim c$）、6 号线（208-123）50kg/m 轨双线，除站场外，其余为 50kg/m 轨单线；40‰陡坡段（$d \sim e$）60kg/m 轨单线；矿山全部采用 CGLN250 电车线，40‰陡坡段方案设计采用 TCG-150 双沟铜电车线。

（3）线、轨电阻（Ω/km）。

TCG150$\gamma = 0.14$；CGLN250$\gamma = 0.149$（$\gamma = 0.175$）；Lj-185；$\gamma = 0.1574$；50kg/m，$\gamma = 0.0195$；60kg/m，$\gamma = 0.016$。

当多根导线（n 根）时电阻 $\gamma_n = \dfrac{\gamma}{n}$，当不同导线并联时电阻 $\gamma_{AB} = \dfrac{\gamma_A \gamma_B \cdots}{\gamma_A + \gamma_B + \cdots}$。

6.4　牵引网路短路电流

当牵引网路发生短路时，馈电线的带有短路保护的开关应当迅速可靠的跳闸，切除故障区段。因此，开关的动作电流，除了按线路上经常出现的短时负荷电流的 1.25~1.3 倍整定外，还应使该网路上的最小短路电流不应小于开关瞬时动作电流的 1.25~1.3 倍。

6.4.1 最小短路电流计算

（1）最小短路电流计算。

$$I_{d\min} = \frac{U_0 - \Delta U_{dh}}{\sum R} \qquad (6\text{-}19)$$

式中　$I_{d\min}$——最小短路电流，A；

　　　　U_0——牵引变电所直流母线空载电压，V，$U_0 = (1 + \beta)U_{be}$；

　　　　U_{be}——牵引变电所直流母线额定电压，V；

　　　　β——整流设备内部压降百分比，$\beta = 0.055 \sim 0.125$；

　　　　$\sum R$——短路回路总电阻，包括接触线电阻 R_j、轨道电阻 R_g、馈电线电阻 R_k、回流线电阻 R_h 及整流设备内部电阻 R_n，Ω；

　　　　ΔU_{dh}——不完全短接时的电弧压降，V。

（2）短路回路总电阻计算。

$$R_n = \frac{\beta U_{be}^2}{mp_e \times 10^3} \qquad (6\text{-}20)$$

式中　R_n——整流设备内部电阻，Ω；

　　　　p_e——每台整流机组的额定容量，kW；

　　　　m——并联工作的整流机组台数。

（3）馈电快速开关瞬时动作电流的确定。

$$I > 1.3I_{\max}$$

$$\frac{I_{d\min}}{I} > 1.3 \qquad (6\text{-}21)$$

式中　$I_{\max}$——线路上经常出现的短时最大负荷电流，A；

　　　　I——馈电快速开关瞬时动作电流（即自动开关整定值），A。

6.4.2 供电方案短路电流

（1）150t 双机牵引供电方案。

1）距馈电点最远处发生金属性短路情况下，短路回路总电阻 $\sum R$，见表 6-7。

表 6-7　短路回路电阻参数　　　　　　　　　　　　　　（Ω）

线路＼电阻	R_j	R_k	R_g	R_h	R_n	$\sum R$
1285m 方向	0.139	0.019	0.0548	0.0098	0.019	0.24
II$_\pm$方向	0.113	0.019	0.0686	0.0098	0.019	0.23

2）最小短路电流值 $I_{d\min}$，见表 6-8。

表 6-8 最小短路电流值参数

项目 线路	$\sum R/\Omega$	$I_{d\min}/A$	$I_{\max}/A$	I/A	$I_{d\min}/I$	$I/I_{\max}$
1285m	0.240	7008	4125	5400	1.3	1.31
II$_\pm$方向	0.23	7313	4125	5400	1.35	1.31

（2）224t 牵引供电方案。对牵引网路导线原则上采用馈电线为 LGJ-240，接触线为 CGLN250。工作面不进馈电线。

1）短路电流总电阻，见表 6-9。

表 6-9 短路电流总电阻参数 （Ω）

电阻	R_j	R_k	R_g	R_h	R_n	$\sum R$
数值	0.398	0.02	0.083	0.01	0.019	0.53

2）最小短路电流 $I_{d\min}$，见表 6-10。

表 6-10 最小短路电流参数

项目	$\sum R/\Omega$	$I_{d\min}/A$	$I_{\max}/A$	I/A	$I_{d\min}/I$	$I/I_{\max}$
数值	0.53	3173	3297	4400	0.721<1.3	1.33

因导线电阻值大，$I_{d\min}$ 值小，$\dfrac{I_{d\min}}{I}>1.3$，未达到规范规定灵敏度，不能满足要求。

6.5 矿山牵引变电所容量校验

6.5.1 牵引变电所连续负荷

6.5.1.1 供电负荷基本条件

采用 2 台 150t 电机车牵引 12 辆 60t 重矿车在 40‰陡坡上运行试验，采用 224t 电机车牵引 12 辆重矿车在 40‰陡坡上运行试验。增加朱矿牵引变电所输出负荷，对牵引变电所原有容量进行校核。

（1）朱矿牵引变电所现有 4140kV·A 硅整流装置 3 台，正常运输时，开动 2 台，备用 1 台。每台硅整流输出负荷 2250A、1650V。

（2）朱矿现每班开动 13 台 150t 电机车。

1）当试验 2 台 150t 电机车牵引 12 辆 60t 重矿车时，设定供电网路中增加 1 台 150t 电机车负荷。13 台+1 台＝14 台。

2）试验 224t 电机车牵引 12 辆 60t 重矿车时，增加 1 台 224t 电机车，13 台 150t+1 台 224t 负荷。

3）2 台 150t 双机牵引与 224t 电机车不同时试验。为此，研究校核牵引变电所容量，按 13 台 150t+1 台 224t 为牵引变电所当班开动的电机车台数。

6.5.1.2　牵引变电所连续负荷

牵引变电所连续负荷需用系数曲线见图 6-4。

需用系数法：

$$P_1 = K_x P_x N_g \tag{6-22}$$

式中　P_1——牵引变电所连续负荷，kW；

　　　P_x——每台电机车的小时容量，kW；

　　　N_g——工作的电机车台数；

　　　K_x——需用系数。

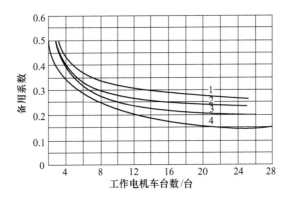

图 6-4　几种需用系数曲线

1—露天矿深度 300m；2—露天矿深度 200m；3—露天矿深度 100m；4——一般矿山

6.5.2　牵引变电所短时最大负荷

（1）经验系数法。

$$P_{\max} = K_j P_c N_g \tag{6-23}$$

式中　$P_{\max}$——牵引变电所短时最大负荷，kW；

　　　P_c——电机车长时制功率，kW；

　　　K_j——经验系数，开动电机车台数不小于 11 时，取 1.1。

（2）分析法。

$$P_{\max} = J_x P_c N_g \tag{6-24}$$

$$J_x = \frac{最多同时接电运行的电机车台数}{当班电机车台数}$$

（3）整流设备过负荷能力校验。

$$\lambda = \frac{P_{\max}}{P_e} \tag{6-25}$$

式中 P_e——工作的整流设备总的额定连续输出容量，kW。

6.5.3 计算结果

（1）经验系数法计算 $P_{\max}$，见表 6-11。

表 6-11 经验系数法计算参数

平均负荷 P_1 /kW	最大负荷 $P_{\max}$ /kW	变电所连续输出容量 P_e/kW		$\lambda = P_{\max}/P_e$	
		2 台	3 台	2 台	3 台
5719	29638	7425	11137.5	3.95	2.6

硅整流为 E 级：允许过载 200%，1min，开动 4 台硅整流器，硅整流器为 F 级；允许过载 300%，1min，可开动 3 台硅整流器。

（2）分析法计算 $P_{\max}$，见表 6-12。

表 6-12 分析法计算参数

平均负荷 P_1/kW	最大负荷 $P_{\max}$/kW	牵引变电所连续输出容量 P_e/kW		$\lambda = P_{\max}/P_e$	
		2 台	3 台	2 台	3 台
5719	17537	7425	11137.5	2.36	1.57

矿山是 F 级硅整流器，允许过载 300%，1min，可开动 2 台。
矿山是 E 级硅整流器，允许过载 200%，1min，可开动 3 台。

6.6 牵引网路结构

6.6.1 接触网悬挂

试验段陡坡铁路架设的接触线悬挂方式设计为全补偿单链形悬挂。接触线张力、承力索张力均用重垂式自动补偿。由于接触线通过吊弦在一个杆距内多点悬挂 4 根，在承力索上面且张力自动调整，承力索保持着一定的弛度，接触线高度变化很小、弹性均匀。

6.6.2 接触线悬挂点高度

ZG224-1500 型电机车接触线最低点悬挂高度（接触线最低点至轨面垂直高度），正弓为 5600～6100mm。

6.6.3　接触线的架设

直线地段接触线按"之"字形架设，以使集电弓均匀磨损。"之"字形偏离中心线值为 300mm，每四个档距一个循环。曲线段接触线，应向曲线外侧拉出，拉出值根据集电弓允许工作宽度和曲线半径，依现场情况确定，一般取 150~400mm。接触线与加强馈电线平行同杆架设，每 50m 跨接一次。

6.6.4　接触线对地绝缘及空间距离

因准轨牵引网路接触线架设较高，人不易触电，而且均设在露天，所以接触线对地绝缘一般为一级。牵引网路及集电弓带电部分与建筑结构等接地部分的净距离不得小于 200mm，距其他金属管线不得小于 400mm。

6.6.5　轨道回流

试验线路采用轨道回流，轨道回流回路需避免与铁路信、集、闭回路交容。

轨端电气连接，以保证轨道回流畅通，采用截面 95mm^2 铜绞线每隔 50m 连接一次，接头处焊接。

路间连接：平行两条或两条以上线路的钢轨间彼此每隔 200m 进行一次电气连接，连接线选择镀锌铜绞线 120mm^2（40‰陡坡铁路 D 点至 1315m 站 123 点用 95mm^2 铜绞线连接）。

第 3 篇

陡坡铁矿防爬理论

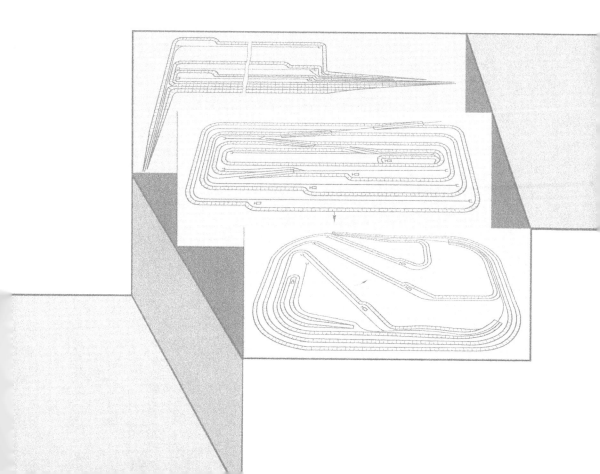

7 陡坡铁矿防爬理论

7.1 概况

攀钢集团矿业公司朱家包包铁矿中深部开采，铁路干线设计为40‰陡坡，牵引设备采用ZG224-1500型工矿电机车。

自1300m至1285m水平之间40‰陡坡铁路试验段车辆、轨道选型如下：采用ZG224-1500型工矿电机车牵引9~12辆KF-60型自翻矿车、60kg/m钢轨、S-2型混凝土枕、弹条I型扣件、碎石道碴。轨道防爬部分包括防爬桩、防爬器、轨距杆、轨撑。其中，防爬桩采用50kg/m旧钢轨制作。

7.2 车辆-轨道结构计算模型

机车车辆与轨道结构是一个整体系统，在这个系统中，它们相互联系，相互作用，因此在研究轨道动力性能时，不能简单地视线路为单独的结构。换言之，线路也不能独立于列车的激扰特性。引起系统产生振动是钢轨和车轮的相互作用的结果。在铁道部民用铁路的轨道结构计算模型中，受力分析主要是水平方向，这很难解决列车在大坡道上运行时的轨道结构受力分析问题。在陡坡铁路的计算模型中，考虑了线路坡度的影响，取沿轨道方向为 x 轴方向，在竖平面内垂直于轨道方向为 y 轴方向。对车辆—轨道结构所受的外力分别沿 x 轴方向和 y 轴方向分解，弹簧及阻尼器均沿坐标轴方向设置，见图7-1。并在建立计算模型时作以下基本假定：

（1）将钢轨视为支承在弹性支座上的长梁，梁与梁之间通过钢轨接头连接；轨排下防爬系统和轨下道床的支承弹性和阻尼分别用等效的弹性系数 K_{x1}、K_{y1} 和阻尼系数 C_{x1}、C_{y1} 表示；

（2）轨枕质量作为集中质量处理，施加于各支座结点上；

（3）道碴的质量简化为集中质量并仅考虑道碴的竖向振动效应，道碴下路基的支承弹性系数和阻尼系数分别用 K_{y2}、C_{y2} 表示；

（4）两支座间的钢轨及钢轨接头简化成梁单元，作为钢轨接头的梁单元采用较小的抗弯刚度。对于鱼尾板接头，取25%钢轨抗弯刚度。

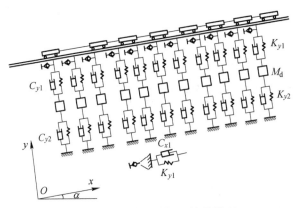

图 7-1　轨道结构有限元计算模型

7.3　问题的求解

为了便于计算程序的设计和减少总刚度矩阵的带宽，将道床的竖向振动自由度归并到梁单元的结点自由度中，使得原来结点的自由度为 3 的梁单元变成结点自由度为 4 的广义梁单元。m_d 为相邻轨枕间 1/2 道床质量，为附加自由度。见图 7-2。

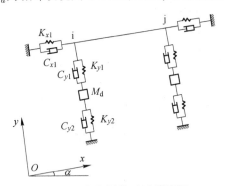

图 7-2　广义梁单元计算简图

单元的结点位移向量和等效节点荷载向量为：

$$\boldsymbol{a}^e = \{u_1 \quad v_1 \quad \theta_1 \quad v_1^* \quad u_2 \quad v_2 \quad \theta_2 \quad v_2^*\}^T \tag{7-1}$$

$$\boldsymbol{Q}^e = \{U_1 \quad V_1 \quad M_1 \quad V_1^* \quad U_2 \quad V_2 \quad M_2 \quad V_2^*\}^T \tag{7-2}$$

由达朗贝尔原理和动力学势能不变值原理可得动力问题的有限元方程为

$$\boldsymbol{M}\ddot{\boldsymbol{a}} + \boldsymbol{C}\dot{\boldsymbol{a}} + \boldsymbol{K}\boldsymbol{a} = \boldsymbol{Q} \tag{7-3}$$

式中

$$\boldsymbol{M} = \sum_e \boldsymbol{M}^e, \ \boldsymbol{C} = \sum_e \boldsymbol{C}^e, \ \boldsymbol{K} = \sum_e \boldsymbol{K}^e, \ \boldsymbol{Q} = \sum_e \boldsymbol{Q}^e \tag{7-4}$$

分别是结构的质量矩阵、阻尼矩阵和刚度矩阵及结点荷载列向量；a、$\dot{a}$、$\ddot{a}$ 分别是结构结点的位移、速度、加速度列向量。

式（7-4）中 M^e 为单元质量矩阵：

$$M^e = M_b^e + M_p^e + M_w^e \tag{7-5}$$

式中　M_p^e——轨枕和道床的质量作为集中质量施加于轨道梁单元和附加自由度
　　　　　　上形成的单元质量矩阵（8×8）；

　　　M_b^e——轨道梁单元钢轨质量形成的单元一致质量矩阵（8×8）。

在广义坐标系中，梁单元一致质量矩阵扩大为：

$$M_b^e = \frac{\rho A l}{420} \begin{bmatrix} 140 & 0 & 0 & 0 & 70 & 0 & 0 & 0 \\ & 156 & -22l & 0 & 0 & 54 & 13l & 0 \\ & & 4l^2 & 0 & 0 & -13l & -3l^2 & 0 \\ & & & 0 & 0 & 0 & 0 & 0 \\ & & & & 140 & 0 & 0 & 0 \\ & & & & & 156 & 22l & 0 \\ & & & & & & 4l^2 & 0 \\ & & & & & & & 0 \end{bmatrix}$$

轨道结构的质量矩阵除了考虑钢轨的质量外，还应计及道碴和轨枕的质量。
根据基本假定（2）、（3），分别将轨枕和道碴的质量作为集中质量施加于梁单元
和附加自由度上，即

$$M_p^e = \begin{bmatrix} m_p & & & & & & & 0 \\ & m_p & & & & & & \\ & & 0 & & & & & \\ & & & m_d & & & & \\ & & & & m_p & & & \\ & & & & & m_p & & \\ & & & & & & 0 & \\ 0 & & & & & & & m_d \end{bmatrix}$$

式中　M_p^e——车体和轮对的质量所形成的单元质量矩阵（8×8）；

　　m_p，m_d——分别为二分之一的轨枕质量和相邻两轨枕间道碴的质量的一半。

轮对在轨道上的位移是时间的函数，见图7-3。

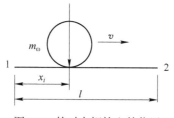

图 7-3　轮对在钢轨上的位置

由轮对质量引起的单元质量矩阵为

$$
M_\omega^e = \begin{bmatrix}
m_{\omega_1} & & & & & & & 0 \\
& m_{\omega_1} & & & & & & \\
& & 0 & & & & & \\
& & & 0 & & & & \\
& & & & m_{\omega_2} & & & \\
& & & & & m_{\omega_2} & & \\
& & & & & & 0 & \\
0 & & & & & & & 0
\end{bmatrix}
$$

式中，$m_{\omega_1} = (1 - x_i/l) m_\omega$ ；$m_{\omega_2} = \dfrac{x_i}{l} m_\omega$ 。

式 (7-4) 中 C^e 为单元阻尼矩阵：

$$C^e = C_b^e + C_D^e \tag{7-6}$$

式中　C_b^e——由钢轨引起的比例单元阻尼矩阵 (8×8)，$C_b^e = \alpha M_b^e + \beta K_b^e$ (α、β 为比例阻尼系数)；

　　　C_D^e——由支承产生的单元阻尼矩阵 (8×8)。

在广义坐标系中

$$
C_D^e = \begin{bmatrix}
C_{x1} & 0 & 0 & 0 & 0 & 0 & 0 & 0 \\
& C_{y1} & 0 & -C_{y1} & 0 & 0 & 0 & 0 \\
& & 0 & 0 & 0 & 0 & 0 & 0 \\
& & & C_{y1} + C_{y2} & 0 & 0 & 0 & 0 \\
& & & & C_{x1} & 0 & 0 & 0 \\
& & & & & C_{y1} & 0 & -C_{y1} \\
& sym & & & & & 0 & 0 \\
& & & & & & & C_{y1} + C_{y2}
\end{bmatrix}
$$

式 (7-4) 中 K^e 为单元刚度矩阵：

$$K^e = K_b^e + K_e^e \tag{7-7}$$

式中　K_b^e——由钢轨应变能产生的单元刚度矩阵 (8×8)。

在广义坐标系中，梁单元的刚度矩阵扩大成：

$$
K_b^e = \begin{bmatrix}
EA/l & 0 & 0 & 0 & -EA/l & 0 & 0 & 0 \\
& 12EI/l^3 & -6EI/l^2 & 0 & 0 & -12EI/l^3 & -6EI/l^2 & 0 \\
& & 4EI/l & 0 & 0 & 6EI/l^2 & 2EI/l & 0 \\
& & & 0 & 0 & 0 & 0 & 0 \\
& & & & EA/l & 0 & 0 & 0 \\
& sym & & & & 12EI/l^3 & 6EI/l^2 & 0 \\
& & & & & & 4EI/l & 0 \\
& & & & & & & 0
\end{bmatrix}
$$

式中 $\boldsymbol{K}_e^e$——由支承弹性能产生的单元刚度矩阵（8×8）。

在轨道结构广义梁单元模型中，除上式由钢轨应变能产生的刚度外，还应考虑由支承弹性产生的刚度。

假设弹性力正比于结点位移：

$$\begin{cases} U_{ie} = K_{x1} u_i \\ V_{ie} = K_{y1}(\nu_i - \nu_i^*) \\ M_{ie} = 0 \\ V_{ie}^* = -K_{y1}(\nu_i - \nu_i^*) + K_{y2}\nu_i^* \quad (i = 1, 2) \end{cases}$$

写成矩阵形式有

$$Q_e^e = \boldsymbol{K}_e^e a^e \tag{7-8}$$

式中 Q_e^e——广义梁单元弹性力向量；

$\boldsymbol{K}_e^e$——由支承弹性能产生的单元刚度矩阵。

$$\boldsymbol{K}_e^e = \begin{bmatrix} K_{x1} & 0 & 0 & 0 & 0 & 0 & 0 & 0 \\ & K_{y1} & 0 & -K_{y1} & 0 & 0 & 0 & 0 \\ & & 0 & 0 & 0 & 0 & 0 & 0 \\ & & & K_{y1} + K_{y2} & 0 & 0 & 0 & 0 \\ & & & & K_{x1} & 0 & 0 & 0 \\ & & & & & K_{y1} & 0 & -K_{y1} \\ & sym & & & & & 0 & 0 \\ & & & & & & & K_{y1} + K_{y2} \end{bmatrix}$$

式 (7-4) 中 $\boldsymbol{Q}^e$ 为单元结点荷载向量：

$$\boldsymbol{Q}^e = \boldsymbol{Q}_q^e + \boldsymbol{Q}_b^e + \boldsymbol{Q}_p^e \tag{7-9}$$

式中 $\boldsymbol{Q}_q^e$——分布荷载产生的等效结点荷载向量（8×1）；

$\boldsymbol{Q}_b^e$——体积力荷载产生的等效结点荷载向量（8×1）；

$\boldsymbol{Q}_p^e$——集中荷载产生的等效结点荷载向量（8×1）。

在轨道结点分析中，考虑由轮载引起的竖向集中力和由牵引和制动引起的纵向力，分别由 $\boldsymbol{P}_x$ 和 $\boldsymbol{P}_y$ 表示。由竖向和纵向集中力引起的等效结点荷载向量为：

$$\boldsymbol{Q}^e = \left\{ \frac{b}{l}\boldsymbol{P}_x \quad -\frac{\boldsymbol{P}_y b^2}{l^3}(l + 2a) \quad -\frac{\boldsymbol{P}_y ab^2}{l^2}(l + 2a) \quad 0 \right.$$
$$\left. \frac{a}{l}\boldsymbol{P}_x \quad -\frac{\boldsymbol{P}_y a^2}{l^3}(l + 2b) \quad -\frac{\boldsymbol{P}_y a^2 b}{l^2}(l + 2a) \quad 0 \right\}^T \tag{7-10}$$

7.4　结构参数计算

7.4.1　机车车辆参数确定

根据朱家包包铁矿实际情况，机车采用 ZG150-1500 型和 ZG224-1500 型工矿电机车，车辆采用 KF-60 型自翻车。其中，ZG224-1500 型工矿电机车轴载与轴距见图 7-4（单位：cm）。

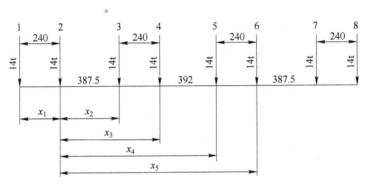

图 7-4　ZG224-1500 型工矿电机车轴载与轴距

矿区的机车车辆参数见表 7-1～表 7-3。

表 7-1　准轨直流架线式电机车型号及主要技术性能

技术性能		型　号	
		ZG100-1500	ZG150-1500
黏着重量/t		100^{+3}_{-1}	$150^{+4.5}_{-1.5}$
轴列式		$Z_0 - Z_0$	$Z_0 - Z_0 - Z_0$
轴荷重/t		25±2%	25±0.5%
轴距：固定/全轴/mm		2600/10400	2600/15900
最小通过曲线半径/m		60	80
外形尺寸 /mm	全长	14760	20260
	全宽	3200	3200
轮周小时牵引力/N		172000	256000
轮周长时牵引力/N		143000	214000
运行速度 /km·h⁻¹	小时制	29.3	29.3
	长时制	31	31
最大运行速度/km·h⁻¹		65	65
制动率/%		70.5	70.5

表 7-2 ZG224-1500 型工矿电力机车参数

技术性能	数 值
机车黏着重量/t	224
机车轴数	8
机车轴距/mm	2400
机车全轴距/mm	21270
机车长/mm	25600
机车宽/mm	3200

表 7-3 准轨自翻车型号及其主要技术性能

技术性能		型 号	
		KF-60	KF-100
形式		气动自翻车	气动自翻车
载重量/t		60	100
自重/t		33.5	59
轴数		4	6
固定轴距/mm		1727	1300×2
两转向架中心距/mm		8686	11700
轴荷重/t		22.3	26.5
构造速度/km·h⁻¹		80	80
外形尺寸 /mm	长	13064	16878
	宽	3325	3384
	高	2462	3100
车厢尺寸 /mm	长	11628	15642
	宽	3325	3384
制动机型号		GK	GK
制动闸瓦块数/块		8	16

7.4.2 轨道结构参数的计算

7.4.2.1 刚度计算

（1）防爬桩刚度 K_{x1} 的计算。防爬桩用 T50 型旧钢轨制成，下端固定于固定支座上，见图 7-5。

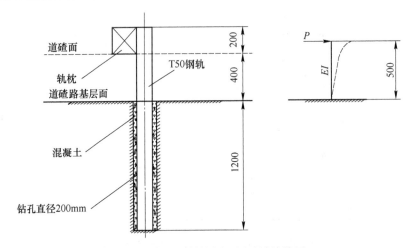

图 7-5   防爬桩结构剖面图及计算简图

已知 T50 钢轨的弹性模量 $E = 2.1 \times 10^{11} \text{N/m}^2$，$I = 2.037 \times 10^{-5} \text{m}^4$，$l = 0.5\text{m}$，则

$$K_{x1} = \frac{3EI}{l^3} = \frac{3 \times 2.1 \times 10^{11} \times 2.037 \times 10^{-5}}{0.5^3} = 1.03 \times 10^8 \text{ N/m}$$

（2）道床刚度 K_{y1} 的计算。道床的有效刚度取决于轨枕荷载面积的大小及形状、荷载压力的分布以及道床的弹性。应用一个均布荷载并假设向下作锥体分布，使每一道床深处的压力分布均匀的简化模型见图 7-6，泊松比效应用"内摩擦角"（也称扩散角）α 来表征，它表示锥体各面与铅垂线间的倾角，这样可以定出荷载向下传播时的分布范围。根据这一模型，道床刚度可由下式确定：

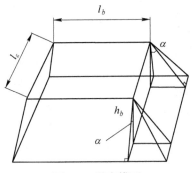

图 7-6   道床模型

$$k_b \frac{2\tan\alpha(l_\varepsilon - l_b)}{\ln\left(\dfrac{l_\varepsilon}{l_b} \dfrac{l_b + 2h_b\tan\alpha}{l_\varepsilon + 2h_b\tan\alpha}\right)} E_b \tag{7-11}$$

式中 E_b——道床弹性模量，N/m^2；

　　　　h_b——道床厚度，m；

　　　　l_ε——荷载面积的长度，即半轨枕的有效支承长度，m；

　　　　l_b——荷载面积的宽度，即轨枕底面宽度，m。

已知道床的弹性模量 $E_b = 160\text{MPa}$，压力扩散角 $\alpha = 35°$，厚度 $h_b = 0.4\text{m}$，轨枕的有效支承长度 $l_\varepsilon = 0.5875\text{m}$，荷载面的宽度即轨枕底面的宽度 $l_b = 0.275\text{m}$，

根据式（7-11）得：

$$k_b \frac{2\tan\alpha(l_\varepsilon - l_b)}{\ln\left(\dfrac{l_\varepsilon}{l_b} \dfrac{l_b + 2h_b\tan\alpha}{l_\varepsilon + 2h_b\tan\alpha}\right)} E_b = \frac{2 \times \tan35° \times (0.5875 - 0.275)}{\ln\left(\dfrac{0.5875}{0.275} \times \dfrac{0.275 + 2 \times 0.4 \times \tan35°}{0.5875 + 2 \times 0.4 \times \tan35°}\right)} \times 160 \times 10^6$$

$$= 160 \times 10^6 \mathrm{N/m}$$

（3）路基刚度 K_{y2} 的计算。路基刚度 $k_s(\mathrm{N/m})$ 按下式计算

$$k_s = E_s(l + 2h_b\tan\alpha)(b + 2h_b\tan\alpha)/h_0 \tag{7-12}$$

式中 E_s——路基弹性模量；

h_0——路基计算深度。

路基的刚度是由地基系数 $E_f(K_{30})$ 换算出来的。对于岩性地质取 190MPa/m，由式（7-12）得

$$k_s = E_s(l + 2h_b\tan\alpha)(b + 2h_b\tan\alpha)/h_0$$

$$= 190 \times 10^6 \times (0.5875 + 2 \times 0.4 \times \tan35°) \times (0.275 + 2 \times 0.4 \times \tan35°)/5$$

$$= 36.4 \times 10^6 \mathrm{N/m}$$

7.4.2.2 参振质量的计算

（1）钢轨的均布质量。钢轨的均布质量 m_r 可由每米钢轨的质量计算得到。如：60kg 钢轨，每米质量为 60.64kg。

（2）轨枕的均布质量。轨枕的均布质量可由下式计算：

$$m_t = \frac{m_s}{a} \tag{7-13}$$

式中 m_s——半根轨枕质量；

a——轨枕间距。

（3）道床的均布质量。计算道床的有效质量通常与计算其弹性模量一样，假设道碴参与振动并以扩散角 α 按直线扩散规律从道床顶面传递到路基面，由此可得半根轨枕下道床的均布质量为：

$$m_b = \rho_b h_b \left[l_e l_b + h_b\tan\alpha(l_e + l_b) + \frac{4}{3}h_b^2\tan^2\alpha \right] \tag{7-14}$$

式中 ρ_b——道碴密度；

h_b——道床厚度；

l_e——轨枕端部有效支承长度；

l_b——轨枕底面宽度，混凝土轨枕取平均宽度 22cm。

（4）轮对参振质量 m_r。

机车轮对：

ZG150-1500 型电机车 150000/12 = 12500kg

ZG224-1500 型电机车 224000/16 = 14000kg

车辆轮对：

空车：　　　　　　　　　　　　　60000/8 = 7500kg

重车：　　　　　　(60 + 33.5) × 1000/8 = 11687.5kg

7.4.2.3　阻尼计算

阻尼 C_{x1}、C_{y1}、C_{y2} 的值一般都是通过试验的方法得到，本文参考了国家大秦铁路和广深高速铁路的有关数据，取 $C_{x1} = 60\text{kN} \cdot \text{s/m}$，$C_{y1} = 60\text{kN} \cdot \text{s/m}$，$C_{y2} = 9\text{kN} \cdot \text{s/m}$。

7.5　外荷载计算

7.5.1　机车车辆轴载

机车车辆轴载因不同的机车车辆型号而异，列出了矿山常用的几种机车、车辆的轴载，见表 7-4 和表 7-5。

表 7-4　常见机车轴载

技术性能	型　　号	
	ZG100-1500	ZG150-1500
黏着重量/t	100^{+3}_{-1}	$150^{+4.5}_{-1.5}$
轴列式	$Z_0 - Z_0$	$Z_0 - Z_0 - Z_0$
轴荷重/t	25±2%	25±0.5%

表 7-5　常见车辆轴载

技术性能	型　　号			
	KF-60	KF-65	KF-70	KF-100
形式	气动自翻式	气动自翻式	气动自翻式	气动自翻式
载重量/t	60	65	70	100
自重/t	33.5	33	34	59
轴荷重/t	22.3	23.3	24.8	26.5

7.5.2　机车牵引力

几种工矿准轨电机车的牵引力见表 7-6。

表 7-6　准轨电机车牵引力 F_g

机车型号	小时速度/km · h^{-1}	小时牵引力/kN	$\varphi_k = 0.22$ 黏着牵引力/kN	$\varphi_k = 0.28$ 启动牵引力/kN
ZG-80-1500	22.40	14340	17600	22400
ZG-100-1500	29.30	17200	22000	28000
ZG-150-1500	29.30	25600	33000	42000
ZG-224-1500			49280	62720

7.5.3 列车运行阻力

7.5.3.1 基本运行阻力

对于矿区的列车基本阻力的计算可参照表7-7~表7-11来选取。

表7-7 准轨电机车基本阻力 ω_0' （N/kN）

线路条件	机车黏重 /t	$v/\mathrm{km \cdot h^{-1}}$				计算公式
		10	20	30	40	
固定线	150	1.64	2.06	2.76	3.74	$\omega_0' = 1.5+0.0014v^2$
	100	2.45	2.75	3.27	3.85	
	80	1.75	2.2	2.95	4.00	$\omega_0' = 1.6+0.0015v^2$
半固定线	150					
	100					
	80	2.7	3.6	5.1	7.2	$\omega_0' = 2.4+0.003v^2$
移动线	150	3.77	4.58	5.93	7.82	$\omega_0' = 3.5+0.0027v^2$
	100					
	80	4.00	5.2	7.2	10.0	$\omega_0' = 3.6+0.004v^2$

表7-8 准轨电机车断电运行基本阻力 ω_0' （N/kN）

线路条件	机车黏重 /t	$v/\mathrm{km \cdot h^{-1}}$				计算公式
		10	20	30	40	
固定线	150	4.32	4.74	5.44	6.42	$\omega_0' = 1.5+0.0014v^2$
	100	3.05	3.50	4.10	4.75	
	80	4.5	4.95	5.70	6.75	$\omega_0' = 1.6+0.0015v^2$
半固定线	150					
	100					
	80	5.45	6.35	7.85	9.95	$\omega_0' = 2.4+0.003v^2$
移动线	150	6.45	7.26	8.61	10.50	$\omega_0' = 3.5+0.0027v^2$
	100					
	80	6.75	7.95	9.95	12.75	$\omega_0' = 3.6+0.004v^2$

表7-9 100t 自翻车基本阻力 ω_0'' （N/kN）

线路种类	计算公式	矿车重/t	$v/\mathrm{km \cdot h^{-1}}$			
			10	20	30	40
固定线	$\omega_0'' = 0.7 + \dfrac{11+0.4v}{q} + 0.0002v^2$	空车 $q=48$	1.05	1.20	1.36	1.59
		重车 $q=148$	0.82	0.91	1.04	1.20

注：70t 自翻车 ω_0'' 可参照60t 自翻车确定，半固定线取固定线 ω_0'、ω_0'' 的1.3倍；移动线取固定线 ω_0'、ω_0'' 的1.5倍。

表 7-10　60t 自翻车基本阻力 ω_0''　　　　　　　　　　　　　　（N/kN）

线路种类	计算公式	矿车重/t	$v/\mathrm{km \cdot h^{-1}}$			
			10	20	30	40
固定线	$\omega_0'' = 0.7 + \dfrac{12 + 0.3v}{0.25q} + 0.0002v^2$	空车 q=35	2.44	2.84	3.28	3.77
		重车 q=95	1.36	1.54	1.77	2.03
半固定线	$\omega_0'' = 0.9 + \dfrac{15 + 0.4v}{0.25q} + 0.00025v^2$	空车 q=35	3.09	3.63	4.21	4.84
		重车 q=95	1.72	1.97	2.26	2.60
移动线	$\omega_0'' = 1.1 + \dfrac{17 + 0.4v}{0.25q} + 0.0003v^2$	空车 q=35	3.53	4.07	4.68	5.35
		重车 q=95	2.00	2.27	2.59	2.97

表 7-11　准轨电机车黏着系数 φ_k

线路及列车运行情况	机车类型	
	直流电机车	交流电机车
在固定线上运行（不撒沙）	0.22	0.24
在移动线上运行（不撒沙）	0.2	0.22
撒沙启动	0.26	0.34
不撒沙启动	0.3	0.28~0.29

7.5.3.2　附加阻力

（1）坡道附加阻力。列车在上坡运行时，坡道附加阻力与列车运行方向相反，阻力是正值；列车在下坡运行时，坡道附加阻力与列车运行方向相同，阻力是负值（起的是负作用，即变成了"坡道下滑力"）。

坡道附加单位阻力：

$$\omega_i = \frac{10^3 W_i}{(P + G)g} = 1000\sin\theta \qquad (7\text{-}15)$$

由于一般铁路的坡度 θ 很小，在数值上等于该坡道的坡度千分数 i。但是对于矿区陡坡铁路段，由于其坡度不是很小，$\theta \neq \tan\theta$，所以 ω_i 只能用式（7-15）计算。坡道附加阻力的形成见图 7-7。

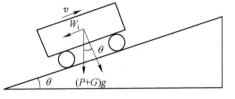

图 7-7　坡道附加阻力示意图

这里的 i_c 指坡度千分数，当坡度不是一个很小的数值时，坡度附加阻力就不能用 i_c 来代替，应该是 $1000\sin(\arctan(i‰))$，它在数值上小于 i_c。所以，在坡度很小时，用 i_c 来代替是偏于安全的。

（2）曲线附加阻力。机车车辆进入曲线段运行时，部分车轮轮缘压向外轨头产生滑动摩擦，车轮在轨面产生的横向滑动以及转向架中心盘和旁承的摩擦都加剧。曲线附加阻力与曲线半径、列车速度、曲线外轨超高以及轨距加宽、机车车辆的轴距等诸多因素有关，很难用理论方法推导，一般也采用综合经验公式计算。

按新《列车牵引计算规程》，我国标准轨距曲线附加单位阻力的计算公式如下：

$$\omega_r = \frac{600}{R} = \frac{10.5\alpha}{L_r} \tag{7-16}$$

式中　R——曲线半径，m；

α——曲线的中心角，(°)；

L_r——曲线的弧长，m。

以上两个曲线阻力计算公式仅适用于列车长度 L_c 小于或等于曲线长度 L_r 的时候。若列车长度大于曲线长度，此时列车受到的曲线附加阻力，可根据机械功相等的原则计算（分摊到全列车上）：

$$\omega_r = \frac{10.5\alpha}{L_c} \tag{7-17}$$

7.5.4　列车制动力

7.5.4.1　列车制动力

机车、车辆闸瓦压力见表 7-12。

表 7-12　机车车辆闸瓦压力

机车、车辆类型		全车闸瓦压力/kN	每块闸瓦压力/kN	制动率/%
准轨机车	ZG80-1500 电机车	569	71.12	72.5
	ZG100-1500 电机车	610.6	76.32	62.2
	ZG150-1500 电机车	915.9	76.32	62.2
	ZG224-1500 电机车	1221.1	76.32	62.2
矿车	KF-100	549.4	34.34	
	KF-60	314.0	39.24	

对于中磷铸铁，闸瓦摩擦系数为：

$$\varphi_h = 0.356 \times \frac{3.6\nu + 100}{14\nu + 100} + 0.0007 \times (110 - \nu_0)$$

$$= 0.356 \times \frac{3.6 \times 0.0 + 100}{14 \times 0.0 + 100} + 0.0007 \times (110 - 20) = 0.419$$

对于电机车，由表 7-12 查得每块闸瓦压力 76.32kN，对于 KF-60 型自翻车，由表 7-12 查得每块闸瓦压力 39.24kN，紧急制动时取全值 62.2%，常规制动时取 50%。这样全车的制动力为：

（1）常规制动。

$$B = 1000\phi_k \sum k_p = 1000 \times 0.419 \times (76.32 \times 2 \times m + 39.24 \times 8 \times n) \times 0.5$$

式中　m，n——机车轮对数和车辆节数。

（2）紧急制动。

$$B = 1000\phi_k \sum k_p = 1000 \times 0.419 \times (76.32 \times 2 \times m + 39.24 \times 8 \times n) \times 0.622$$

列车的单位制动力：

$$b = \frac{B}{P + G}$$

列车的平均单位基本阻力：

$$\omega_c = \frac{\omega_0' P + \omega_0'' G}{P + G}$$

7.5.4.2　制动距离

$$t_0 = 0.5 + 0.2n - 0.01ni_c$$

$$L_m = \frac{v_0 t_0}{3.6} + \sum \frac{4.17(v_1^2 - v_2^2)}{b_m + \omega_c + i_c}$$

7.6　防爬行应用程序的计算

攀枝花朱家包包矿区 40‰的陡坡铁路实验段计算参数如下：线路为 60kg/m 钢轨，轨枕间距为 0.55m。钢轨截面积 $A = 0.7708 \times 10^{-2} \text{m}^2$，惯性矩 $I = 0.3203 \times 10^{-4} \text{m}^4$，弹性模量 $E = 2.1 \times 10^8 \text{kN/m}$，泊松比 $\nu = 0.3$，钢轨密度 $\rho = 78.3 \text{kN/m}^3$，轨道弹性系数 $K_{x1} = 1.03 \times 10^8 \text{N/m}$，$K_{y1} = 1.59 \times 10^8 \text{N/m}$，$K_{y2} = 3.64 \times 10^8 \text{N/m}$；轨道阻尼系数 $C_{x1} = C_{y1} = 46 \text{kN·s/m}$，$C_{y2} = 9 \text{kN·s/m}$；混凝土轨枕质量为 250kg；两轨枕间的道碴的质量之半为 365kg（相当于道碴厚度 0.4，压力扩散角 35°）。时间步长 $\Delta t = 0.02\text{s}$，比例阻尼系数 $\alpha = \beta = 0.002$。Newmark 数值积分中的参数取为 $\delta = 0.25$，$\gamma = 0.5$。考虑一台 ZG150-1500 型电机车牵引 6 节 KF-60 型自翻车（或一台 ZG224-1500 型电机车牵引 9 节 KF-60 型自翻车），计算中将钢轨划分为 1000 个单元，1001 个结点，线路计算长度 $l = 550\text{m}$。考虑一台 ZG150-1500 型电机车牵引 6 节 KF-60 型自翻车，计算中将钢轨划分为 1000 个单元，1001 个结点，线路计算长度 $l = 550\text{m}$。

得出了分别由一台 ZG150-1500 型电机车或一台 ZG224-1500 型电机车牵引情况下的防爬桩上所承受的爬行力及其在各种影响因素下的影响结果。

7.6.1　ZG150-1500 型电机车牵引的情况

影响轨道爬行力的因素很多，以下只是选出其中比较常见的影响因素加以比较。鉴于目前的研究深度和技术条件，其他的影响因素如气候变化、线路弯曲、线路不平顺等在这里没有加以考虑，希望以后能更深入地探讨、改进。

7.6.1.1 坡度的影响

坡度是陡坡铁路设计中最为敏感的工艺参数，为正确分析坡度对轨道爬行力的影响，采用有限元计算方法，计算出列车在不同坡度上的上坡运行和断电下坡运行的爬行力，见图7-8。

从图7-8中可以看出，列车在上坡运行时，爬行力随着坡度的增加而增加，在坡度很小时，曲线较平缓，随着坡度的提高，曲线逐渐加陡。40‰坡度时的爬行力是20‰坡度时的1.8倍，20‰坡度时的爬行力是0坡度时的1.2倍。从图7-9中可以看出，列车在下坡运行时，爬行力也是随着坡度的增加而增加，基本上呈线性变化，40‰坡度时的爬行力约为20‰时的1.2倍，变化不大。由以上分析可得，坡度对爬行力影响很大，特别是坡度从常见的20‰~30‰再向上增加时，爬行力增加幅度很大。

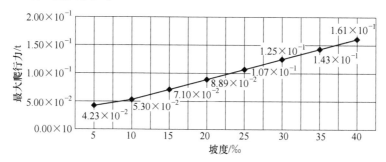

图 7-8 上坡时最大爬行力随坡度变化曲线

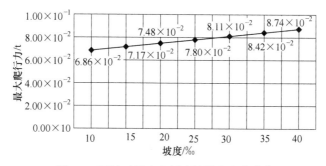

图 7-9 下坡时最大爬行力随坡度变化曲线

以下所讨论的各种影响因素都是建立在40‰坡度基础之上。

7.6.1.2 车辆节数

车辆节数是关系到铁路运输能力的一个参数，它对爬行力的影响见图7-10。

图7-10是在车辆满载时得出的结果，对于60t自翻车满载时按60t载重量计算。此时在40‰的坡道上由于牵引力的限制，最多只能牵引6节车辆。最大爬

行力随着车辆节数的增加而增加，基本上呈线性变化，但斜率很小，每增加一节车厢，爬行力只增加约 0.018t，可见车辆节数对轨道爬行力影响很小。

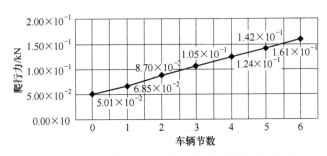

图 7-10　上坡时最大爬行力随车辆节数变化曲线

7.6.1.3　运行速度

图 7-11 是列车在上坡运行时的速度对最大爬行力的影响曲线。

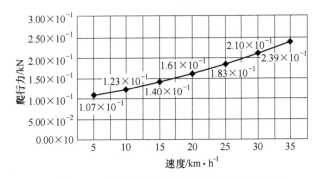

图 7-11　上坡时最大爬行力随速度变化曲线

最大爬行力随速度呈曲线上升，速度越大，增加得越快。35km/h 时是 5km/h 时的 2.4 倍，是 20km/h 时的 1.5 倍。

7.6.1.4　道碴厚度

图 7-12 是道碴厚度对爬行力的影响曲线。

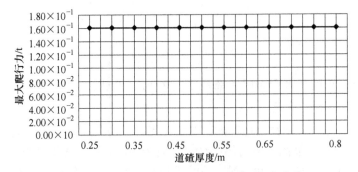

图 7-12　上坡时最大爬行力随道碴厚度变化曲线

从图 7-12 中可以看出：道碴的厚度对爬行力基本上没有影响。增加道碴的厚度可以改善轨道的垂向动力特性，例如可以减小钢轨在轨枕处的弯矩，可以减小钢轨的垂向加速度等。

7.6.1.5 制动距离

图 7-13、图 7-14 为紧急制动和常规制动时，制动距离与爬行力之间的关系曲线。

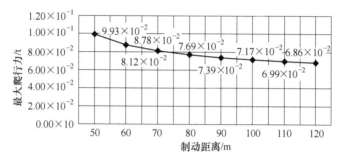

图 7-13 紧急制动时最大爬行力随制动距离变化曲线

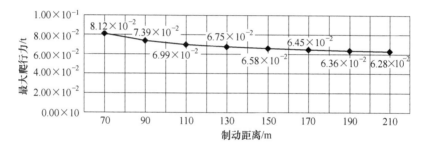

图 7-14 常规制动时最大爬行力随制动距离变化曲线

从图 7-13、图 7-14 中可以看出：紧急制动比常规制动时的爬行力大；制动距离越小，最大爬行力增加的幅度越大。本例中紧急制动的制动距离为 50m 时的最大爬行力比上坡速度为 20km/h 时的最大爬行力要小，下坡制动比上坡时对爬行力的影响要小，所以考虑爬行力时要把重点放在上坡。

7.6.1.6 防爬桩刚度

加设防爬桩是陡坡铁路防爬的一个有效措施，图 7-15 是防爬桩刚度与轨道最大爬行力的关系曲线。

从图 7-15 可以看出：爬行力随防爬桩刚度增加而增加，呈曲线上升。刚度为 10^8N/m 时的最大爬行力是刚度为 10^3N/m 时的 240 倍。虽然刚度很大时可以承担很大的爬行力，但是当防爬桩上承受很大的振动爬行力冲击荷载时，易于造成防爬桩的破坏，最常见的是松动、倾斜。刚度很小时的爬行力虽小，但此时又起不到防爬的效果。这就要寻求一个最合理的防爬桩刚度，既要起到防爬的效

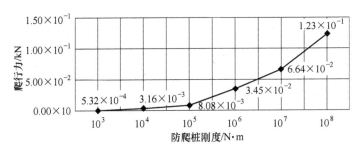

图 7-15   上坡时最大爬行力随防爬桩刚度变化曲线

果，又要确保自身不被破坏。为了使防爬桩不易被破坏，可以采取加设防爬器和防爬支撑这些具有柔性效果的防爬设施的办法。

7.6.2   ZG224-1500 型电机车牵引的情况

（1）坡度的影响。计算出列车在不同坡度上的上坡运行和断电下坡运行的爬行力，见图 7-16 和图 7-17。

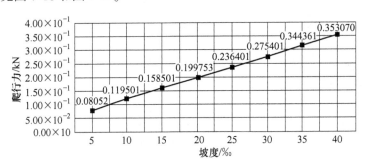

图 7-16   上坡时最大爬行力随坡度变化曲线

从图 7-16 中可以看出，列车在上坡运行时，爬行力随着坡度的增加而增加。

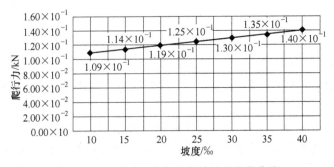

图 7-17   下坡时最大爬行力随坡度变化曲线

从图 7-17 中可以看出，列车在下坡运行时，爬行力也是随着坡度的增加而增加，基本上呈线性变化。由以上分析可得，坡度对爬行力影响很大，特别是坡度从常见的 20‰~30‰ 再向上增加时，爬行力增加幅度很大。

以下所讨论的各种影响因素都是建立在 40‰ 坡度基础之上。

（2）车辆节数。上坡时最大爬行力随车辆节数变化曲线见图 7-18。

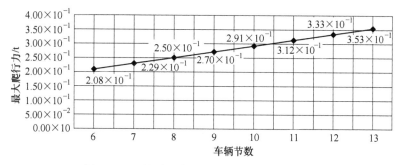

图 7-18　上坡时最大爬行力随车辆节数变化曲线

图 7-18 是在车辆满载时得出的结果，对于 60t 自翻车满载时按 60t 载重量计算。此时在 40‰ 的坡道上由于牵引力的限制，最多只能牵引 13 节车辆。最大爬行力随着车辆节数的增加而增加，基本上呈线性变化，但斜率很小。

（3）运行速度。最大爬行力随速度呈曲线上升，速度越大，增加得越快。上坡时最大爬行力随速度变化曲线见图 7-19。

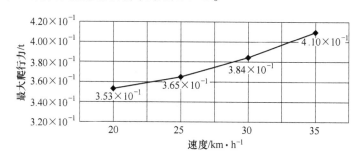

图 7-19　上坡时最大爬行力随速度变化曲线

（4）道碴厚度。和 ZG150-1500 型电机车相同，道碴的厚度对爬行力基本上没有影响。增加道碴的厚度可以改善轨道的垂向动力特性，例如可以减小钢轨在轨枕处的弯矩，可以减小钢轨的垂向加速度等。

（5）制动距离。和 ZG150-1500 型电机车相同，制动距离越小，最大爬行力增加的幅度越大。本例中紧急制动的制动距离为 50m 时的最大爬行力比上坡速度为 20km/h 时的最大爬行力要小，下坡制动比上坡时对爬行力的影响要小，所以考虑爬行力时要把重点放在上坡。

（6）防爬桩刚度。上坡时最大爬行力随防爬桩刚度变化曲线见图 7-20。

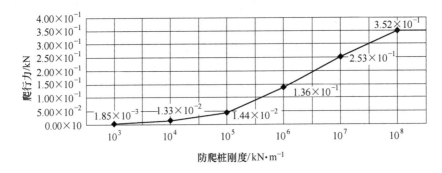

图 7-20　上坡时最大爬行力随防爬桩刚度变化曲线

从图 7-20 可以看出：爬行力随防爬桩刚度增加而增加，呈曲线上升。

7.6.3　爬行力分布特性

当列车通过轨道时，在不同的位置所产生的轨道爬行力不同。在 40‰的坡道上坡运行时，经计算其爬行力的方向均相同，大小变化情况见图 7-21。

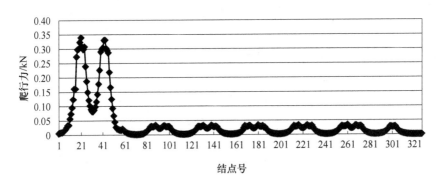

图 7-21　40‰上坡时列车车身下各结点的轨道最大爬行力分布曲线

图 7-21 中左侧的两个波峰代表机车下部的轨道处的最大爬行力的值，右侧的 12 个波峰依次代表 6 节车辆下的轨道处的最大爬行力的值。可以看出，列车在 40‰坡度上坡运行时，机车比车辆车身下轨道的爬行力大得多（图中为 10 倍），爬行力主要发生在机车车身下的轨道处。在机车车身下的轨道处出现最大爬行力的两个峰值分别对应机车单侧的两个转向架。其中第一转向架下轨道的最大爬行力峰值比第二转向架下轨道的最大爬行力略大一点。因此由图 7-21 可知最大爬行力发生在机车的第一轮载处。爬行力主要集中在机车下的轨道处，此处的总长度约为 20m，取 40 个轨枕时，对于 150t 电机车牵引 6 节矿车，最大爬行力为 8.05t，防爬桩顶端的水平位移为 0.784mm。

7.7 结论

影响轨道爬行力的因素很多，这里只是得出其中比较常见的影响因素的影响程度。鉴于目前的研究深度和技术条件，其他的影响因素如气候变化、线路弯曲、线路不平顺等在这里没有加以考虑，希望以后能更深入地探讨、改进。

随着坡度的提高，列车轮载沿轨道纵向的分力很大。列车下坡运行时，该分力的方向与列车运行方向相同，有利于列车运行；但在列车上坡运行时，其方向与列车运行方向相反，阻碍列车运行，其值常用坡度附加阻力来表示，远远大于其他的列车运行阻力，成为列车的主要运行阻力。坡度对爬行力影响很大，随着坡度的增加，爬行力增加越来越快。上坡运行时的爬行力比下坡运行时爬行力高出 50%。所以，当考虑坡度影响时要把重点放在列车上坡运行时的坡度影响。需要特别指出，坡度对爬行力的影响要受到机车牵引力的限制。

车辆节数是关系到铁路运输能力的一个参数，它随着车辆节数的增加而增加，基本上呈线性变化，但斜率很小。对于 40‰ 的坡度，每增加一节车厢，爬行力只增加约 0.018t，可见车辆节数对轨道爬行力影响很小。但增加车辆节数主要是要受到机车牵引力的限制，所以这样看来，车辆节数不是影响爬行力的主要因素。

最大爬行力随速度呈曲线上升，速度越大，增加得越快。虽其影响很大，但是矿区的列车运行速度都很小，这样就可以把速度的影响控制在一定的范围之内来加以限制。

道碴厚度对爬行力基本上没有影响。但增加道碴的厚度可以改善轨道的垂向动力特性，例如可以减小钢轨在轨枕处的弯矩，可以减小钢轨的垂向加速度等，特别是减小钢轨在轨枕处的剪力起到了很大的作用。

紧急制动比常规制动时的爬行力大；制动距离越小，爬行力增加的幅度越大。在 40‰ 坡度上列车紧急制动的制动距离为 50m 时的爬行力比列车以速度为 20km/h 上坡运行时的爬行力要小，所以考虑爬行力时要把重点放在上坡。

爬行力随防爬桩刚度增加而增加，呈曲线上升。虽然刚度很大时可以承担很大的爬行力，但是当防爬桩上承受很大的振动爬行力冲击荷载时，易于造成防爬桩的破坏，最常见的是松动、倾斜。刚度很小时的爬行力虽小，但此时又起不到防爬的效果。这就要寻求一个最合理的防爬桩刚度，既要起到防爬的效果，又要确保自身不被破坏。为了使防爬桩不易被破坏，可以采取加设防爬器和防爬支撑这些具有柔性效果的防爬设施的办法。

第4篇

陡坡铁路合理坡度

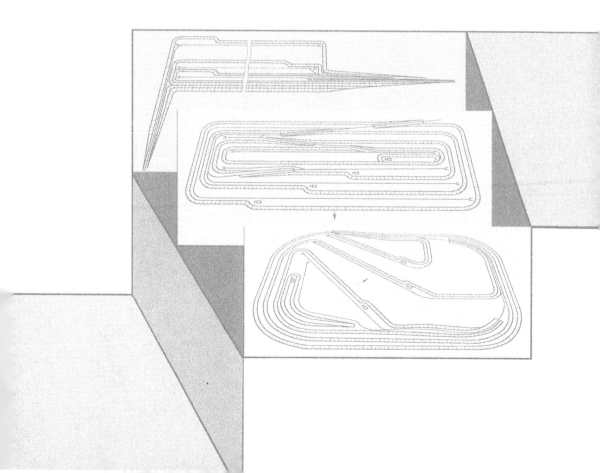

8 陡坡铁路合理坡度

8.1 概况

8.1.1 国有铁路限坡

我国国有铁路运输的限坡一般为15‰，最困难条件为25‰（Ⅲ级线路小于500万 t/a），现有6条专用线最大坡度达到30‰左右。其中，有代表性的是宝成线，宝鸡至凤州段最大计算坡度为33‰。

8.1.2 矿山铁路限坡

抚顺西露天煤矿干线限坡为15‰。但为了提高运输效率、发展煤炭生产，对运输线路坡度进行改造，1975年先后建成三处35‰~42‰的运输大坡道。其中，42‰为空车下坡专线，运营状态良好，缩短了运距，提高了效率。包钢白云鄂博铁矿采用150t电机车牵引7辆60t自翻车在40‰限坡铁路上进行生产运营。马钢南山铁矿凹山采场铁路最大坡度为35‰。世界上最大的露天金属矿山——俄罗斯列别金矿的铁路线路最大坡度为40‰和50‰。

8.2 牵引力与坡度的关系

根据线路情况的线路运行要求，机车可以有三种工况，每种工况作用于列车上的合力由不同的力组合而成：

（1）牵引运行。作用于列车上的力有机车牵引力 F 和列车运行阻力 W，其合力：

$$C = F - W \tag{8-1}$$

（2）惰行。作用于列车上的力只有列车运行阻力 W，其合力：

$$C = -W \tag{8-2}$$

（3）制动运行。作用于列车上的力有列车制动力 B 和列车运行阻力 W，其合力：

$$C = -(B + W) \tag{8-3}$$

当合力 $C>0$，即合力方向与列车运行方向相同，它是加速力，列车将加速运行；当合力 $C<0$，即合力方向与列车运行方向相反，它是减速力，列车将减速运

行；当合力 $C=0$，不言而喻，列车将匀速运行。合力是正、是负、是大、是小、是零，决定于组成该合力的牵引力、阻力和制动力的情况，以及它们的线路条件、机车车辆和运行速度之间的关系。

8.2.1 机车牵引力

首先明确一下机车牵引力的几个概念：

（1）机车牵引力。机车牵引车辆的纵向力，通常称为车钩牵引力，以 F_g 表示。如图 8-1 所示。欧美一些国家以它为牵引力计算标准。它比较容易测量，计算牵引重量时也比较方便，但是它不是整个列车发生运动和加速的外力。

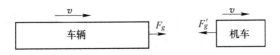

图 8-1 车钩牵引力示意图

（2）轮周牵引力。对于机车来说，由动力装置引起的，与列车运行方向相同，并作用于动轮轮周的力，称为轮周牵引力，以 F 表示，见图 8-2。由于机车本身要消耗掉一部分牵引力，所以机车牵引力总比轮周牵引力小，即

$$F_g = F - W'$$ (8-4)

式中 W'——机车运行阻力。

（3）黏着牵引力。是受轮轨黏着力限制的机车牵引力，以 F_μ 表示。

$$F_\mu = P_f \cdot \mu_j$$ (8-5)

式中 P_f——机车黏着重力；

μ_j——计算黏着系数。

（4）计算牵引力。在计算速度下的机车牵引力称为计算牵引力，以 F_j 表示。

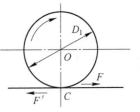

图 8-2 轮周牵引力示意图

为适应各种不同线路断面计算牵引重量的需要，电力机车以前曾对计算速度采取浮动的概念。即计算速度可以分别按黏着制、小时制和长时制来选定。一般均按长时制选定。其中，计算启动牵引力受黏着条件限制，其启动牵引力取速度为 0 时的黏着牵引力取值，此牵引力可以保持到速度 $v=2.5\text{km/h}$ 不变。不同速度下的牵引力取值。在速度 $v=0\sim10\text{km/h}$ 范围内，牵引力取 $v=0\sim10\text{km/h}$ 的黏着牵引力。表 8-1 列出了几种工矿准轨电机车的牵引力。

8.2.2 列车运行阻力

列车运行阻力 W 由机车运行阻力和车辆运行阻力组成。

表 8-1　准轨电机车牵引力 F_g

机车型号	小时速度 /km·h⁻¹	小时牵引力 /kg	$\varphi_k = 0.22$ 黏着牵引力/kg	$\varphi_k = 0.28$ 启动牵引力/kg
ZG-80-1500	22.40	14340	17600	22400
ZG-100-1500	29.30	17200	22000	28000
ZG-150-1500	29.30	25600	33000	42000

$$W = W' + W'' \tag{8-6}$$

式中　W'——机车运行阻力；

　　　W''——车辆运行阻力。

试验表明，作用在机车车辆上的力都与受到的重力成正比。牵引力计算中将以 N 计的阻力与以 kN 计的重力之比称为单位阻力，以 ω 表示。

机车单位阻力：

$$\omega' = \frac{W' \times 10^3}{P \times g} \tag{8-7}$$

车辆单位阻力：

$$\omega'' = \frac{W'' \times 10^3}{G \times g} \tag{8-8}$$

列车单位阻力：

$$\omega = \frac{(W' + W'') \times 10^3}{(P + G) \times g} \tag{8-9}$$

式中　G——机车牵引质量；

　　　P——机车计算质量。

8.2.2.1　基本运行阻力

对于矿区的列车基本阻力的计算可参照表 8-2~表 8-5 来选取。

表 8-2　准轨电机车基本阻力 ω'_0　　　　　　（N/kN）

线路条件	机车黏重 /t	v/km·h⁻¹ 10	20	30	40	计算公式
固定线	150	1.64	2.06	2.76	3.74	$\omega'_0 = 1.5 + 0.0014v^2$
	100	2.45	2.75	3.27	3.85	
	80	1.75	2.2	2.95	4.00	$\omega'_0 = 1.6 + 0.0015v^2$
半固定线	150					
	100					
	80	2.7	3.6	5.1	7.2	$\omega'_0 = 2.4 + 0.003v^2$
移动线	150	3.77	4.58	5.93	7.82	$\omega'_0 = 3.5 + 0.0027v^2$
	100					
	80	4.00	5.2	7.2	10.0	$\omega'_0 = 3.6 + 0.004v^2$

表 8-3　准轨电机车断电运行基本阻力 ω_0' 　　　　　（N/kN）

线路条件	机车黏重/t	$v/\mathrm{km \cdot h^{-1}}$				计算公式
		10	20	30	40	
固定线	150	4.32	4.74	5.44	6.42	$\omega_0' = 1.5 + 0.0014v^2$
	100	3.05	3.50	4.10	4.75	
	80	4.5	4.95	5.70	6.75	$\omega_0' = 1.6 + 0.0015v^2$
半固定线	150					
	100					
	80	5.45	6.35	7.85	9.95	$\omega_0' = 2.4 + 0.003v^2$
移动线	150	6.45	7.26	8.61	10.50	$\omega_0' = 3.5 + 0.0027v^2$
	100					
	80	6.75	7.95	9.95	12.75	$\omega_0' = 3.6 + 0.004v^2$

表 8-4　60t 自翻车基本阻力 ω_0'' 　　　　　（N/kN）

线路种类	计算公式	矿车重/t	$v/\mathrm{km \cdot h^{-1}}$			
			10	20	30	40
固定线	$\omega_0'' = 0.7 + \dfrac{12 + 0.3v}{0.25q} + 0.0002v^2$	空车 $q=35$	2.44	2.84	3.28	3.77
		重车 $q=95$	1.36	1.54	1.77	2.03
半固定线	$\omega_0'' = 0.9 + \dfrac{15 + 0.4v}{0.25q} + 0.00025v^2$	空车 $q=35$	3.09	3.63	4.21	4.84
		重车 $q=95$	1.72	1.97	2.26	2.60
移动线	$\omega_0'' = 1.1 + \dfrac{17 + 0.4v}{0.25q} + 0.0003v^2$	空车 $q=35$	3.53	4.07	4.68	5.35
		重车 $q=95$	2.00	2.27	2.59	2.97

表 8-5　准轨电机车黏着系数 ϕ_k

线路及列车运行情况	机车类型	
	直流电机车	交流电机车
在固定线上运行（不撒沙）	0.22	0.24
在移动线上运行（不撒沙）	0.2	0.22
撒沙启动	0.26	0.34
不撒沙启动	0.3	0.28~0.29

8.2.2.2　附加阻力

附加阻力主要有坡道附加阻力、曲线附加阻力和隧道附加阻力。它与基本阻力不同，受机车车辆类型的影响很小，主要决定于运行的线路条件，因此不分机车、车辆而按整个列车计算。

（1）坡道附加阻力。列车在上坡运行时，坡道附加阻力与列车运行方向相反，阻力是正值；列车在下坡运行时，坡道附加阻力与列车运行方向相同，阻力是负值（起的是负作用，即变成了"坡道下滑力"）。

坡道附加单位阻力：

$$\omega = \frac{W_i \times 10^3}{(P + G) \times g} = 1000\sin\theta \qquad (8\text{-}10)$$

由于一般铁路的坡度 θ 很小，在数值上等于该坡道的坡度千分数 i。但是对于矿区陡坡铁路段，由于其坡度不是很小，$\theta \neq \tan\theta$，所以 W_i 只能用式 (8-10) 计算。坡道附加阻力的形成见图 8-3。

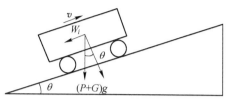

图 8-3　坡道附加阻力示意图

（2）曲线附加阻力。机车车辆进入曲线段运行时，部分车轮轮缘压向外轨头产生滑动摩擦，车轮在轨面产生的横向滑动以及转向架中心盘和旁承的摩擦都加剧。曲线附加阻力与曲线半径、列车速度、曲线外轨超高以及轨距加宽、机车车辆的轴距等诸多因素有关，很难用理论方法推导，一般也采用综合经验公式计算。

按新《牵规》，我国标准轨距曲线附加单位阻力的计算公式如下：

$$\omega_r = \frac{600}{R} = \frac{10.5\alpha}{L_r} \qquad (8\text{-}11)$$

式中　R——曲线半径，m；

　　　α——曲线的中心角，(°)；

　　　L_r——曲线的弧长，m。

以上两个曲线阻力计算公式仅适用于列车长度 L_c 小于或等于曲线长度 L_r 的时候。若列车长度大于曲线长度，此时列车受到的曲线附加阻力，可根据机械功相等的原则计算（分摊到全列车上）。

$$\omega_r = \frac{10.5\alpha}{L_c} \qquad (8\text{-}12)$$

除了上述各种附加阻力外，还有隧道附加空气阻力，还有因气候条件引起的附加阻力，如大风或严寒所引起的附加阻力。严寒季节，气温很低的地区会使列车运行增加额外阻力，原因是润滑油黏度随着气温的下降而增大，摩擦系数和摩擦阻力就随之增加；同时气温降低时，空气密度增大，空气阻力也随之增加。由于这些情况考虑起来比较复杂，而且也不能准确把握。所以，在这里就不加以考虑，采用适当减少牵引重量的措施进行修正。

综合以上内容，最后得出列车运行单位阻力可按下式计算：

$$\omega = \frac{\sum(P \times \omega_0') + G \times \omega_0''}{\sum P + G} + i_j = \omega_0 + i_j \qquad (8\text{-}13)$$

式中　ω_0'，ω_0''——分别为机车、车辆的单位基本阻力，N/kN；

$\qquad i_j$——加算坡度的千分数，$i_j = \omega_i + \omega_r$；

$\qquad \omega_i$——坡度附加阻力（在本书中 $\omega_i \neq i$）；

$\qquad \omega_r$——曲线附加阻力。

将上式代入式（8-1），得出 ZG150-1500 型电机车和 ZG224-1500 型电机车最大牵引 KF-60 型矿车数量的情况，见表 8-6。

表 8-6　不同坡度上坡时机车的最大牵引重矿车数

分项　　类型	机车黏重/t	黏着系数	牵引力/t	线路坡度/‰			
				30	40	50	60
G150-1500	150	0.28	42	11	8	7	5
ZG224-1500	224	0.28	62.7	15	13	10	8

上表和下图是从列车上坡运行时的力学分析中得出的结论，可以看出坡度对机车牵引能力的影响是很显著的，随着线路坡度的提高，机车的牵引能力明显下降。计算得出两种机车在 60‰ 坡度下的牵引能力均比 30‰ 坡度时的牵引能力减少 50%；在重车上坡时，ZG224-1500 型电机车比 ZG150-1500 型电机车多拉 3~4 节 KF-60 型重矿车。见图 8-4。

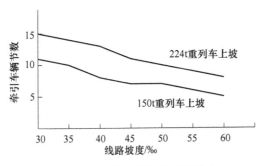

图 8-4　重车上坡机车牵引能力

8.3　制动力与坡度的关系

在制动操纵上，列车制动作用按用途分为常规制动和紧急制动；在制动方式上，按列车动能转移方法，目前国内铁路主要使用闸瓦制动、盘形制动和动力制动。这里只限于闸瓦制动。

8.3.1　闸瓦实算摩擦系数的计算

新《牵规》中规定，中磷闸瓦的实算摩擦系数公式为：

$$\varphi_k = 0.64 \times \frac{K+100}{5K+100} \times \frac{3.6v+100}{14v+100} + 0.0007(110-v_0) \tag{8-14}$$

式中　K——每块闸瓦（或闸片）作用于车轮（或制动盘）的压力，kN；

　　　v——制动过程中列车运行速度，km/h；

　　　v_0——制动初速度，km/h。

8.3.2　列车制动力的计算

8.3.2.1　列车制动力

列车单位制动力以 b 表示（单位：N/kN），即：

$$b = \frac{B \times 10^3}{(\sum P + G)g} = \frac{1000\sum(K \times \varphi_k)}{(\sum P + G)g} \tag{8-15}$$

式中　B——列车制动力（各制动轴产生的制动力的总和）；

　　　P——机车计算质量，t；

　　　G——机车牵引质量，t。

由于实际列车编组车型很复杂，列车中的车辆不仅有各种类型的制动机，而且制动倍率也各不相同，再加上实算摩擦系数 φ_k 与实速度和各瞬时速度有关，所以用这种方法来计算列车的制动力是比较麻烦的，通常采用换算法。这个方法的实质是假定闸瓦摩擦系数与闸瓦压强无关，用一个不随压强而变的换算摩擦系数 φ_h 来代替实算摩擦系数 φ_k，以简化计算。同时为使计算结果与原来一致，又将实算闸瓦压力 K 修正成换算闸瓦压力 K_h。

$$K_h = K\frac{\varphi_k}{\varphi_h} \tag{8-16}$$

式中　K_h——换算闸瓦压力，kN；

　　　φ_h——换算摩擦系数。

经这样换算后，列车制动力可按下式计算：

$$B = \sum(K \times \varphi_k) = \sum K_h \times \varphi_h = \varphi_h \sum K_h \quad (\text{kN}) \tag{8-17}$$

换算摩擦系数 φ_h 是将 K 固定为某一数值代入实算摩擦系数公式中求得的。这个固定的 K 原则上是可以任意选定，但是为了能够较确切地反映实际情况，减少因换算带来的误差，应尽量采用当前全国客货车紧急制动时的实算闸瓦压力平均值。建议按以下采用：

货车重车位平均值　　　$K = 33.5\text{kN}$；

货车空车位平均值　　　$K = 19.5\text{kN}$；

货车空、重车位平均值　$K = 26.5\text{kN}$。

此外考虑到全国客、货车的每年的闸瓦压力平均值为25kN，故闸瓦压力的 K 值按25kN计算，代入式（8-14）得出换算摩擦系数公式为：

$$\varphi_h = 0.64 \frac{25 + 100}{5 \times 25 + 100} \times \frac{3.6v + 100}{14v + 100} + 0.0007(110 - v_0)$$

$$\varphi_h = 0.356 \times \frac{3.6v + 100}{14v + 100} + 0.0007(110 - v_0) \tag{8-18}$$

8.3.2.2　制动距离

列车制动距离 L_m 等于制动空走距离 L_0 与制动有效距离 L_σ 之和:

即
$$L_m = L_0 + L_\sigma$$

或
$$L_m = \frac{v_0 \times t_0}{3.6} + \sum \frac{4.17(v_1^2 - v_2^2)}{b_m + \omega_c + i_c} \tag{8-19}$$

式中　v_0——制动时的速度, km/h;

　　　t_0——空走时间, s,

$$t_0 = 0.5 + 0.2n - 0.01ni_c \tag{8-20}$$

式中　n——列车中的车辆数;

　　　i_c——制动地段坡度, ‰;

　v_1, v_2——计算间隔内的初速和末速, km/h;

　　　b_m——列车单位制动力, N/t;

　　　ω_c——列车平均单位基本阻力, N/t,

$$\omega_c = \frac{\omega_0'P + \omega_0''Q}{P + Q} \tag{8-21}$$

式中　ω_0'——机车单位基本阻力, N/t;

　　　ω_0''——矿车单位基本阻力, N/t。

露天冶金矿山规定的制动距离见表 8-7。

表 8-7　制动距离

轨　距	线路条件	制动距离/m
准轨	固定线	300
	移动线	100

8.3.2.3　列车制动力的计算

对于中磷铸铁, 由式 (8-5) 得闸瓦摩擦系数

$$\varphi_h = 0.356 \times \frac{3.6v + 100}{14v + 100} + 0.0007(110 - v_0)$$

$$= 0.356 \times \frac{3.6 \times 0.0 + 100}{14 \times 0.0 + 100} + 0.0007(110 - 20)$$

$$= 0.419$$

对于 ZG150-1500 型和 ZG224-1500 型电机车，查表得每块闸瓦压力 76.32kN；对于 KF-60 型自翻车，每块闸瓦压力 39.24kN，紧急制动时制动率取 62.2%，常规制动时取 50%。这样全车的制动力为：

（1）常规制动。

$$B = 1000\varphi_k \sum k_p = 1000 \times 0.419 \times (76.32 \times 12 + 39.24 \times 8 \times 6) \times 0.5$$
$$= 586466N$$

（2）紧急制动。

$$B = 1000\varphi_k \sum k_p = 1000 \times 0.419 \times (76.32 \times 12 + 39.24 \times 8 \times 6) \times 0.622$$
$$= 776481N$$

列车的单位制动力：

（1）常规制动。

$$b = \frac{B}{P+G} = \frac{586466}{1500 + 935 \times 6} = 82.5N/kN$$

（2）紧急制动。

$$b = \frac{B}{P+G} = \frac{776481}{1500 + 935 \times 6} = 109.2N/kN$$

列车的平均单位基本阻力：

$$\omega_c = \frac{\omega_0'P + \omega_0''G}{P+G} = \frac{2.06 \times 1500 + 1.54 \times 935 \times 6}{1500 + 935 \times 6} = 1.65N/kN$$

此时的制动距离：

（1）常规制动。

$$t_0 = 0.5 + 0.2n - 0.01ni_c = 0.5 + 0.2 \times 6 - 0.01 \times 6 \times (-40) = 4.1s$$

$$L_m = \frac{v_0 \cdot t_0}{3.6} + \sum \frac{4.17(v_1^2 - v_2^2)}{b_m + \omega_c + i_c} = \frac{20 \times 4.1}{3.6} + \frac{4.17 \times (20^2 - 0.0^2)}{82.5 + 1.65 - 40} = 60.6m$$

（2）紧急制动。

$$L_m = \frac{v_0 \cdot t_0}{3.6} + \sum \frac{4.17(v_1^2 - v_2^2)}{b_m + \omega_c + i_c} = \frac{20 \times 4.1}{3.6} + \frac{4.17 \times (20^2 - 0.0^2)}{109.2 + 1.65 - 40} = 23.9m$$

这里的 i_c 指坡度千分数，当坡度不是一个很小的数值时，坡度附加阻力就不能用 i_c 来代替，应该是 $1000\sin(\arctan(i‰))$，它在数值上小于 i_c，所以在坡度很小时，用 i_c 来代替是偏于安全的。

基于以上的计算方法，分别得出 ZG150-1500 型电机车和 ZG224-1500 型电机车最大牵引 KF-60 型重矿车下坡制动时的最大牵引矿车数量。见表 8-8。

由表 8-8 可以看出坡度对列车下坡制动的影响极大，特别是从 30‰ 到 40‰ 这个区间，列车的制动能力急剧下降。见图 8-5。

表 8-8　不同坡度下坡时机车的最大牵引重矿车数

分项 类型	初速度 $v_0/\mathrm{km \cdot h^{-1}}$	末速度 $v_0/\mathrm{km \cdot h^{-1}}$	制动距离/m	线路坡度/‰			
				30	40	50	60
G150-1500	25	0	100	12	7	4	2
ZG224-1500	25	0	100	12	8	4	2

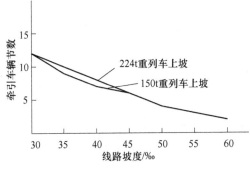

图 8-5　重车下坡机车制动能力图

8.4　爬行力与坡度的关系

8.4.1　计算结果

列车运行时产生纵向水平力，使钢轨沿着轨枕或轨道框架沿着道床顶面纵向移动，这种现象称为线路爬行，使钢轨产生爬行的纵向水平力称为爬行力。一般情况下，钢轨爬行是沿着列车运行方向。当轨枕扣件压力不足，扣件阻力小于轨枕下道床纵向阻力时，则钢轨沿轨枕顶面爬行。为防止线路爬行，必须提高线路的纵向阻力。一是提高扣件阻力，采用弹性扣件加大扭矩，防止螺栓松动，保持一定的扣压力。本课题中采用扣板式扣件和穿销式防爬器配合使用，扣件阻力为4kN，防爬器阻力为15kN，防止了钢轨沿轨枕面爬行。二是加强道床的捣固、夯实，以提高轨道下道床的纵向阻力。在正常情况下混凝土枕线路的每根轨枕下道床的纵向阻力为8kN左右，单靠道床阻力不能防止陡坡铁路整个轨排的纵向爬行。因此，在轨枕两侧安装防爬桩，见图8-6，防止轨排的爬行。

本节中的计算结果是基于以下考虑：线路为 60kg/m 钢轨，轨枕间距为 0.55m。钢轨截面积 $A = 0.7708 \times 10^{-2} \mathrm{m}^2$，惯性矩 $I = 0.3203 \times 10^{-4} \mathrm{m}^4$，弹性模量 $E = 2.1 \times 10^8 \mathrm{kN/m}^2$，泊松比 $\nu = 0.3$，钢轨密度 $\rho = 78.3 \mathrm{kN/m}^3$，轨道弹性系数 $K_{x1} = 1.03 \times 10^8 \mathrm{N/m}$，$K_{y1} = 1.59 \times 10^8 \mathrm{N/m}$，$K_{y2} = 3.64 \times 10^8 \mathrm{N/m}$；轨道阻尼系数 $C_{x1} = C_{y1} = 46 \mathrm{kN \cdot s/m}$，$C_{y2} = 9 \mathrm{kN \cdot s/m}$；混凝土轨枕质量为 250kg；两轨枕间的

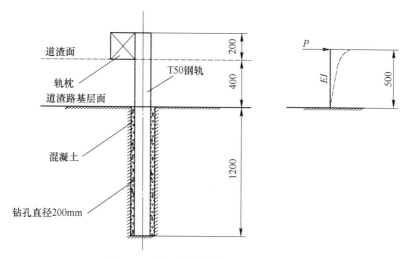

图 8-6　防爬桩结构剖面图及计算简图

道碴的质量之半为 365kg（相当于道碴厚度 0.4，扩散角 35°）。时间步长 $\Delta t =$ 0.02 秒，比例阻尼系数 $\alpha = \beta = 0.002$。Newmark 数值积分中的参数取为 $\delta = 0.25$，$\gamma = 0.5$。考虑一台 ZG150—1500 型电机车牵引 6 节 KF-60 型自翻车，计算中将钢轨划分为 1000 个单元，1001 个结点，线路计算长度 $l = 550$m。

　　列车运行时在轨道不同结点处产生的爬行力不同，其中在机车车身下的轨道处产生的爬行力大，而在车辆下的轨道处产生的爬行力小。图 8-7 画出了机车转向架下轨道爬行力的变化情况，我们后面所谓的"最大爬行力"就是指图 8-7 中的曲线峰值，其值已分配到每根轨枕两侧的防爬桩上。

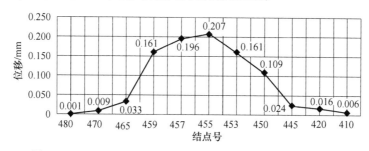

图 8-7　40‰ 上坡时机车第一个转向架下轨道爬行力变化曲线

　　程序在开始计算时列车头部的第一个轮载位于计算段的第 454 单元，图 8-7 中可以看出第 455 结点处的爬行力最大，这样在 40‰ 坡度上，列车上坡运行时最大爬行力发生机车头部的第一个轮载处。下面所提到的"最大爬行力"就是指该处的值。图 8-7 中左边的结点是指列车前面的结点，右边的结点是指列车所在的各结点。在 480 结点处的最大爬行力很小，基本上为 0，此处距 455 结点距离为(480−455)×0.55＝14m，也就是说在列车在上坡时对其前部的爬行力的影响范围是十几米。在 310 结点处的爬行力也很小，说明从列车的头部到尾部爬行力越来越小，其尾部的爬行力基本上为 0，再向后基本上没有影响。图 8-7 所示的曲线是在 40‰坡度下得出的，当坡度小于 40‰，坡度附加阻力变小，机车和车辆对轨道的纵向作用力可能会方向相反，最大爬行力就不一定在第一个轮载处。图 8-8 画出了 0 坡度时机车第一个转向架下轨道爬行力变化曲线。

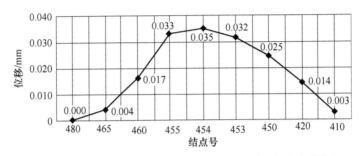

图 8-8　0 坡度上坡时机车第一个转向架下轨道爬行力变化曲线

从图 8-8 可以看出，最大爬行力发生在 454 结点处，此处为机车的第二个轮载处，所以在 0 坡度上，列车运行时最大爬行力发生在机车头部的第二个轮载处。

就整个列车而言，其爬行力在机车与每车车辆处各出现两个峰值，且机车处的两个峰值比车辆下的峰值大得多，见图 8-9。

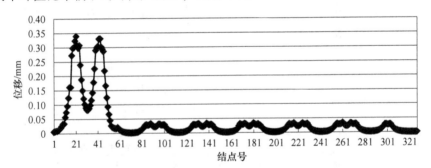

图 8-9　40‰上坡时列车车身下各结点的轨道最大爬行力分布曲线

图 8-10、图 8-11 表明列车在不同坡度上的上坡运行和断电下坡运行的爬行力的变化情况。

从图 8-10 可以看出，列车在上坡运行时，爬行力随着坡度的增加而增加。40‰坡度时的爬行力是 20‰坡度时的 1.8 倍，40‰坡度时的爬行力是 0 坡度时的 3 倍多。在本例中，当坡度达到 44‰以上时，由于机车的牵引力不够而造成列车爬不上坡。所以坡度受限制的主要因素是机车的牵引力。换句话说，是机车车轮

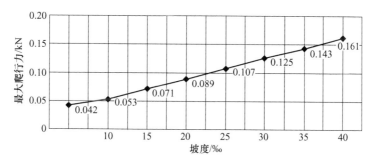

图 8-10　上坡时最大爬行力随坡度变化曲线

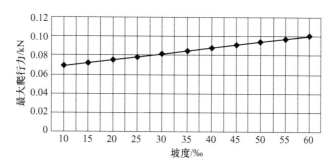

图 8-11　下坡时最大爬行力随坡度变化曲线

与钢轨之间的摩擦系数不够而造成的。一般矿区的铁路线路坡度均在 20‰ 左右，40‰坡度时的最大爬行力约为此时的 2 倍，可见在 40‰ 坡度下应加强轨道的防爬设计。从图 8-11 可以看出，列车在下坡运行时，爬行力随着坡度的增加而增加，基本上呈线性变化，40‰坡度时的爬行力约为 20‰时的 1.8 倍。另外上坡运行与下坡运行时的最大爬行力差别很大，在 20‰ 坡度下的上坡爬行力是下坡爬行力的 1.2 倍，在 40‰ 坡度下的上坡爬行力是下坡爬行力的 1.8 倍，可见上坡爬行力比下坡爬行力大出 50%。

8.4.2　试验结果

8.4.2.1　试验条件

新建朱矿 1300m 干线至 1285m 水平铁路线路为Ⅲ级半固定运输干线，线路坡度为 40‰ ~ 45‰。在 1300m 干线出岔，标高 1302.889m，出岔方位 NW43°，定线终点标高 1287m。从起点至终点，经过一个 9 号单侧右开道岔、一个半径为 300m、一个半径为 200m 和一个半径为 120m 的反向曲线，其中 300m 和 200m 半径曲线在 40‰ ~ 45‰陡坡上；全线里程 820m，其中不小于 40‰ 坡度的坡段长 380m。采用 60kg/m 钢轨，铺设 S-2 型混凝土轨枕，数量 1760 根/km，岩石路基，碎石道碴，道床厚 400mm，规格 20 ~ 40mm。

国产 ZG150-1500 型准轨直流架线式露天矿用电机车 2 台，编号 368 和 012。国产新型 ZG224-1500 型工矿电机车一台，编号 001。

ZG150-1500 型电机车主要技术数据：

黏着重量：	150t；
集电弓电压：	DC1500V；
电机车小时制功率：	2100kW；
电机车小时制电流：	1500A；
电机车长时制电流：	1320A；
牵引电动机型号/台数：	ZG-350-1/6；
电机车外形尺寸：	长 20260mm，宽 3200mm；
轨距：	1435mm；
最小曲线半径：	80m。

ZG224-1500 型电机车主要技术数据：

受电弓电压：	DC1500V（+300V，−500V）；
轨距：	1435mm；
轴排列形式：	$B_0+B_0+B_0+B_0$；
黏着重量：	224t；
机车小时功率：	8×400kW；
机车小时制轮周牵引力：	393kN；
机车允许最高速度：	65km/h；
机车允许通过最小曲线半径：	80m（以机车 10km/h 速度通过）；
机车总长度：	25600mm；
机车宽度：	3200mm；
牵引电机型号/台数：	ZG-400/8。

主牵引电机主要技术数据（ZG-400）：

额定功率：	400kW（小时制），350kW（长时制）；
额定电压：	DC1500V；
额定电流：	290A（小时制），250A（长时制）；
最大电流：	500A；
额定转速：	760r/min；
最高转速：	1790r/min；
通风量：	$60m^3/min$；
绝缘等级：	H。

配合 YD-34 型动态数据采集分析仪，用 8 台 BHR-4 型 50～100t 电阻应变荷重传感器，来测量防爬桩上所承受的轨道爬行力。

8.4.2.2 轨排爬行力及动荷载测试

（1）150t 电机车牵引 8～9 辆重矿车。试验测试了 40‰～45‰陡坡路段重列车启动、加速上坡运行和下坡制动试验时的道床动荷载和防爬桩动荷载。各测试点动荷载测试结果见表 8-9 和表 8-10。各测试点的测试结果代表了列车在不同坡度上的测试结果。

表 8-9 150t 电机车牵引 8 辆重矿车陡坡铁路动荷载测试表

测试点	载重	工作状态	方向	速度/km·h⁻¹	动荷载/kN	
					外侧桩	内侧桩
3 桩+20m	重车	常规制动	下坡	<30	32.5 40	49.5 70
3 桩+20m	重车	运行	上坡	0～15 15～25 25～40	44 58 59.5	66 93 100.5
3 桩+20m	重车	非常制动	下坡	30～35	14	12.5

从表 8-9 看出：1）车速越快，无论是上坡运行还是下坡制动，防爬桩动荷载均越大；2）重车下坡制动时防爬桩动荷载远小于重车上坡加速运行时防爬桩动荷载。这可以结合前面的理论计算得出的结论——爬行力主要分布在机车车身处，而判断爬行力大小主要是看该处的受力情况。上坡时该处集中了全车的牵引力，而下坡时的制动力则分散到整个列车上，故上坡时机车施加给轨道的力下坡时机车施加给轨道的力大。所以说，上行爬行力比下行爬行力大，从理论到实践是统一的。

表 8-10 150t 电机车牵引 9 辆重矿车动荷载测试表

测试点	载重	工作状态	方向	速度 /km·h⁻¹	动荷载/kN	
					外侧桩	内侧桩
5 桩+20m	重车	减速	上坡	28.8	192	173.75
5 桩+20m	重车	加速	上坡	16.2	217.5	209
5 桩+20m	重车	常规	下坡	1.1	113	57.5
5 桩+20m	重车	紧急	下坡	36	183.25	94.125

分析表 8-10，重列车从 7 桩启动，运行至 5 桩+20m 时的冲坡速度为 28.8km/h，在 40‰～45‰陡坡道为减速运行状态时防爬桩的动荷载小于重列车从 6 桩启动运行至 5 桩+20m 时的冲坡速度为 16.2km/h，40‰～45‰陡坡道为加速运行状态时防爬桩的动荷载。150t 电机车推行 9 辆重矿车在 40‰～45‰陡坡道上下向惰行实施常规制动至 5 桩+20m 处时，防爬桩的动荷载明显小于至该测点

时实施紧急制动时的情况。

比较表 8-9 和表 8-10，由于 40‰~45‰陡坡铁路上段 3 桩+20m 处附近间隔 12.5m 安装一组防爬桩，陡坡铁路处于分散防爬状态，而 40‰~45‰陡坡铁路下段 4 桩~5 桩区段，受地基条件限制，无法安装防爬桩，采用的是道床梯撑防爬形式，5 桩+20m 处防爬桩属于集中防爬形式。比较表 8-9 和表 8-10，明显看出陡坡铁路下段防爬桩受力明显要大于上段防爬桩的动荷载。

（2）224t 电机车牵引 9 和 12 辆矿车。陡坡铁路动荷载测试点分别布置在 40‰~45‰陡坡道上段 3 桩+10m 和 3 桩+20m 处的轨枕下和防爬桩上。试验分别测试了 224t 电机车牵引 9 辆和 12 辆空、重矿车上坡运行和下坡制动不同速度情况下的陡坡铁路动荷载数据，测试结果见表 8-11。

根据表 8-11 中测得的最大防爬桩动荷载 $F = 150.5\text{kN}$，T50 钢轨抗弯刚度 $I = 0.237 \times 10^{-4}\text{m}^4$，弹性模量 $E = 2.1 \times 10^{11}\text{N/m}$，计算长度 $l = 0.5\text{m}$，得防爬桩抗弯弹性系数 $k = \dfrac{3EI}{l^3} = 1.03 \times 10^8\text{N/m}$，进而由虎克定律，得出防爬桩顶端水平位移 $\Delta x = F/k = 1.46\text{mm}$，也就是说采用该防爬桩能满足要求。

表 8-11　陡坡铁路动荷载测试表

行车状态	3 桩+20m 测点			3 桩+10 测点			备注
	车速 /km·h⁻¹	外桩 /kN	内桩 /kN	车速 /km·h⁻¹	外桩 /kN	内桩 /kN	
空 9 下坡	18.3	1.75	2.25	18.3	5	3.25	
空 9 上坡	30.0	55.5	33.6	31.1	72.4	63.1	
重 9 上坡	18.0	103.5	86.5	18.3	127.25	107	
重 9 下坡	28.0	2	27.5	28.4	3.75	1.5	
重 9 上坡	26.6	50.2	48	25.6	71.25	58.5	
重 9 上坡	24.0	70.75	65	24.3	110	116.75	
重 9 下坡	23.0	2	2.75	23.2	15.75	10.5	
重 12 上坡	25.1	109.5	93.25	25.1	134.5	1116.5	
重 12 下坡	31.0	8	7.5	31.0	13.25	6.5	
重 12 上坡	22.5	97.25	100	22.5	125.25	102	
重 12 上坡	19.7	129	119.75	19.7	150.5	128.75	
重 12 下坡	18.6	6	7.5	18.6	10.75	11.75	
重 12 上坡	26.1	75	78.25	26.1	90.25	95.75	
重 12 下坡	23.3	11.25	9	23.3	12.25	17.75	

分析表 8-11 中的数据，重列车上坡运行时的防爬桩动荷载大于下坡制动时

的防爬桩动荷载。牵引重量越大，防爬桩动荷载越大。224t 电机车无论是牵引 9 辆空矿车，还是推进 9 辆重矿车，以及牵引 12 辆重矿车，在 40‰~45‰ 陡坡道上运行速度越快，防爬桩动荷载越大，运行速度越慢，防爬桩动荷载越小。

8.5 电流、电压与坡度的关系

150t 电机车牵引 6 辆、8 辆和 9 辆重矿车试验时，电机车于不同状态下的牵引参数见表 8-12~表 8-14。

表 8-12　150t 电机车牵引 6 辆矿车工作参数表

桩号	速度/km·h⁻¹	电机电流/A	电机电压/V	手柄机/级	网压/V	总电流/A
6	0~5	125	50~0	0~3	1600	375
5	13~14	275	1000~600	12~25	1600	825
4	19~22	300	1100~700	25~37	1500	1800
3	22~29	275	1000~800	25~35	1500	1650
2	20~25	250	800~500	10~25	1600	750

表 8-13　150t 电机车牵引 8 辆矿车工作参数表

桩号	速度/km·h⁻¹	电机电流/A	电机电压/V	手柄机/级	网压/V	总电流/A
6	0	100~150	50~300	0~5	1500~1600	300~450
5	15.6	150~300	300~1100	25~32	1500~1600	450~1800
4	19.4	250~325	700~1100	25~37	1400~1600	1500~1950
3	19.7	250~350	700~1400	25~41	1400~1600	1500~2100
2	16.8	200~350	700~1400	25~41	1400~1600	1800~2100

表 8-14　150t 电机车牵引 9 辆矿车工作参数表

桩号	速度/km·h⁻¹	电机电流/A	电机电压/V	手柄位/级	接触网电压/V	总电流/A	网压降/%	备注
7	0	150	200	5	1600	450	8.6	
6	19.2	225	1100	28	1550	1350	11.4	
5	28.8	250	1600	38	1550	1500	11.4	
4	31.7	300	1500	41	1550	1800	11.4	冲坡距离 200m
3	28.1	300	1300	41	1550	1800	11.4	
2	24.0	250	900	33	1600	1500	8.6	
1	0	0	0	0	1750	0	0	
6	0	200	400	8	1600	600	8.6	
5	22	250	1300	30	1500	1500	14.3	
4	26.3	300	1500	41	1500	1800	14.3	冲坡距离 100m
3	26	325	1400	41	1500	1950	14.3	
2	23	225	800	34	1650	1350	5.7	
1	0	0	0	0	1750	0	0	

桩号	速度 /km·h⁻¹	电机电流 /A	电机电压 /V	手柄位 /级	接触网电压 /V	总电流 /A	网压降 /%	备注
5 桩+50m	0	200	300	8	1600	600	8.6	
5	14.9	200	1000	30	1500	1200	14.3	
4	22.3	325	1300	41	1500	1950	14.3	冲坡距
3	23.5	350	1500	41	1500	2100	14.3	离 50m
2	20.4	275	900	35	1600	1650	8.6	
1	0	0	0	0	1750	0	0	

　　由表 8-12 和表 8-13 可知，150t 电机车在平坡以第 I 种工作状态启动（串联）和加速上坡行驶时，手柄位不断增大，载重列车过 5 桩以后，即电动车驶上 40‰陡坡道后，手柄位控制在 25～41 级，电机车以第 II 种工作状态运行（并联），载重列车加速行驶，工作总电流最大为 2100A，正常电压降 200V，占总电压 12.5%，电机车工作状态参数变化正常。由表 8-14 可知，150t 电机车牵引 9 辆 KF-60 型矿车，重列车平坡启动，用第 I 种工作状态启动，当列车启动后速度达到 15km/h 左右时，操作手柄位增大至第 II 种工作状态。电机电枢电压越高，列车运行速度越快，网压降越大，陡坡正常网压降 14.3%。电机最大电流值为 350A，接触网电流 2100A。150t 电机车牵引 9 辆 KF-60 型矿车必须以第 II 种工作状态操作，才能上坡运行。

　　3 桩、4 桩、5 桩处电机车的电流、电压值明显要高于 2 桩和 6 桩处电机车的电流、电压值，即 40‰坡度上的电流、电压值明显高于 0 坡度上的电流、电压值。

8.6　结论

　　根据朱家包包铁矿的生产能力（500 万吨/年）、运输状况（重车上坡，空车下坡）、设备能力（ZG150-1500 型电机车、ZG224-1500 型电机车、KF-60 型矿车）、经济技术条件等因素来确定一个合理的陡坡铁路坡度。目前，朱家包包铁矿已进入深凹露天开采阶段，铁路运输状况是重车上坡，空车下坡。随着开采工作水平的降低，采场展线空间越来越小，修筑大坡度铁路势在必行。目前，自 1300 水平至 1285 水平已修筑完成 40‰陡坡铁路实验段，实验运营良好，已投入生产。实验表明，在 40‰坡道上用 ZG150-1500 型电机车牵引 8 辆 KF-60 型重矿车，或用 ZG224-1500 型电机车牵引 12 辆 KF-60 型重矿车，从电机车的牵引力、电流、电压值，列车的制动力，防爬桩的承载力来讲均能满足要求。

　　本篇内容对各种因素（包括牵引力、制动力、爬行力、电流、电压等）与坡度的关系进行研究，其中的数据和结果有些通过理论计算得出，有些是来自实验结果。

通过理论计算得出电机车在不同的坡道上坡时的牵引矿车数。ZG150-1500型电机车在40‰坡道上最大能牵引8辆KF-60型重矿车上坡；ZG224-1500型电机车在40‰坡道上最大能牵引13辆KF-60型重矿车上坡。现场实验结果是ZG150-1500型电机车在40‰坡道上最大能牵引9辆KF-60型重矿车上坡，但必须有100m左右的冲坡距离才能正常上坡，牵引8辆KF-60型重矿车能正常上坡；ZG224-1500型电机车在40‰坡道上最大能牵引12辆KF-60型重矿车正常上坡。理论计算与实验结果基本一致，综合得出：在40‰坡道上，ZG150-1500型电机车最大能牵引8辆KF-60型重矿车，ZG224-1500型电机车最大能牵引12辆KF-60型重矿车。

以时速25km/h下坡制动，经计算ZG150-1500型电机车最大能挂7辆KF-60型重矿车，ZG224-1500型电机车最大能挂8辆KF-60型重矿车，可见制动能力远不如机车的牵引能力。鉴于朱家包包铁矿陡坡段没有重载下坡的情形，在特定的条件下可忽略这一因素的影响。但是，值得注意的是要尽量在重车上坡时有一定的冲坡距离，避免放重车下坡。

50‰陡坡没有实验数据，只能通过理论计算，初步得出：上坡时ZG150-1500型电机车最大能牵引7辆KF-60型重矿车，ZG224-1500型电机车最大能牵引10辆KF-60型重矿车；以初速度为25km/h下坡时，两种电机车都只能挂4辆KF-60型重矿车。在只考虑重车上坡时电机车的牵引能力比40‰坡度减少1～2辆。

最后，考虑到朱家包包铁矿的生产能力、气候条件、设备条件等因素，为确保列车在各种条件下运行安全稳定，建议在40‰坡道上由ZG150-1500型电机车牵引7辆KF-60型重矿车，在50‰坡道上由ZG224-1500型电机车牵引10辆KF-60型重矿车。

第 5 篇

工 业 应 用 试 验

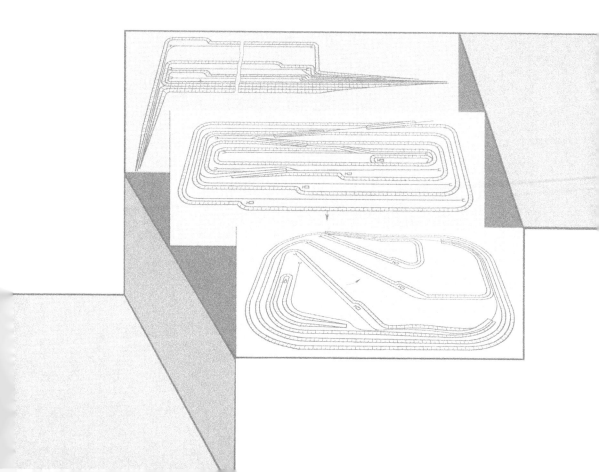

9 基 本 情 况

9.1 试验目的和意义

朱家包包铁矿（以下简称朱矿）40‰~45‰陡坡铁路试验线路设计和建筑完成后，按照"十五"国家科技攻关课题任务书的要求和拟攻关研究内容，2002年8月~2003年1月，课题组分3个阶段进行了陡坡铁路运输工业试验。

第一阶段：2002年8月6日~2002年9月12日是150t电机车牵引6~9辆KF-60型重矿车试验。

第二阶段：2002年9月13日~2002年11月8日，150t电机车双机牵引12辆KF-60型重矿车试验。

第三阶段：2002年11月9日~2003年1月20日，224t电机车牵引9~15辆KF-60型重矿车试验。

工业试验目的旨在通过牵引运行试验，摸清150t和224t型号电机车在40‰~45‰坡道上启动、运行、制动和供电方面的特性参数，暴露陡坡铁路运输所存在的技术问题及陡坡铁路试验线路研究设计的结构参数缺陷，研究解决这些问题和缺陷的技术。据此确定150t和224t电机车在陡坡运输使用于深凹露天矿时的牵引技术参数、供电技术参数和线路建设的结构参数选择合理防爬行装置，提出陡坡铁路运输的安全保障措施，为进一步改进铁路运输模式提供新技术。

9.2 试验的主要条件

9.2.1 线路条件

新建朱矿1300m干线至1285m水平铁路线路为Ⅲ级半固定运输干线，线路坡度40‰~45‰。在1300m干线出岔，标高1302.889m，出岔方位NW43°，定线终点标高1287m。从起点至终点，经过一个9号单侧右开道岔、一个半径为300m、一个半径为200m和一个半径为120m的反向曲线。其中，300m和200m半径曲线在40‰~45‰陡坡上，在陡坡试验线路上设置3个小半径曲线之目的是使试验处于极度困难条件下，寻求陡坡铁路运输技术参数，以及运输设备的适应程度。全线里程820m，其中不小于40‰坡度的坡段长380m，陡坡试验线路的平面图见图9-1。

　　1300m 干线至 1285m 水平陡坡铁路试验线路建设用 60kg/m 钢轨，铺设 S-2
型混凝土轨枕，数量 1760 根/km，岩石路基，碎石道碴，道床厚 400mm，规格
20~40mm。

图 9-1　陡坡试验线路平面图

9.2.2　接触网路

　　朱矿牵引变电所馈电盘没有备用号，增加新馈电输出号困难。在这种条件
下，供电区段重新划分，供电再分配。自牵引变电所沿馈电线走捷径到达 1300m
干线出岔始端，负荷陡坡铁路、1315m、1330m、7 号线，重新组成新 11 号馈电
盘。馈电线 $4 \times Lj—185mm^2$，接触线 TCG—150mm^2 双沟铜电车线，$4 \times Lj—$
185mm^2 加强馈电线，回流线采用 40‰~45‰陡坡段 60kg/m 轨道和朱矿 6 号线和
5 号线轨道，回流到达 1267m 矿山站后，用 $4 \times Lj—185mm^2$ 铝绞线回流到牵引变
电所。

9.2.3　试验设备

　　国产 ZG150-1500 型准轨直流架线式露天矿用电机车 2 台，编号 368 和 012
号。国产新型 ZG224-1500 型工矿电机车一台，编号 001 号。

　　ZG150-1500 型电机车主要技术数据：

　　黏着重量：150t；

　　集电弓电压：DC1500V；

　　电机车小时制功率：2100kW；

电机车小时制电流：1500A；

电机车长时制电流：1320A；

牵引电动机型号/台数：ZQ-350-1/6；

电机车外形尺寸：长 20260mm，宽 3200mm；

轨距：1435mm；

最小曲线半径：80m。

ZG150-1500 型电机车、ZQ-350-1 型牵引电动机特性曲线见图 9-2。

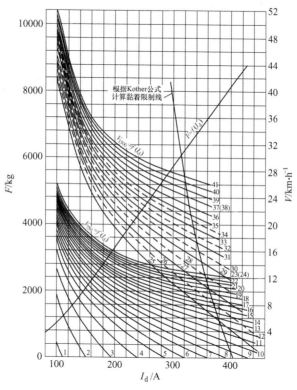

图 9-2　ZG150-1500 型电机车特性曲线

ZQ224-1500 型电机车主要技术数据：

受电弓电压：验 DC1500V（+300V，−500V）；

轨距：1435mm；

轴排列形式：$B_0+B_0+B_0+B_0$；

黏着重量：224t；

机车小时功率：8×400kW；

机车小时制轮周牵引力：393kW；

机车允许最高速度：65km/h；

机车允许通过最小曲线半径：80m（以机车 10km/h 速度通过）；

机车总长度：25600mm；

机车宽度：3200mm；

牵引电机型号/台数：ZQ-400/8；

224t 电机车形状见图 9-3。

图 9-3　224t 电机车形状图

主牵引电机主要技术数据（ZQ-400）：

额定功率：400kW（小时制），350kW（长时制）；

额定电压：DC1500V；

额定电流：290A（小时制），250A（长时制）；

最大电流：500A；

额定转速：760r/min；

最高转速：1790r/min；

通风量：$60m^3/min$；

绝缘等级：H。

ZQ224-1500 型电机车 ZQ-400 牵引电动机牵引特性曲线见图 9-4。

9.2.4　试验仪器

　　YD-34 型动态数据采集分析仪是计算机系统技术和应变仪技术相结合的测试仪器，主要用于实验应力分析及动力强度研究及材料任意部位变形的静、动态应变测量，配用电阻应变式传感器，可以测量力、压力等物理变化过程，它是材料研究、采矿、冶金、铁道运输等测试中作非破坏性的动态应变测量及上述各种物理量的测量和分析的重要工具。其形状见图 9-5。

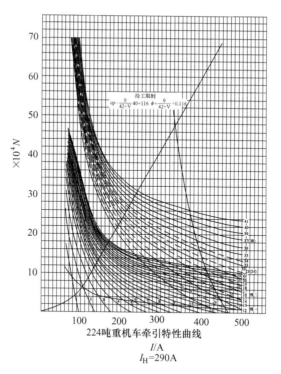

224吨重机车牵引特性曲线

I/A

$I_H=290A$

图 9-4　ZQ224-1500 型电机车牵引特性曲线

图 9-5　YD-34 型动态数据采集分析仪

　　工业试验应用 YD-34 型动态数据采集分析仪测试陡坡铁路轨道压力和防爬桩动压力。

　　主要技术参数:

测量通道：8 通道；

测量方式：全桥、半桥、1/4 半桥；

输入特性范围：最大在输入信号 ±10mV、应变 ±10000$\mu\varepsilon_j$ 最小输入信号，±0.5μV、应变为 0.5$\mu\varepsilon$；

适用电阻应变计的范围：60~1000Ω；

供电电源：频率 50Hz，电压 220V 正弦交流电，12V 直流，2A；

线性误差：不大于 ±0.1%F·S±2 字；

标定误差：不大于标定值 ±0.5%F·S±2 字；

衰减误差：不大于 ±0.5%F·S±2 字；

主要功能：

多通道数据采集、波形实时显示；

自动标定、自动调零、峰值显示。

配合 YD-34 型动态数据采集分析仪用 8 台 BHR-4 型 50~100t 电阻应变荷重传感器。

陡坡铁路轨道及道床振动用 DSVM-4 型振动测试仪，列车运行速度用 LDR 测速雷达。

9.2.5　气候条件

试验期间大部分为晴朗的良好天气，一部分试验在小雨天中进行。

10　150t 电机车牵引 6~9 辆 KF-60 型重矿车试验

10.1　试验内容

（1）重列车在 40‰~45‰陡坡上启动试验。

（2）重列车在 40‰~45‰陡坡上运行试验。

（3）重列车在 40‰~45‰陡坡上制动试验。

（4）牵引网电工作参数测试。

10.2　试验方法

列车装载后，从 7 桩和 6 桩（R120m 弯道、平坡）、5 桩（电机车在 40‰~45‰坡道上，矿车在 R120m 弯道平坡上）、4 桩和 3 桩（整列车停在 40‰~45‰陡坡道上）启动，重车上坡运行至 1 桩（平坡）停车；重列车从 1 桩开始，下坡运行至一定速度后，断电惰行实施常规制动和紧急制动。

10.3　试验结果

10.3.1　重列车平坡启动、上坡运行试验

150t 电机车牵引 6 辆和 8 辆重矿车在距 40‰~45‰陡坡线路坡底 80m（6 桩）R120m 弯道处启动，运行至陡坡底（5 桩）的速度为 14~16km/h，加速上坡运行至 3 桩，速度为 14~22km/h，再以此为初速度驶过 R200m 弯道，于坡顶 1 号桩停车。载重列车全程运行时间约 2min，行程 500m。试验情况见表 10-1。

表 10-1　150t 电机车牵引 6~8 辆矿车试验状态表

区段（桩）	距离/m	时间/s		速度/km·h⁻¹		加速度/m·s⁻²		备　注
		6 辆	8 辆	6 辆	8 辆	6 辆	8 辆	
6~5	100	28	37	0~14	0~15.6			R120m 弯道平坡启动重列车上坡运行
5~4	100	20	24	14~22	15.6~19.4	0.139	0.117	
4~3	100	20	18	22~29	19.4~19.7	0.111	0.044	R120m 弯道平坡启动重列车上坡运行
3~2	100	18	20	29~20	19.7~16.8	0.097	0.005	重列车上坡减速运行重列车平坡停车
2~1	100	22	28	20~0	16.8~0			

重列车平坡启动距离 80~100m，可以 15km/h 左右初速度加速上坡运行，并以 20~30km/h 速度驶离陡坡，重列车运行平稳、可靠。重列车平坡启动加速度为 0.12~0.14m/s²，在 40‰~45‰ 陡坡（限制坡）道上运行加速度为 0.005~0.111m/s²。

150t 电机车牵引 9 辆 KF-60 型重矿车分别从 7 桩、6 桩和 5 桩+150m 处启动，上坡运行试验情况见表 10-2。

表 10-2　150t 电机车牵引 9 辆矿车运行试验状态表

区段（桩）	距离/m	时间/s	速度/km·h⁻¹	加速度/m·s⁻²	备　注
7~6	100	38	0~19.2		
6~5	100	28	19.2~28.8		
5~4	100	20	28.8~31.7	0.12	*R*120m 弯道平坡启动
4~3	100	20	31.7~28.1	0.067	
3~2	100	18	28.1~24.0		
2~1	100	22	24.0~0		
6~5	100	36	0~22.0		
5~4	100	15	22.0~26.3	0.17	
4~3	100	14	26.3~26.0	0.08	*R*120m 弯道平坡启动
3~2	100	15	26.0~23.0		
2~1	100	20	23.0~0		
5+50 m~5	50	32	0~14.9		
5~4	100	20	14.9~22.3	0.13	
4~3	100	16	22.3~23.5	0.10	*R*120m 弯道平坡启动
3~2	100	18	23.5~20.4		
2~1	100	24	20.4~0		

试验重列车从 7 桩启动至 5 桩时的冲坡速度达到 28.8km/h，启动距离 200m，启动加速度 0.12m/s²，全程运行 600m，时间 1′52″，平均速度 19.3km/h；重列车从 6 桩启动至 5 桩时的冲坡速度达到 22.0km/h，启动距离 100m，启动加速度 0.17m/s²，全程运行 500m，时间 1′40″，平均速度 18km/h；重列车从 5 桩+50m 启动至 5 桩时的冲坡速度达到 14.9km/h，启动距离 50m，启动加速度 0.13m/s²，全程运行 450m，平均速度 14.7km/h。

150t 电机车牵引 6 辆、8 辆和 9 辆重矿车试验时，电机车于不同状态下的牵引参数见表 10-3~表 10-5。

从表 10-3 和表 10-4 可知，150t 电机车在平坡以第 I 种工作状态启动（串联运行）和加速上坡行驶时，手柄位不断增大，载重列车过 5 桩以后，即电机车驶上 40‰ 陡坡道时，手柄控制在 25~41 级，电机车以第 II 种工作状态运行（并联），载重列车加速行驶，工作总电流最大为 2100A，正常电压降 200V，占总电压 12.5%，电机车工作状态参数变化正常。

表 10-3　150t 电机车牵引 6 辆矿车工作参数表

桩号	速度/km·h⁻¹	电机电流/A	电机电压/V	手柄位/级	网电压/V	总电流/A
6	0~5	125	50~0	0~3	1600	375
5	13-14	275	1000~600	12~25	1600	825
4	19-22	300	1100~700	25~37	1500	1800
3	22-29	275	1000~800	25~35	1500	1650
2	20-25	250	800~500	10~25	1600	750

表 10-4　150t 电机车牵引 8 辆矿车工作参数表

桩号	速度/km·h⁻¹	电机电流/A	电机电压/V	手柄位/级	网电压/V	总电流/A
6	0	100~150	50~300	0~5	1500~1600	300~450
5	15.6	150~300	300~1100	25~32	1500~1600	450~1800
4	19.4	250~325	700~1100	25~37	1400~1600	1500~1950
3	19.7	250~350	700~1400	25~41	1400~1600	1500~2100
2	16.8	200~350	700~1400	25~41	1400~1600	1800~2100

表 10-5　150t 电机车牵引 9 辆矿车工作参数表

桩号	速度/km·h⁻¹	电机电流/A	电机电压/V	手柄位/级	网电压/V	总电流/A	网压降/%	备注
7	0	150	200	5	1600	450	8.6	
6	19.2	225	1100	28	1550	1350	11.4	
5	28.8	250	1600	38	1550	1500	11.4	
4	31.7	300	1500	41	1550	1800	11.4	冲坡距离 200m
3	28.1	300	1300	41	1550	1800	11.4	
2	24.0	250	900	33	1600	1500	8.6	
1	0	0	0	0	1750	0	0	
6	0	200	400	8	1600	600	8.6	
5	22.0	250	1300	30	1500	1500	14.3	
4	26.3	300	1500	41	1500	1800	14.3	
3	26.0	325	1400	41	1500	1950	14.3	冲坡距离 100m
2	23.0	225	800	34	1650	1350	5.7	
1	0	0	0	0	1750	0	0	
5 桩+50m	0	200	300	8	1600	600	8.6	
5	14.9	200	1000	30	1500	1200	14.3	
4	22.3	325	1300	41	1500	1950	14.3	
3	23.5	350	1500	41	1500	2100	14.3	冲坡距离 50m
2	20.4	275	900	35	1600	1650	8.6	
1	0	0	0	0	1750	0	0	

　　150t 电机车牵引 9 辆 KF-60 型矿车，重列车平坡启动，用第 I 种工作状态启动，当列车启动后速度达到 15km/h 左右时，操作手柄增大至第 II 种工作状态。电机电枢电压越高，列车运行速度越快，网压降越大，陡坡正常网压降 14.3%。电机最大电流值为 350A，接触网电流 2100A。150t 电机车牵引 9 辆 KF-60 型矿车必须以第 II 种工作状态操作，才能上坡运行。

10.3.2　重列车下坡制动试验

　　重列车从 1 桩启动下坡运行至速度达到 25km/h 时断电惰行，实施制动试验。重列车在 40‰~45‰陡坡上实施常规制动，当空气一次减压小于 0.12MPa，重列车产生越跑越快现象，最高时速达到 45km/h；当空气缸一次减压大于 0.12MPa 时，重列车控速效果好，驶离陡坡线路的速度基本控制在 10~15km/h，控速距离 180~200m。重列车在 40‰~45‰陡坡道上实施紧急制动，空气缸工作压力一次减压 0.42~0.45MPa，紧急制动距离 190~270m，制动初速度为 35~38km/h。

　　150t 电机车推行 8 辆 KF-60 型矿车（重）在 40‰~45‰陡坡道上实施常规制动，当一次缸减压小于 0.12MPa 时，重列车速度无法在陡坡上控制，要保证在 6 桩停车，必须追加二次减压。150t 电机车推行 8 辆重矿车在 40‰~45‰陡坡道上实施紧急制动，工作缸气压一次性全放空（0.6MPa），紧急制动初速度 33~38km/h，制动距离 210~270m。见表 10-6 和表 10-7。

表 10-6　150t 电机车推行 6 辆矿车制动试验

区段（桩）	初速度 /km·h⁻¹	制动末速度 /km·h⁻¹	制动距离 /m	缸减压 /MPa	备　注
2~5 桩+50m	31.8	45	350	0.06+0.5	常规+非常
2~4 桩−10m	25.8	12	190	0.14	常规
2~4 桩−20m	26.6	14.5	180	0.15	常规
2~4 桩	26.3	11.1	200	0.14	常规
2~4 桩+35m	34.4	0	235	0.6	紧急
3 桩-25mm~5 桩−36m	35.6	0.3	189	0.6	紧急
4 桩+20mm~6 桩+20m	35.3	0	200	0.6	紧急
2~5 桩−30m	37.5	0	270	0.6	紧急
2~5 桩−50m	36	0	250	0.6	紧急

　　比较表 10-6 和表 10-7 得出：无论是一次减压 0.12~0.14MPa，还是一次减压 0.06~0.07MPa，加二次减压 0.06~0.07MPa，150t 电机车牵引 6~8 辆 KF-60 型重矿车在 40‰~45‰陡坡道上实施制动，重列车均可控制，且以初速 33~38km/h 下陡坡实施紧急制动，制动距离不超过 270m。

表 10-7　150t 电机车推行 8 辆矿车制动试验表

区段（桩）	初速度 /km·h⁻¹	制动末速度 /km·h⁻¹	制动距离 /m	缸减压 /MPa	备　注
2~5 桩+50m	30.3	16.4	350	0.06+0.06	常规十二次追压
2~5 桩+30m	26.6	11.2	330	0.07+0.07	常规十二次追压
2~4 桩	25.2	4.2	200	0.17	常规（一次最大）
2~5 桩-50m	36	0	250	0.6	非常
2~5 桩-30m	37.5	0	270	0.6	非常
2 桩+50m~4 桩	33	0	210	0.6	非常

10.3.3　重列车在 40‰~45‰陡坡道上启动试验

150t 电机车牵引 6 辆 KF-60 型重矿车在 40‰~45‰陡坡道的 4 桩、5 桩处进行了启动试验，试验情况见表 10-8。

表 10-8　150t 电机车牵引 6 辆矿车启动试验表

序号	桩号 /桩	电机电流 /A	电机电压 /V	手柄 /级	网电压 /V	时间 /s	车速 /km·h⁻¹	加速度 /m·s⁻²	备　注
1	4	275	100	5	1600	0	0	0.018	整列车在 40‰ 坡道上
	3-10m	300	500	23	1550	154	10.3		
	2	275	750	23	1550	214	13.9		
2	4	275	100	5	1600	0	0	0.025	整列车在 40‰ 坡道上
	3+10m	290	500	13	1500	119	11.6		
	2	275	700	22	1500	157	14.2		
3	5+10m	125	50	1	1600	0	0	0.041	电机车在 40‰坡道上，矿车在平坡弯道上
	3	225	1000	23	1650		18.6		
	2	250	800	23	1700		1.8		
4	5	125	25	3	1600	0	0	0.025	电机车在 40‰坡道上，矿车在平坡弯道上
	4	200	600	12	1600		13.2		
	3	275	800	24	1600	156	14.2		
	2	250	500	10	1600		5		

150t 电机车牵引 6 辆 KF-60 型重矿车在陡坡启动可以上坡，但是有空转，尤其在 R200 弯道处。重列车在 40‰~45‰陡坡道上启动，加速度 0.018~0.041m/s²，启动距离 100~200m。

150t 电机车牵引 8 辆 KF-60 型重矿车在 40‰~45‰坡道上启动，试验 4 次，仅成功一次。

比较表 10-8 和表 10-9，启动时，电机车操作手柄控制在 5 级以下，重列车克服静止惯性阻力，缓缓上坡运行，最大牵引矿车数 6 辆。150t 电机车牵引重矿车超过 6 辆时，操作手柄必须控制在 12 级别以上。但是，这种工作方式对线路和机车损害较大，建议 150t 电机车牵引 6 辆重矿车以上时，不要在 40‰~45‰ 陡坡道上启动。

表 10-9　150t 电机车牵引 8 辆矿车启动试验表

序号	桩号 /桩	电流 /A	电压 /V	手柄 /级	网电压 /V	总电流 /A	车速 /km·h⁻¹	备　注
1	4	300	500	12	1500	900	0~7.9	
	3	300	500	18	1500	900	8.8	
	2	300	500	18	1500	900	9.2	
2	4+50m	300	150	5	1500	900	0	空转严重，启动失败
	4	300	400	10	1500	900	4	
	3	300	700	21	1400	900	6.8	
3	5	150	100	3	1500	450	0	空转严重，启动失败
	4	250	500	17	1500	750	3.5	
	3	300	700	23	1400	900	7.2	
4	5	200	350	5	1600	600	0	3 桩后，空转，速度急剧下降，上坡失败
	4	300	1000	29	1500	1800	16.4	
	3	300	750	28	1600	1800	13.2	
	2	100	500	5	1600	300	0	

10.3.4　牵引网电参数测试

朱家变电所 11 号馈电盘担负 40‰~45‰ 陡坡铁路，1315m 水平，1315 站和 1330m 水平接触网供电，最大供电半径 2.6km。

40‰~45‰ 陡坡试验线距朱家变电所的供电半径为 1.43km，变电所开动 1 号硅变和 3 号硅变，输出电压 1750V，见表 10-10。

表 10-10　牵引网电参数测试表

盘号	输出 电压 /V	网压 /V	陡坡启动			重车上坡			正常网压降		最大 电流 /A
			电流 /A	电压 /V	压降 /V	电流 /A	电压 /V	电压降 /V	启动	运行	
11 号	1750	1650	1800	1500	150	2100	1400	250	14.29%	20%	2800

150t 电机车牵引 6~9 辆重矿车在 40‰~45‰ 陡坡铁路上启动和加速上坡运

行，正常网压降为 14.29%~20%，接触网最大电流为 2100A，11 号盘最大电流为 2800A，11 号盘供电无影响。

10.4　试验结论

（1）150t 电机车牵引 6 辆 KF-60 型重矿车可以在 40‰~45‰陡坡道上启动，启动加速度为 0.018~0.041m/s²，启动距离 100~200m。

（2）150t 电机车牵引 8 辆 KF-60 型重矿车必须在平道启动，启动加速度为 0.12~0.17m/s²，启动距离大于 80m。电机车上坡时，速度应大于 14km/h，手柄操作至并联状态。

（3）150t 电机车牵引 9 辆 KF-60 型重矿车必须在平道启动，启动加速度应大于 0.13m/s²，启动距离大于 100m，冲坡速度大于 15km/h，手柄操作至并联状态。

（4）重列车以初速度 30~35km/h 惰行下 40‰~45‰陡坡铁路，实施常规制动时，工作风缸一次减压量不得小于 0.12MPa。

11　150t 电机车双机牵引 12 辆
KF-60 型矿车试验

双机牵引是以主补机编组 12 辆 KF-60 型重矿车形式在 40‰～45‰陡坡线路上进行，通过工业试验测试主补机牵引特性参数和接触网电参数，了解工作参数的变化规律，探寻主补机作业的安全联动操作技术。试验场面见图 11-1。

图 11-1　150t 双机牵引试验面貌图

11.1　150t 电机车双机牵引试验内容

11.1.1　150t 电机车双机联动操作试验

（1）列车组停在 1285m 水平 R120m 弯道平坡处，主补机依次启动、上坡运行试验；

（2）列车组停在 1285m 水平 R120m 弯道平坡处，主补机同时启动、上坡运行试验；

（3）重列车从 1300m 水平下陡坡，主机惰行，补机制动试验；

（4）重列车从 1300m 水平下陡坡，主机制动，补机惰行试验。

11.1.2　150t 电机车双机牵引电工作参数测试

（1）主补机牵引特性参数测试；

（2）陡坡铁路接触网电工作参数测试；

（3）11 号馈电盘供电性能参数测试。

11.1.3　40‰~45‰陡坡线路动荷载测试

（1）陡坡铁路道床动荷载测试；

（2）防爬桩动荷载测试。

列车组用 368 号机车作主机，用 012 号机车作补机。

为了保证双机牵引试验时的安全，沿 40‰~45‰陡坡线路多处设立安全标志牌，制定 1285m 水平双机联运行车临时作业办法和陡坡铁路 150t 电机车双机牵引试验计划。

BHR-4 型电阻应变荷重传感器分别安装在 40‰~45‰陡坡道上部 3 桩+20m 处轨枕下和防爬桩上以及 40‰~45‰陡坡道底部 5 桩+20m 处防爬桩上。YD-34 型动态数据采集仪与电脑联接采集列车通过各测点的动荷载数值。

LDR 测速雷达设置在 6 桩，全程监测列车运行速度和运行时刻。

11.2　双机试验步骤

（1）每试验日上午 8：00 以前和下午 13：00 以前，铁运调度安排 012 号机车牵引 12 辆空车进入 1285m 水平工作面装车。

（2）012 号机车装车即将结束时，甲站调度 368 号机车进 1285m 水平挂重车，与 012 号机车组成主补机作业试验列车组。

（3）双机联挂结束后，两机台乘务员和课题组成员召开当日试验内容工作会和安全会，填写安全卡片和试验记录。

（4）368 号与 012 号机车重联后，主机确认补机重联塞门已关闭且制动性能良好后，请求甲站准备进路。主机在接到进路准备好的指令后，开始启动。

（5）列车启动，主机鸣笛（一长声），补机应答（一短声），主机再鸣笛（一长声）后启动。

（6）补机运行至"补机升弓标"处时，升弓受电并开电协助运行。

（7）补机运行至"补机终止推进标"处时，断电、落弓惰行。

（8）下 40‰~45‰陡坡制动试验，主机实施制动，补机瞭望；补机实施制动，主补机转换，主机关闭、补机开启重联塞门。

11.3　测试方法

分上下两部分测试陡坡铁路上部建筑动荷载，陡坡铁路上部布置 6 台 BHR-4 型电阻应变荷重传感器。其中，4 台安装在 3 桩+10m 和 3 桩+20m 断面防爬桩上，2 台安装在同断面轨枕下。陡坡下部布置 2 台同类型传感器，安装在 5 桩+

20m 断面防爬桩上。

　　DSVM-4C 型振动测试仪分别布置在 R200m 断面、陡坡直线断面（3 桩～4 桩）、R300m 断面和 R120m 断面处。

　　LDR 测速雷达设置在 6 号桩和 3 号桩，全程监测列车运行速度和时刻。

11.4　双机联运行操作方法

　　双机联运行操作方法包括：

　　（1）准备工作。

　　1）在作业前将所有行车标志牌制作并设置到位。

　　2）为便于甲站、主机、补机之间相互进行联系，主机、补机、甲站之间均应配备相应的通信设施，并确保三者之间通话清晰。

　　3）由于双机联运大多采用音响信号，行车职工必须加强双机联运音响信号的培训学习工作。

　　4）进入 1285m 陡坡，进行试验的 368 号和 012 号机车和试验列车组在联运前对机车、列车组的车辆状况和制动性能进行常规检查和试验，严禁机车、列车组带故障作业。

　　5）为保障试验的顺利进行，固定安排 368 号、012 号机车及乘务员人员参与 1285m 陡坡试验。

　　（2）作业责任划分。

　　1）在 1285m 水平进行试验的主机与补机的运行状态均受甲站控制。主机、补机均应通过配备的通信设施与甲站进行联系。

　　2）当双机联运时，由主机承担运行中的主要责任。

　　（3）作业办法。

　　1）作业程序。

　　① 铁运调度接到矿调关于 1285m 水平试验的指令后，应立即向矿山站运转员、甲站运转员传达指令，并于每日 8∶30 前安排 012 号机车牵引一组（12 辆 KF-60 型）空车进 1285m 水平装车。

　　② 012 号机车装车作业结束后，及时通知甲站运转员，由甲站运转员向调度汇报，安排 368 号单机进 1285m 水平挂重车。

　　③ 矿山站与甲站办理 368 号单机进 1285 水平作业闭塞时，一律按有车线作业程序办理，即：

　　·甲站必须将作业计划通知到 012 号，在确认 012 号作好防护的情况下，方可承认 368 号单机进 1285m 水平作业。

　　·矿山站运转员必须加强 368 号单机进入 1285m 水平有车线作业注意事项的预告。

④ 由于 1285m 水平曲线半径小，坡度大，368 号单机在运行过程中必须加强瞭望，下坡运行速度严禁超过 35km/h。

⑤ 368 号调车员在确认电铲停止工作，未侵入铁路限界并已做好防护的前提下，指挥 368 号单机与 012 号重车相挂。

⑥ 当双机联挂并检查设备正常后，两机台乘务人员应现场召开安全会，填写 KYT 卡片，至此双机联运试验开始。

2) 双机联运。

① 368 号与 012 号机车重联后（此时 368 号为主机，012 号机车为补机），012 号应及时将重联塞门关闭，同时进行制动性能的试验（J27 型制动机应立即将制动手柄置于闸把取出位），并将情况通过对讲机与主机联系清楚；主机确认补机重联塞门已关闭且制动性能良好后通知甲站运转员准备好进路。

② 甲站运转员接到主机请求准备进路的要求后，立即与矿山站运转员办理闭塞，主机在接到进路已好的通知后方可运行。

③ 列车启动或调车作业前进时，368 号（主机）鸣笛（一长声）后，012 号（补机）应回答（一短声），368 号再鸣笛（一长声）后方可启动。

④ 当补机（012 号）运行到"补机升弓标"时，应及时升起受电弓。当主机要求补机开电帮助运行时（开电信号为一长一短），补机以同样信号回答后方可送电。

⑤ 如在运行过程中主机因故不能施行制动时，应立即使用紧急制动阀，并鸣示紧急停车信号（连续短声），紧急停车。

⑥ 在上陡坡的过程中，如主机遇有紧急情况需退行重新爬坡时的作业程序：

·主机（368 号）应立即使用紧急制动阀，并鸣示紧急停车信号（连续短声），紧急停车。

·此时双机均应将闸把置于保压位，并通过对讲机要求 012 号开重联塞门，368 号关重联塞门，并进行制动性能实验，实现主、补机的转换。

·主机（012 号）鸣笛（二长声），补机（368 号）回答（一短声）后，主机（012 号）再鸣笛（一长声）后启动，此时补机（368 号）应断电落弓。

·当列车退行至"补机升弓标"时，将机车、列车停稳后（双机闸把置于保压位），通过对讲机联系彻底，重新实现主、补机的转换。

⑦ 当 012 号（补）运行至"补机终止推进标"时，应及时给 368 号（主机）终止推行信号（一长二短）、368 号（主机）再以同样方式回答后停止运行，并由 368 号（主机）调车员摘掉补机，安上车长阀后按要求进土场卸车。

⑧ 补机（012 号）摘除后（严禁补机超过 1285m 进路信号机），应打开重联塞门，返回 1285m 水平装车线尾部"补机停车标"内，并及时向甲站运转员汇报；重新开通 1285 水平装车线。

3）当 368 号在 Ⅱ$_+$ 卸车完毕推进空车回 1285m 水平进行陡坡试验时，其闭塞方式、作业程序和作业方法。

① 矿山站与甲站办理 368 号空车推进进 1285m 水平作业闭塞时，一律按在线作业程序办理，即：

·甲站必须将作业计划通知到 012 号，在确认 012 号作好防护的前提下，方可承认 368 号空车进 1285m 水平作业。

·矿山站运转员必须加强 368 号空车进入 1285m 水平有车线作业注意事项的预告。

② 由于 1285m 水平曲线半径小、坡度大，368 号空车在运行过程中必须加强瞭望，下坡速度严禁超过 35km/h。

③ 368 号空车推进 1285m 水平装车时，必须加强瞭望，严格执行距电铲位 50m 停车的作业规定，此时调车员应下车徒步指挥列车限速 10km/h 向电铲缓慢推进，并做好防护，实行推进装车。

④ 当 368 号装车完毕后，368 号调车员在确认电铲停止工作，未侵入铁路限界并已做好防护的前提下，指挥 012 号单机与 368 号重车相挂。再次开始双机联运。

（4）牵引列车组下 40‰~45‰陡坡的作业程序。

1）主机应在试验前将试验计划通知甲站运转员，甲站运转员在接到计划时，必须及时通知铁运调度，作好记录，并对机、列车运行进行监控。如需接发 1300m 水平列车，运转员应向主机确认清楚是否影响该线行车，并在通知到试验人员做好防护的前提下方可接发 1300m 水平列车。

2）运行前，主机通过对讲机确认补机重联塞门已关闭，并已通过制动性能实验（J27 型制动机应立即将制动手柄置于闸把取出位）。

3）列车启动或调车作业前进时，主机（012 号）鸣笛（一长声）后，补机（368 号）应回答（一短声），主机再鸣笛（一长声）后方可启动，在运行过程中补机始终处于断电落弓状态。

（5）特殊情况作业办法。

1）电力机车在双机牵引中，主机发现接触网故障，有刮坏受电弓的危险，主机应首先落下受电弓，并及时给出途中降弓信号（一短一长声），要求补机降下受电弓，补机给出同样信号回答视为听清，否则应重复鸣示或采取紧急停车措施。

2）如在双机联运途中发现有危及行车的不良情况，主机应立即使用紧急制动阀，并鸣示紧急停车信号（连续短声），紧急停车（双机把闸把置于保压位）。

3）车速高于 30km/h，主电机电压高于 1700V，换向手柄与运行方向相反，电阻制动不正常时严禁使用电阻制动。

11.5　试验结果

（1）主补机依次开电，平坡启动、上坡运行试验。

试验列车组全长近 200m，368 号主机停在 6 桩，012 号补机则延伸在 8 桩，由于正弓线仅架设至 7 桩+50m，补机只有惰行至此方能升正弓受电。

双机牵引重列车运行状态参数见表 11-1。试验情况见表 11-2。

表 11-1　主补机依次启动运行状态表

区段（桩）	时间/s	距离/m	速度/km·h^{-1}	加速度/m·s^{-2}	备　　注
6~5	36	100	0~19.7	0.15	368 号主机在 R120m 弯道平坡 6 桩启动。补机在 8 桩，惰行至 7 桩升弓开电推进。补机在 2 桩断电落弓惰行至 1 桩停车
5~4	18	100	19.7~21.5	0.03	
4~3	16	100	21.5~24.9	0.06	
3~2	17	100	24.9~20.8		
2~1	17	100	20.8~22		
1~终止标	61	200	22~0		

分析表 11-1 和表 11-2，368 号机车（主机牵引）和 012 号机车（补机推进）联挂 12 辆 KF-60 型重矿车进行陡坡试验，主机在 6 桩启动运行至 40‰~45‰的陡坡道底部（5 桩）时，列车速度为 12~19.7km/h，平均启动时间 36 秒，启动加速度为 0.15m/s^2，此时补机升弓开电推进。当补机运行至 6 桩时，串联到位，重列车可以上坡，列车全程运行 700m，时间 2′45″，40‰~45‰陡坡道平均运行速度 21.2km/h。

368 号主机行驶至 5 桩，手柄位串联到头，补机行驶至 7 桩升弓开电启动，协助主机在 40‰~45‰陡坡道上运行。368 号主机串联运行，最大运行电流 2100A，最大电枢电压 1300V。012 号补机运行至 6 桩时串联到位，最大运行电流 750A，并以这一工作状态运行至 2 桩补机终止推进标，补机上坡时也可以工作在并联位。此时，最大运行电流 1500A。双机牵引时，最大工作电流 3300A，最大正常电压降 23.5%。

（2）主补机同时开电，平坡启动、上坡运行试验。

368 号主机停在 5 桩+50m，012 号机停在 7 桩+50m。主机鸣笛一长声，补机应鸣笛一短声，主机再鸣笛一长声，音落，主补机同时启动。列车运行状态参数见表 11-3。试验数据见表 11-4。

分析表 11-3 和 11-4，368 号主机和 012 号补机同时在 R120m 弯道平坡上开电启动，列车启动加速度为 0.22m/s^2，启动后末速度 18.4km/h，启动距离 50m，

表 11-2　主补机依次启动试验数据

时间 /s	速度 /km·h⁻¹	加速度 /m·s⁻²	主机（368 号） 车位/桩	I_A/A	U_A/V	$U_网$/V	E/级	补机（012 号） 车位/桩	I_A/A	U_A/V	$U_网$/V	E/级	接触网 电流/A	网压降 /%
0	0	—	6	100~200	50~100	1650~1700	0~3	8	0	0	0	0	600	2.9
26	15.4~ 24.0	0.12~ 0.19	5	175~250	800~1150	1400~1650	21~41	7	50~100	400~600	1500~1600	1~3	1800	17.6
54	17.8~ 25.2	—	4	200~300	1000~1300	1400~1600	29~37	6	100 150	800 1000~1200	1500 1500	25	2100 2700	17.6
70	20.5~ 29.3	—	3	200~350	1000~1300	1300~1550	26~41	5	100 200	800 1100	1500 1500	26~33	2400 3300	23.5
87	18.3~ 23.3	—	2	250~300	800~1200	1450~4550	29~35	4	100 200~250	800 1000	1500 1500	25	2100 3300	14.7
104	19.2~ 24.8	—	1	200~250	700~1200	1500~1600	25~33	3	150~250	700~900	1500	26~33	2250	11.8
—	—	—	0	—	停车	停车	—	2	断电落弓	断电落弓	断电落弓	断电落弓		
165	—	—	1桩·200m （主机终 止标）	停车	停车	停车	停车	1	停车	停车	停车	停车		

表 11-3　主补机同时启动列车运行状态

区段/桩	时间/s	距离/m	速度/km·h⁻¹	加速度/m·s⁻²	备　注
5 桩+50m～5	24	50	0～18.4	0.22	368 号主机在 R120 号弯道平坡 5 桩 + 50m，补机在 R120m 弯道平坡 7 桩 + 50m，两机同时开电启动
5～4	17	100	18.4～25.4	0.11	
4～3	15	100	25.4～24.5		
3～2	16	100	24.5～21.7		
2～1	17	100	21.7～21		
1～终止标	65	200	21～0		

主补机均以并联工作状态上坡运行，全程运行 650m，时间 2′45″，40‰～45‰陡坡道平均运行速度 22.5km/h。

主机最大电机电流 275A，电枢电压 1300V，补机最大电机电流 275A，电枢电压 1200V。双机工作时，启动电流为 1050A，最大工作电流 3150A，正常网压降 17.6%。

（3）主补机联挂 12 辆 60t 重矿车制动试验。

368 号主机和 012 号补机联挂 12 辆 KF-60 型矿车从 1285m 水平启动，经 40‰～45‰陡坡铁路运行上坡后，368 号机车于主机终止位停车（1 桩－200m），012 号机车停靠在 1 桩。重列车下 40‰～45‰陡坡实施制动试验分两种情况进行，每一种情况均开展常规和非常规制动两种方式试验。

第一种情况：重列车下坡前，实施主补机转换，即 012 号机车作为主机进行制动，368 号机车作为补机下坡惰行。

第二种情况：重列车下坡前，不进行主补机转换，仍由 368 号主机实施下坡制动，012 号补机下坡惰行，下坡制动起始位置为 3 桩。双机制动试验数据见表 11-5。

分析表 11-5 中数据，当一次减压量小于 0.10MPa 时，重列车不能减速，需追压一次，补机停在 1285m 移动线；当一次减压 0.10MPa 时，重列车下坡制动过程中有明显的加速过程，但在固定线末端可以停住；当一次减压量大于 0.12MPa 时，重列车量控道平稳，制动距离 200～400m，非常制动距离为 200～250m。

（4）11 号馈电盘供电参数测试。

试验期间，朱家变电所开动 1 号硅变和 2 号硅变，双机试验 11 号馈电盘及 40‰～45‰陡坡接触网电流、电压变化参数见表 11-6。

150t 电机车双机牵引 12 辆 KF-60 型重矿车进行 40‰～45‰陡坡铁路运行试验。首先，主补机均以第Ⅰ状态工作时，供电网路电指标最小；其次，主机以第Ⅱ状态工作，补机以第Ⅰ状态工作时，供电网路电性能较前者大；最后，主补机

表 11-4　主补机同时启动试验数据

时刻/s	速度/km·h⁻¹	主机 (368)					补机 (012)					接触网电流/A	网压降/%
		车位/桩	I_A/A	U_A/V	$U_网$/V	E/级	车位/桩	I_A/A	U_A/V	$U_网$/V	E/级		
0	0	5桩+50m	100	50	1650	2	7桩+50m	100	400	1600	3	600	5.9
24	18.4	5	200	800	1500	24	7	150	800	1500	24	1050	11.8
41	25.4	4	250	1300	1500	36	6	175	1000	1500	28	2550	11.8
56	24.5	3	275	1300	1500	37	5	200	1200	1450	37	2850	14.7
72	21.7	2	275	1100	1400	33	4	225	1150	1450	32	3000	17.6
89	21	1	250	1100	1500	31	3	275	1150	1500	27	3150	11.8
		0					2	断电					
154	0	1桩-200m					1	停车					

表 11-5 双机联挂 12 辆矿车制动试验数据

试验种类	制动类型	缸减压 /MPa	制动速度 /km·h^{-1}	制动距离 /m	备 注
主补机转换，368 号变补机，012 号变主机，012 号机车实施制动	常规	0.08+0.12	26.2~42.1	450~580	一次减压偏小，加速明显，追压 0.12MPa，在固定线末端停车
		0.10	25.7~41.8	315~500	
		0.12	26.7~38.2	300~400	
		0.15	25.1~37.0	205~300	
		0.17	25.6~35.4	160~280	
	非常	0.60	33.1~35.4	240~250	
主补机不转换 368 号机车制动	常规	0.10	25.8~37.1	210~450	
		0.12	26.4~35.7	300~400	
		0.15	29.2~32.3	280~350	
		0.17	28.7~31.6	240~320	
	非常	0.60	26.8~19.1	200~250	

表 11-6 陡坡铁路供电网路电参数表

试验类别	11 号馈电盘		40‰~45‰接触网		总网压降 /%	备 注
	总电流 /A	总电压 /V	工作电流 /A	工作电压 /V		
368 号 Ⅱ 状态 012 号 Ⅰ 状态	2000~2800	1750	1800	1400	20	双机依次启动，上坡运行
368 号 Ⅱ 状态 012 号 Ⅱ 状态	3300~3600	1750	3300	1300	25.7	重列车上坡运行
368 号 Ⅰ 状态 012 号 Ⅰ 状态	1200~2000	1750	1050	1500	14.3	双机同时启动

均以第Ⅱ状态工作时，供电网路电负荷达到最大。但是，无论主补机以电机两种工作状态（Ⅰ和Ⅱ）组合的任一种形式操作，接触网最大电流 3300A，接触网最低电压 1300V，最大正常总网压降 25.7%。建议双机牵引时，采用主机Ⅱ状态，补机Ⅰ状态工作方式。

11 号馈电盘最大电流 3300~3600A，小于快速开关整定值 4000A，陡坡供电网路工作正常。

（5）40‰~45‰陡坡铁路动荷载测试。

陡坡铁路动荷载测试点分别布置在陡坡线路上段 3 桩+10m 和 3 桩+20m 处

的枕下和防爬桩上，以及陡坡线路底部 5 桩+20m 处的防爬桩上。

测点数目的分布考虑到线路建设的特点：一是 3 桩以上为 R200m 弯道，测点必须布置在直线区段，二是 4 桩以下至 5 桩+20m 处无防爬桩，故上段布置 6 个，底部布置 2 个，陡坡铁路动荷载测试场面见图 11-2，陡坡铁路动荷载测试数据见表 11-7。

图 11-2　陡坡铁路动荷载测试场面图

表 11-7　陡坡线路动荷载测试数据

行车状态	上段测点（3 桩+20m，3 桩+10m）				底部测点（5 桩+20m）			备 注
	车速 /km·h^{-1}	枕下 /kN	外桩 /kN	内桩 /kN	车速 /km·h^{-1}	外桩 /kN	内桩 /kN	
重车上坡	22.3	277	74	35	21.2	149	133	陡坡底部为集中防爬，上部为分散防爬
重车下坡	33.1	270	71	30	25.8	132	111	

分析表 11-7 数据，重列车上坡运行的防爬桩动荷载大于下坡制动，枕下动荷载亦如此；轨道内侧防爬桩小于外侧防爬桩承受的动荷载。

由于 40‰~45‰陡坡铁路上段 3 桩+20m 处附近间隔 12.5m 安装一组防爬桩，陡坡铁路处于分散防爬状态，而 40‰~45‰陡坡铁路下段 4 桩~5 桩区段，受地基条件限制，无法安装防爬桩，采用的是道床梯撑防爬形式，5 桩+20m 处防爬桩属于集中防爬形式，陡坡铁路底部防爬桩受力明显要大于上段防爬桩的动荷载。

11.6　试验结论

（1）150t 双机车在平坡启动时，牵引 12 辆 KF-60 型重矿车能在 40‰~45‰

陡坡上正常运行。

（2）主补机依次启动时，启动距离不小于 100m，启动加速度不小于 0.15m/s²，上坡运行可以 Ⅱ + Ⅰ 方式，也可以 Ⅱ + Ⅱ 方式。

（3）主补机同时启动时，启动距离不小于 50m，启动加速度不小于 0.22m/s²，上坡运行只可以 Ⅱ + Ⅱ 工作方式，重列车上坡运行速度大于 20.0km/h。

（4）用声控联动操作切实可行，但联动效率较低，应加强自动联动技术研究。

（5）重列车下坡制动既可以主补机转换，并由转换后的主机（012 号）制动，也可以不转换，仍由主机（368 号）制动。

（6）重列车下陡坡制动初速度应控制在 35km/h 以下。推荐以下制动速度时的一次减压参数：1）$v_0 = 25 \sim 30$km/h，$P_{减压} = 0.12 \sim 0.15$MPa；2）$v_0 = 30 \sim 35$km/h，$P_{减压} = 0.15 \sim 0.17$MPa。

（7）40‰~45‰接触网和 11 号馈电盘供电参数设计符合陡坡铁路试验要求。接触网最大工作电流 3300A，最低工作电压 1300V，正常工作网压降 23.5%；11 号馈电盘最大总电流 3600A，正常总网压降 25.7%。

12　224t 电机车牵引 9~15 辆 KF-60 型重矿车试验

12.1　试验内容

ZG224-1500 型电机车工业试验是"陡坡铁路运输系统研究"专题的主要组成部分。224t 电机车是我国目前唯一一种超重型电机车，它安装有 8 轴 8 台 400kW 电动机，轴重为 28t，超过了我国现有国家准轨铁路运输标准 25t 的规范，是为"十五"国家攻关而专门研制的。

开展 224t 电机车编组 9~15 辆 KF-60 型重矿车在 40‰~45‰陡坡线路上试验，其目的是通过测试 224t 电机车牵引特性参数，接触网电参数以及陡坡铁路上部建筑的动荷载参数，揭示 224t 电机车陡坡铁路运输牵引接触网供电和线路防爬的陡坡铁路运输技术内在规律，探索超重型电机车陡坡铁路运输的技术经济参数和安全保障措施，为生产厂家研制和开发适合我国大型露天矿山应用的超重型电机车及相关产品提供依据。

从 2002 年 11 月 9 日~2003 年 11 月 20 日，历经 19 周时间，攻关课题组进行了以下试验工作：

(1) 224t 电机车牵引 9~15 辆 KF-60 型矿车试验；

(2) 224t 电机车牵引特性参数测试；

(3) 陡坡铁路接触网电工作参数测试；

(4) 11 号馈电盘供电性能参数测试；

(5) 40‰~45‰陡坡线路道床动荷载测试。

12.2　试验方法

列车装载后，分别从 7 桩和 6 桩（R120m 弯道平坡）、5 桩和 4 桩（224t 电机车在 40‰~45‰陡坡道底部），9~15 辆 KF-60 型矿车在 R120m 弯道平坡上），3 桩和 2 桩（整列车停在 40‰~45‰陡坡道上）启动，空（重）列车上坡运行至 1 桩-200m（平坡）停车；空（重）列车从 1 桩-200m 处开始，下陡坡运行至 7 桩，实施不同减压参数的常规制动和紧急制动。试验运行区间 900m。

7 桩~5 桩区间，试验空（重）列车在平坡上启动至 40‰~45‰陡坡底部的启动距离、启动加速度、冲坡速度、电机车牵引特性参数、接触网电工作参数。

5 桩~2 桩区间，试验空（重）列车部分或全部在 40‰~45‰ 陡坡道上的启动加速度、电机车牵引特性参数、接触网电工作参数、11 号馈电盘电性能参数。

陡坡铁路上部建筑动荷载测试点布置在 3 桩+10m 和 3 桩+20m 处轨枕下和防爬桩上，BHR-4 型电阻应变荷重传感器 4 台安装在防爬桩上，1 台安装在轨枕下。224t 电机车上安装电流电压实时载波记录仪。

LDR 测速雷达设置在 3 号桩，全程监测列车运行速度和时刻。224t 电机车试验场面见图 12-1。

图 12-1　224t 电机车试验面貌图

12.3　试验结果

（1）224t 电机车牵引 9 辆空矿车试验。

试验首先从 8 桩启动，启动距离为 300m，然后逐步减少启动距离，最终至 40‰~45‰ 陡坡上启动，但由于在试验过程中，224t 电机车正弓拉火严重，磨板体轻微起槽，陡坡上启动试验未能进行。具体试验情况见表 12-1 和表 12-2。

分析表 12-1 和表 12-2，001 号机车（224t）牵引 9 辆 KF-60 型空矿车试验，电机车分别在 8 桩、7 桩和 6 桩启动，运行至 40‰~45‰ 陡坡道底部分别为 300m、200m 和 100m，启动时间分别为 72″、41″ 和 26″，启动加速度分别为 0.12m/s²、0.17m/s² 和 0.30m/s²。列车上坡后的运行速度为 28.1~33.6km/h，平均运行时间 37″。

表 12-1　224t 电机车牵引 9 辆空车运行状态

区段/桩	时间/s	距离/m	速度/km·h⁻¹	加速度/m·s⁻²	备　注
8~5	72	300	0~30.5	0.12	列车平坡启动
7~5	41	200	0~25.4	0.17	列车平坡启动
6~5	26	100	0~28.5	0.30	列车平坡启动
5~2	37	300	28.1~33.6	0.04	列车陡坡运行

表 12-2　224t 电机车牵引 9 辆空车试验

试验类型	车位/桩	时刻/s	速度/km·h⁻¹	加速度/m·s⁻²	I_A/A	U_A/V	$U_网$/V	E级	网电流/A	网压降/%
8 桩启动，启动距离300m	8	0	0		150	200	1600	2	600	5.9
	6	58	21.6		175	800	1600	24	700	5.9
	5	72	30.5	0.118	225	1500	1600	41	1800	5.9
	4	45	33.1		200	1500	1600	41	1600	5.9
	2	107	33.0		断电	0	1700	0	0	0
7 桩启动，启动距离200m	7	0	0		125	300	1600	5	500	5.9
	6	24	16.0		200	1500	1600	24	800	5.9
	5	41	25.4	0.172	250	1500	1550	41	2000	8.8
	4	54	32.0		250	1500	1500	41	2000	11.8
	3	65	33.9		250	1500	1500	41	2000	11.8
	2	76	33.5		断电	0	1700	0	0	0
6 桩启动，启动距离100m	6	0	0		150	50	1600	5	600	5.9
	5	26	28.5	0.304	200	800	1600	24	800	5.9
	4	38	32.7		250	1500	1500	41	2000	11.8
	3	50	35.3		275	1500	1500	41	2000	11.8
	2	65	34.3		断电	0	1700	0	0	0

001 号电机车手柄串联到头时，列车运行距离 100m，列车启动阶段电机电流 250A，最大工作电流 2000A，最大电枢电压 1500V，列车上坡运行时最大工作电流 2200A，最大电枢电压 1500V。001 号电机车牵引 9 辆 KF-60 型空矿车试验时，最大正常网压降为 11.8%。

（2）224t 电机车推进 9 辆重矿车试验。

001 号电机车编在重列车组尾部，推进 9 辆 KF-60 型重矿车上坡试验，全列车长 143.176m，001 号电机车在 7 桩启动，重列车距 5 桩的启动距离为 57m。001 号电机车在 6 桩启动，重列车头部 4 节重矿车在 40‰~45‰陡坡道上。001 号电机车从 5 桩启动，整列车在 40‰~45‰陡坡道上。各次试验情况见表 12-3 和表 12-4。

分析表 12-3 和表 12-4，001 号电机车推进 9 辆 KF-60 型重矿车试验，电机车分别在 7 桩、6 桩和 5 桩启动，至 2 桩断电运行，重列车先后以全列车平坡停放、半平半陡停放和陡坡停放三种方式启动、运行试验。全列车驶上 40‰~45‰陡坡时的速度分别为 26.9km/h、16.1km/h 和 14.9km/h。启动时间分别为 47″、45″和 79″。启动加速度分别为 0.16m/s²、0.10m/s² 和 0.05m/s²。列车在 40‰~

45‰陡坡道上平均运行时间 46″，平均运行速度 23.5km/h。

表 12-3　224t 电机车推进 9 辆重车运行状态

区段 /桩	时间 /s	距离 /m	速度 /km·h⁻¹	加速度 /m·s⁻²	备　注
7~5	47	200	26.9	0.16	平坡启动距离 57m 至整列车上坡
6~5	45	100	16.1	0.10	001 号电机车+5 辆重矿车在平坡，4 辆重矿车在陡坡上启动
5~3	79	200	14.9	0.05	全列车在陡坡上启动
5~2	46	300	23.5		重列车在陡坡上运行

表 12-4　224t 电机车推进 9 辆 60t 重车试验

试验类别	车位 /桩	时刻 /s	速度 /km·h⁻¹	I_A /A	U_A /V	$U_网$ /V	E /级	接触网电流 /A	网压降 /%
整列车在 R120m 弯道平坡上，启动距离 57m	7	0	0	150	50	1650	1	600	5.7
	6	32	22.8	200	1200	1500	25	1600	14.3
	5	47	28.9	225	1500	1500	41	1800	14.3
	4	61	25.7	300	1400	1500	41	2400	14.3
	3	76	25.2	250	1300	1500	32	2000	14.3
	2	91	24.0	断电	0	1750	0	0	0
001 号电机车加 5 辆重车在 R120m 弯道平坡上，4 辆重车在陡坡上	6	0	0	200	50	1600	2	800	8.6
	5	45	16.1	300	1000	1500	25	2400	14.3
	4	63	23.9	300	1300	1500	41	2400	14.3
	3	78	24.9	300	1300	1500	35	2400	14.3
	2	92	25.6			1750	0	0	0
全列车在陡坡上启动	5	0	0	350	50	1650	10	1400	5.7
	4	54	13.7	350	800	1650	25	2800	5.7
	3	80	14.9	300	1000	1600	29	2400	14.3
	2	102	20.1	0		1750	0	0	0

　　全列车平坡启动电机电流 225A，最大工作电流 1800A，最大电枢电压 1500V，最大正常网压降 14.3%，重列车半平半陡启动电机电流 300A，最大工作电流 2400A，最大电枢电压 1300V，最大正常网压降 14.3%，重列车整体在

40‰~45‰陡坡道上的启动电机电流 350A，最大工作电流 2800A，最大电枢电压
1000V，最大正常网压降 14.3%。

（3）224t 电机车牵引 12 辆重矿车试验。

按照启动距离逐步递减的试验原则，224t 电机车牵引 12 辆 KF-60 型重矿车
分别在 7 桩、6 桩、5 桩和 3 桩启动试验。其中，前三项试验的启动距离分别为
200m、100m 和 0m，最后一项试验为整列车停在 40‰~45‰陡坡道上启动试验。
各项试验情况见表 12-5 和表 12-6。

在 7 桩、6 桩、5 桩和 3 桩启动试验过程中，224t 电机车工作电流、工作电
压和接触网电压、电压实时监测曲线见图 12-2。

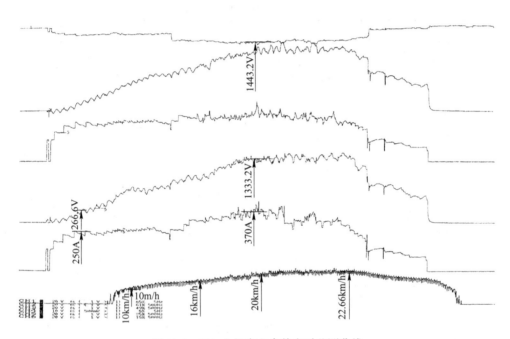

图 12-2　224t 电机车电参数实时监测曲线

表 12-5　224t 电机车牵引 12 辆重车运行状态

区段/桩	时间/s	距离/m	速度/km · h⁻¹	加速度/m · s⁻²	备　注
7~5	47	200	31	0.18	平坡启动
6~5	30	100	24.5	0.23	平坡启动
5~4	36	100	20.3	0.16	平坡启动
3~2	65	100	11.2	0.05	陡坡启动
5~2	43	300	25.1		陡坡运行

表 12-6　224t 电机车牵引 12 辆重车试验

试验类别	车位/桩	时刻/s	速度/km·h⁻¹	I_A/A	U_A/V	$U_网$/V	E/级	网电流/A	网压降/%
整列车平坡启动，冲坡距离200m	7	0	0	150	50	1700	1	600	2.9
	6	33	22	250	1200	1550	25	2000	11.4
	5	47	31	300	1600	1600	41	2400	8.6
	4	60	25	300	1400	1550	41	2400	11.4
	3	75	25	300	1400	1550	41	2400	11.4
	2	90	23.5	275	1300	1600	41	2200	8.6
重列车平坡启动，冲坡距离100m	6	0	0	150	200	1700	1	600	2.9
	5	30	24.5	200	1300	1600	25	1600	8.6
	4	45	26.5	250	1600	1600	41	2000	8.6
	3	59	26.2	350	1300	1600	34	2800	8.6
	2	75	20.4	300	1200	1600	32	2400	8.6
重列车平坡启动，冲坡距离0m	5	0	0	150	200	1700	1	600	2.9
	4	36	20.3	300	1100	1600	25	2400	8.6
	3	54	21.8	350	1200	1500	34	2800	14.3
	2	72	20.5	350	1100	1500	32	2800	14.3
重列车在 40‰~45‰ 陡坡上启动	3	0	0	350	600	1600	5	1400	8.6
	2	65	11.2	400	800	1550	9	1600	11.4
	1	93	15	300	500	1600	19	1200	8.6

（4）224t 电机车推行 9~12 辆矿车制动试验。

001 号电机车牵引或推行 9~12 辆矿车以 20~25km/h 的速度下陡坡实施常规制动和紧急制动，空气缸减压量从 0.08MPa 至 0.17 MPa，具体试验情况见表 12-7。

表 12-7　224t 电机车推行 9~12 辆重车制动试验

试验类型	制动类型	缸减压/MPa	制动速度/km·h⁻¹	制动距离/m	备　注
224t 电机车牵引 9 辆空车	空气	0.10	20~23.2	80	初速度偏小，控速明显
	空气	0.11	20.2~25.5	105	初速度偏小，控速明显
	空气	0.11	20~23.6	100	初速度偏小，控速明显
	电制		18.7	500	电阻制动不理想

续表 12-7

试验类型	制动类型	缸减压/MPa	制动速度/km·h⁻¹	制动距离/m	备　注
224t 电机车推行 9 辆重矿车	空气	0.08+0.04	21.4～30.2	400	一次减压小，追压 0.04MPa
	空气	0.11	20～22	400	
	空气	0.14	20～22.6	250	
	空气	0.16	21～26	190	
224t 电机车推行 12 辆重矿车	空气	0.08+0.06	20.4～34.6	410	一次减压小，追压 0.06MPa
	空气	0.12	20.0	175	
	空气	0.14	25.1～28.0	250	
	空气	0.17	23.0～29.3	225	

　　分析表 12-7 中数据，当空气缸一次减压量小于 0.1MPa 时，重列车不能减速，越跑越快，需追压 0.04～0.06MPa 方能控制重列车停在固定线上。电阻制动效果不理想，当减压小于 0.12MPa 时，重列车制动距离 400m，当减压 0.12～0.17MPa 时，重列车制动距离 175～250m。

　　（5）224t 电机车牵引 13～15 辆重矿车试验。

　　为了验证新型 224t 电机车性能，分别在 7 桩、6 桩和 5 桩进行了 224t 电机车牵引 13 辆和 15 辆重矿车启动、运行试验；从 0 桩开始的重列车下 40‰～45‰陡坡铁路非常制动试验；从 7 桩开始，经 40‰～45‰陡坡铁路，1277m 站，至土场的全程试验。

　　各次试验对电机车牵引特性电流、电压和接触网电压进行实时监测。图 12-3 给出的是全程试验监测曲线。各项试验情况见表 12-8 和表 12-9。

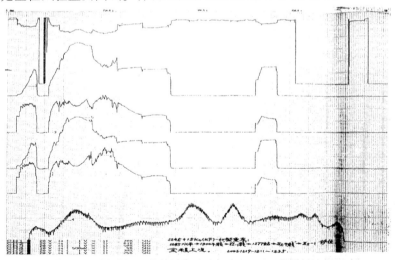

图 12-3　224t 电机车牵引特性电参数实时监测曲线

表 12-8 224t 电机车牵引 13~15 辆重车试验

试验类别	车位/桩	时间/s	速度/km·h⁻¹	I_A/A	U_A/V	$U_网$/V	E/级	网电流/A	网压降/%
重列车 13 辆平坡启动，冲坡距离 200m	7	0	0	150	50	1600	1	600	8.6
	6	31	23.5	325	1200	1500	33	2600	14.3
	5	46	31.5	300	1500	1500	41	2400	14.3
	4	60	31.6	300	1500	1500	41	2400	14.3
	3	73	26.2	300	1400	1450	41	2400	17.4
	2	89	23.5	300	1300	1450	35	2400	17.1
	1	108	15.0	300	950	1450	30	2400	17.1
重列车 15 辆平坡启动，冲坡距离 100m	7	0	0	150	50	1500	1	600	14.3
	6	36	9.7	250	1300	1500	25	2000	14.3
	5	58	23.0	250	1400	1500	41	2000	14.3
	4	72	30.6	300	1400	1500	41	2400	14.3
	3	85	26.7	350	1300	1450	34	2800	17.4
	2	102	16	300	1100	1450	27	2400	17.4
	1	124	0	300	900	1500	0	0	0
重列车 15 辆平坡启动，冲破距离 0m	5	0	0	150	150	1500	10	900	14.3
	4	40	16.6	300	800	1500	25	240	14.3
	3	61	17	350	800	1600	30	28	8.6
	2	103	0			1750	0	0	0
	1	0	0			0	0	0	0

表 12-9 224t 电机车牵引 13~15 辆重车运行状态

区段/桩	时间/s		距离/m		速度/km·h⁻¹		加速度/m·s⁻²		备注
	13 辆	15 辆	13 辆	15 辆	13 辆	15 辆	13 辆	15 辆	
7~5	46	58	200	200	31.5	23.0	0.19	0.11	冲坡距离 200m
5~4		40		100		16.6		0.12	无冲坡距离

分析表 12-8 和表 12-9，001 号电机车牵引 13~15 辆 KF-60 型重矿车在平坡（7 桩）启动、运行试验，启动距离为 200m 时，启动加速度为 0.19m/s² 和 0.11m/s²，上坡 100m 后，速度可以达到 30km/h，手柄工作在最大位置，列车可以上坡。无冲坡距离（5 桩）时，重列车在 40‰~45‰ 陡坡底启动加速度为 0.12m/s²，列车徐徐上坡，无空转现象，但列车在 40‰~45‰ 陡坡上运行至 2 桩时，1G 空转，重列车爬不上去。

（6）11 号馈电盘供电网路电参数测试。

试验期间，朱家变电所开动 1 号硅变和 2 号硅变，1315 站、1315m 水平和 1330m 水平无 150t 电机车零星作业。224t 电机车牵引 9~15 辆 KF-60 型矿车试验，朱家变电所 11 号盘及 40‰~45‰陡坡接触网电流、电压变化参数见表 12-10。

表 12-10　陡坡铁路供电网络电参数

试验类别	11 号馈电盘		40‰~45‰接触网		总网压降/%	备 注
	总电流/A	总电压/V	工作电流/A	工作电压/V		
9 辆空车	2200~2600	1750	2200	1500	14.3	7 桩启动牵引上坡
9 辆重车	2400~2600	1750	2400	1500	14.3	6 桩启动推进上坡
12 辆重车	2800	1750	2800	1500	14.3	5 桩启动牵引上坡
13 辆重车	2600	1750	2600	1500	17.4	7 桩启动牵引上坡
15 辆重车	2800	1750	2800	1500	17.4	7 桩启动牵引上坡

224t 电机车牵引 9~15 辆 KF-60 型矿车进行的 40‰~45‰陡坡铁路试验，接触网最大工作电流 2800A，最低工作电压 1450V，11 号馈电盘最大电流 2800A，小于快速开关整定值 4000A，最大网压降 17.4%。

（7）40‰~45‰陡坡铁路动荷载测试。

陡坡铁路动荷载测试点分别布置在 40‰~45‰陡坡道上段 3 桩+10m 和 3 桩+20m 处的轨枕下和防爬桩上。试验分别测试了 224t 电机车牵引 9 辆和 12 辆空重矿车上坡运行和下坡制动不同速度情况下的陡坡铁路动荷载数据，测试结果见表 12-11。

表 12-11　陡坡铁路动荷载测试结果

行车状态	3 桩+20m 测点				3 桩+10m 测点		
	车速/km·h⁻¹	枕下/kN	外桩/kN	内桩/kN	车速/km·h⁻¹	外桩/kN	内桩/kN
重 9 上坡	18.0	333.5	103.5	86.5	18.3	127.25	107
重 9 下坡	28.0	108	2	27.5	28.4	3.75	1.5
重 9 上坡	26.6	226.5	50.2	48	25.6	71.25	58.5
重 9 上坡	24.0	336	70.75	65	24.3	110	116.75
重 9 下坡	23.0	94.5	2	2.75	23.2	15.75	10.5
重 12 上坡	25.1	489.5	109.5	93.25	25.1	134.5	111.65
重 12 下坡	31.0	93	8	7.5	31.0	13.25	6.5
重 12 上坡	22.5	486.5	97.25	100	22.5	125.25	102
重 12 上坡	19.7	486	129	119.75	19.7	150.5	128.75
重 12 下坡	18.6	109.5	6	7.5	18.6	10.75	11.75
重 12 上坡	26.1	396	75	78.25	26.1	90.25	95.75
重 12 下坡	23.3	141	11.25	9	23.3	12.25	17.75

分析表 12-11 数据，可以看到牵引重量越大，陡坡铁路上部建筑的动荷载越大。重列车下坡制动时，轨道内侧防爬桩最大动荷载 17.75kN，外侧防爬桩最大动荷载 15.75kN。重列车上坡运行时，轨道内侧防爬桩最大动荷载 128.75kN，外侧防爬桩最大动荷载 134.5kN。上坡运行时，车速越快，防爬桩动荷载越小。

12.4　试验结论

（1）224t 电机车牵引 12 辆 KF-60 型重矿车在冲坡速度为 0km/h 的情况下，可以启动上坡正常运行。

（2）224t 电机车牵引 12 辆 KF-60 型重矿车可以在 40‰~45‰ 陡坡铁路上启动运行。

（3）重列车下坡制动初速度应 ≤35km/h，一次减压参数推荐值 0.12~0.15MPa。

（4）重列车下坡速度 >30km/h 时，不可以用电阻制动。

（5）40‰~45‰ 陡坡铁路接触网最大工作电流 2800A，最低工作电压 1450V，11 号馈电盘最大电流 2800A，最大网压降 17.4%。

（6）重列车上坡运行时的防爬桩动荷载大于下坡制动。

13　40‰~45‰陡坡铁路振动测试分析

13.1　前言

钢轨振动加速度、速度和位移是轨道结构振动控制重要指标。轨道各部分产生的振动，特别是道床和钢轨的振动，其加速度、速度和位移不超过使用维修期内的最大允许值。陡坡试验线路主要测试 150t 和 224t 电机车在不同断面处钢轨振动速度、加速度和位移，以检验陡坡铁路建设质量，列车安全运行参数。

13.2　测试仪器、测试原理和测试方法

（1）测试仪器。DSVM-4C 型振动测试仪。

（2）测试原理。高速微控制器将速度传感器输出的电压量或加速度传感器输出的电荷量进行处理，然后由仪器内高速 12 位 A/D 转换将此电压量进行量化，并将量化的结果保存到存储器内。仪器与计算机的 RS-232 串口通信，将测试数据输入计算机进行分析。

（3）测试方法。测试地点选择陡坡线路有代表性的四个钢轨断面。测试时，用砂纸擦净钢轨表面处铁锈，传感器附着在钢轨外侧表面处，一根钢轨附着两个传感器，分别测钢轨水平方向、垂直方向振动速度、加速度和位移，测试仪器安装位置如图 13-1 所示。

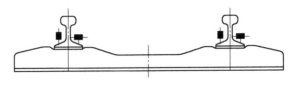

图 13-1　测试传感器安装位置图

13.3　测试数据整理及分析

13.3.1　150t 电机车双机牵引 12 辆 60t 重矿车测试

测试地点选择陡坡线路有代表性的 4 个铁轨断面处进行测试（测试振动速度、加速度、位移都取最大值）。各测试位置布置见图 13-2。

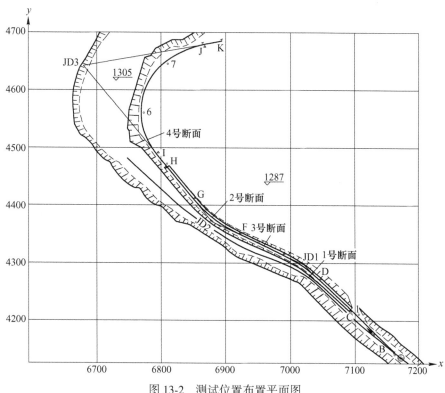

图 13-2　测试位置布置平面图

（1）2 号断面，在电线杆 N_{18}、N_{19} 轨道半径 $R = 300m$，混凝土枕、陡坡段（坡度为 40‰），150t 电机车双机牵引 12 辆 60t 重矿车运行，测试结果见表 13-1。

表 13-1　$R = 300m$，陡坡路段、混凝土枕、钢轨振动数据

列车状况	运行速度 /km·h⁻¹	内　轨						外　轨			
		速度 /cm·s⁻¹		加速度 /cm·s⁻²		位移 /mm		速度/ cm·s⁻¹		加速度 /cm·s⁻²	位移 /mm
		垂向	纵向	垂向	纵向	垂向	纵向	垂向	纵向	垂向	纵向	垂向	纵向
上坡	21	1.049	2.245	0.654	1.051	0.057	0.060	2.284	1.051	1.154	0.792	0.126	0.04
下坡	31	2.241	1.841	4.495	1.12	0.112	0.050	2.307	0.952	4.797	0.709	0.315	0.039
上坡	22.5	1.15	1.843	0.701	0.938	0.049	0.072	2.284	1.731	1.453	1.311	0.110	0.035
平均	24.8	1.48	1.98	1.95	1.04	0.218	0.061	2.29	1.25	2.47	0.94	0.184	0.038

测试振动加速度波形如图 13-3~图 13-6 所示。速度、加速度离散关系如图 13-7~图 13-10 所示。

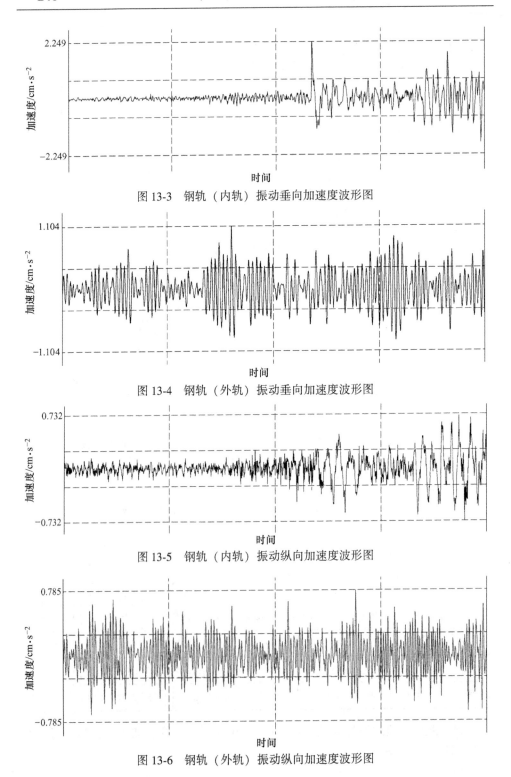

图 13-3　钢轨（内轨）振动垂向加速度波形图

图 13-4　钢轨（外轨）振动垂向加速度波形图

图 13-5　钢轨（内轨）振动纵向加速度波形图

图 13-6　钢轨（外轨）振动纵向加速度波形图

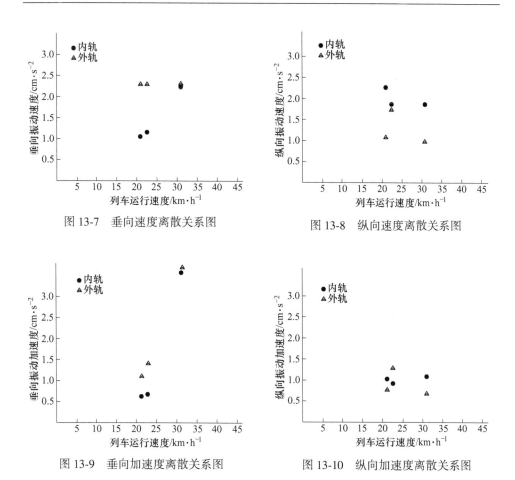

图 13-7 垂向速度离散关系图

图 13-8 纵向速度离散关系图

图 13-9 垂向加速度离散关系图

图 13-10 纵向加速度离散关系图

（2）1号断面，在电线杆 N_{12} 位置，轨道半径 $R = 200m$，木枕、陡坡段（坡度为 40‰），150t 电机车双机牵引 12 辆 60t 重矿车运行，测试结果见表 13-2。

表 13-2 $R = 200m$，陡坡路段、混凝土枕、钢轨振动数据

列车状况	运行速度 /km·h	内 轨						外 轨					
		速度 /cm·s⁻¹		加速度 /cm·s⁻²		位移 /mm		速度 /cm·s⁻¹		加速度 /cm·s⁻²		位移 /mm	
		垂向	纵向	垂向	纵向	垂向	纵向	垂向	纵向	垂向	纵向	垂向	纵向
上坡	18	0.231	0.226	0.310	0.111	0.006	0.007	0.291	0.403	0.527	0.185	0.022	0.029
上坡	18	1.857	0.197	3.371	0.235	0.064	0.007	0.305	0.091	0.487	0.113	0.026	0.013
下坡	26	0.256	1.105	0.291	1.509	0.02	0.013	0.967	1.758	1.602	3.429	0.075	0.035
上坡	22	0.194	0.219	0.34	0.333	0.029	0.005	0.3	0.199	0.313	0.189	0.04	0.025
上坡	22	2.307	1.792	2.878	2.012	0.097	0.168	2.249	2.226	3.381	2.353	0.267	0.047
上坡	22	0.786	0.15	1.601	0.246	0.022	0.012	0.211	0.3	0.348	0.203	0.021	0.024

续表 13-2

列车状况	运行速度/km·h	内 轨						外 轨					
		速度/cm·s⁻¹		加速度/cm·s⁻²		位移/mm		速度/cm·s⁻¹		加速度/cm·s⁻²		位移/mm	
		垂向	纵向	垂向	纵向	垂向	纵向	垂向	纵向	垂向	纵向	垂向	纵向
上坡	24	0.092	0.642	0.148	0.797	0.029	0.014	0.136	1.298	0.181	1.608	0.055	0.033
上坡	24	0.908	0.505	1.099	1.0	0.062	0.018	0.745	1.365	0.742	0.908	0.043	0.05
上坡	24	0.397	0.81	0.593	0.414	0.04	0.024	0.245	0.602	0.393	0.293	0.061	0.05
平均	22.22	0.781	0.627	1.181	0.740	0.041	0.030	0.605	0.916	0.886	1.031	0.068	0.057

测试振动加速度波形如图 13-11～图 13-14 所示。速度、加速度离散关系如图 13-15～图 13-18 所示。

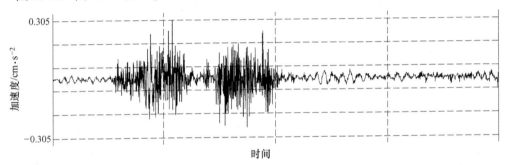

图 13-11　钢轨（内轨）振动垂向加速度波形图

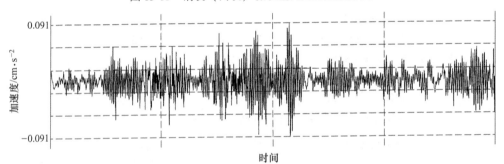

图 13-12　钢轨（外轨）振动垂向加速度波形图

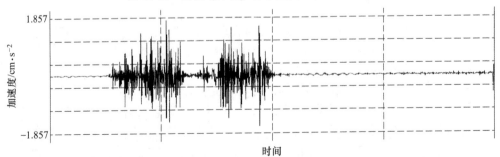

图 13-13　钢轨（内轨）振动纵向加速度波形图

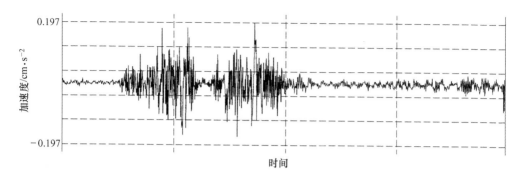

图 13-14　钢轨（外轨）振动纵向加速度波形图

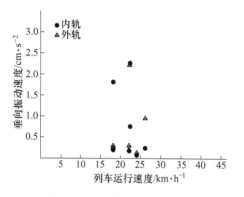

图 13-15　垂向速度离散关系图

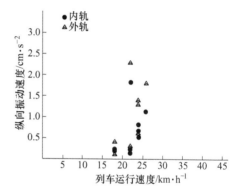

图 13-16　纵向速度离散关系图

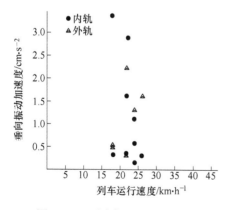

图 13-17　垂向加速度离散关系图

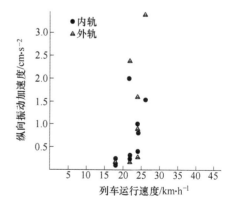

图 13-18　纵向加速度离散关系图

（3）3 号断面，在电线杆 N_{13} 处，混凝土枕、直线段、陡坡段（线路坡度 40‰），150t 电机车双机牵引 12 辆 60t 重矿车，测试结果见表 13-3。

表 13-3　直线段、陡坡路段、混凝土枕、钢轨振动数据

列车状况	运行速度 /km·h⁻¹	内　轨						外　轨					
		速度 /cm·s⁻¹		加速度 /cm·s⁻²		位移 /mm		速度 /cm·s⁻¹		加速度 /cm·s⁻²		位移 /mm	
		垂向	纵向	垂向	纵向	垂向	纵向	垂向	纵向	垂向	纵向	垂向	纵向
上行	22	0.28	0.514	0.44	0.219	0.017	0.02	0.16	0.29	0.2	0.135	0.018	0.009
下行	31	1.05	1.308	1.26	0.656	0.034	0.046	1.52	1.0	1.8	0.665	0.034	0.034
上行	21	1.2	1.843	0.70	0.938	0.049	0.072	2.28	1.73	1.5	1.311	0.110	0.035
下行	23	0.16	0.259	0.27	0.193	0.038	0.028	0.14	0.93	0.1	0.814	0.016	0.019
上行	33	1.06	2.189	1.56	1.284	0.034	0.083	0.90	1.44	1.6	1.115	0.044	0.029
下行	24	0.35	0.516	0.45	0.313	0.057	0.038	0.38	0.46	0.47	0.404	0.033	0.017
上行	21	0.24	1.117	0.323	2.036	0.045	0.028	0.26	1.11	0.36	1.776	0.011	0.022
下行	35	0.87	1.184	1.303	2.473	0.063	0.028	1.76	0.83	1.84	1.235	0.104	0.017
上行	22	0.28	1.581	0.302	3.063	0.064	0.043	0.19	0.96	0.24	1.473	0.043	0.012
下行	36	1.13	1.553	1.235	2.571	0.057	0.04	1.31	0.87	1.26	1.141	0.103	0.035
上行	23	0.25	0.957	0.284	1.732	0.022	0.05	0.22	0.69	0.22	1.034	0.017	0.030
下行	31	1.23	1.21	1.46	1.897	0.08	0.04	1.60	0.91	2.13	1.36	0.081	0.021
上行	23	0.42	1.344	0.54	2.732	0.033	0.04	0.22	0.99	0.27	1.38	0.036	0.017
下行	33	1.74	2.245	1.9	3.186	0.089	0.09	1.53	1.79	2.61	2.27	0.07	0.018
上行	19.5	0.18	0.193	0.18	0.932	0.035	0.07	0.14	0.36	0.12	0.16	0.02	0.013
下行	36	2.25	1.697	4.25	0.898	0.128	0.07	2.31	0.89	3.70	1.09	0.120	0.033
上行	19.5	0.16	0.511	0.15	0.165	0.037	0.03	0.12	0.79	0.15	0.59	0.02	0.017
下行	34.3	1.13	1.533	1.24	2.571	0.057	0.04	1.31	0.87	1.26	1.14	0.103	0.035
上行	23.2	1.2	1.92	0.83	1.035	0.083	0.09	2.31	1.79	2.05	1.59	0.175	0.082
下行	36	1.63	1.94	2.78	1.584	0.108	0.06	2.19	1.58	4.49	1.24	0.046	0.03
上行	22.5	0.91	1.96	0.47	1.201	0.057	0.06	2.31	0.93	2.50	0.75	0.164	0.042
上行	15	0.16	0.28	0.24	0.228	0.032	0.03	0.18	0.21	0.29	0.23	0.025	0.01
下行	36	1.22	1.444	1.64	1.387	0.089	0.04	1.74	1.79	2.38	1.86	0.026	0.031
上行	16	1.02	1.535	0.8	1.145	0.048	0.04	1.71	1.79	1.07	1.94	0.04	0.035
下行	36	1.08	1.32	1.54	1.202	0.059	0.04	1.31	0.68	2.19	0.55	0.025	0.018
上行	21.2	2.25	1.424	1.88	0.973	0.148	0.05	2.31	1.35	1.97	1.04	0.083	0.027
下行	34.3	1.63	1.94	2.77	1.584	0.108	0.06	2.19	1.58	4.49	1.24	0.046	0.03
上行	19	0.355	0.37	0.364	0.269	0.057	0.038	0.271	0.378	0.421	0.424	0.031	0.017
上行	19	2.25	0.745	2.003	0.513	0.108	0.03	2.31	0.917	1.99	0.97	0.057	0.017
上行	19	2.25	0.77	2.30	0.524	0.124	0.043	2.28	0.41	2.08	0.41	0.051	0.02
上行	30	0.3	0.199	0.313	0.189	0.04	0.025	0.194	0.219	0.34	0.333	0.029	0.005

续表 13-3

列车状况	运行速度/km·h⁻¹	内　轨						外　轨					
		速度/cm·s⁻¹		加速度/cm·s⁻²		位移/mm		速度/cm·s⁻¹		加速度/cm·s⁻²		位移/mm	
		垂向	纵向	垂向	纵向	垂向	纵向	垂向	纵向	垂向	纵向	垂向	纵向
上行	30	2.25	2.245	4.692	2.732	0.193	0.236	2.307	1.79	4.797	2.036	0.145	0.086
上行	22	2.04	1.08	2.44	0.984	0.111	0.044	2.31	0.921	3.808	0.722	0.262	0.0299
上行	22	0.348	0.516	0.447	0.313	0.057	0.038	0.382	0.46	0.47	0.404	0.033	0.017
上行	31	2.24	1.481	2.87	1.01	0.121	0.076	2.31	1.09	3.87	1.03	0.169	0.038
上行	24	0.755	0.412	0.82	0.24	0.062	0.044	0.406	0.45	0.55	0.54	0.026	0.026
上行	24	2.25	0.698	2.87	0.44	0.198	0.074	2.249	0.76	2.19	0.82	0.047	0.029
平均	25.5	0.925	1.32	1.14	1.42	0.059	0.049	1.21	1.06	1.53	1.06	0.06	0.027

测试振动加速度波形如图 13-19~图 13-22 所示。速度、加速度离散关系如图 13-21~图 13-26 所示。

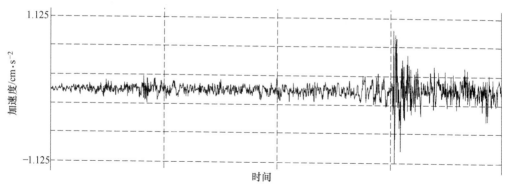

图 13-19　钢轨（内轨）振动垂向加速度波形图

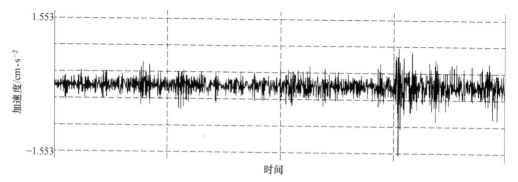

图 13-20　钢轨（外轨）振动垂向加速度波形图

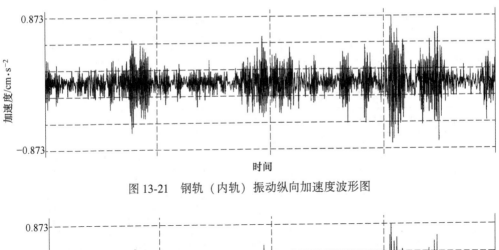

图 13-21　钢轨（内轨）振动纵向加速度波形图

图 13-22　钢轨（外轨）振动纵向加速度波形图

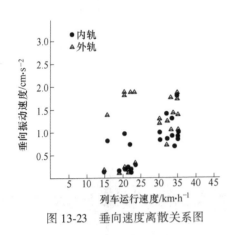

图 13-23　垂向速度离散关系图

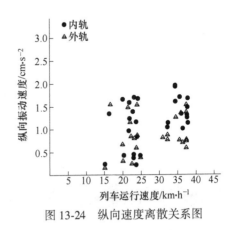

图 13-24　纵向速度离散关系图

13.3.2　224t 电机车牵引 12 辆 60t 重矿车测试

3 号断面，在电线杆 N_{13} 位置，直道、混凝土枕、陡坡段（坡度为 40‰），224t 电机车牵引 12 辆 60t 重矿车运行，测试结果见表 13-4。

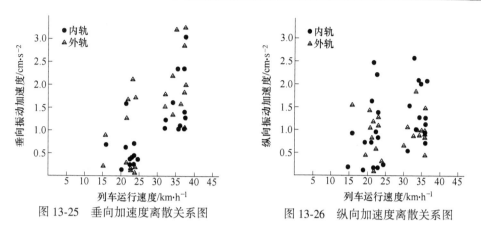

图 13-25 垂向加速度离散关系图   图 13-26 纵向加速度离散关系图

表 13-4 直道、陡坡路段、混凝土枕、钢轨振动数据

列车状况	运行速度 /km·h⁻¹	内轨						外轨					
		速度 /cm·s⁻¹		加速度 /cm·s⁻²		位移 /mm		速度 /cm·s⁻¹		加速度 /cm·s⁻²		位移 /mm	
		垂向	纵向	垂向	纵向	垂向	纵向	垂向	纵向	垂向	纵向	垂向	纵向
上行	23.3	1.55	1.472	0.99	2.094	0.042	0.034	1.054	1.0	1.14	1.42	0.057	0.043
下行	36.2	2.25	0.933	1.975	1.4	0.16	0.023	2.284	0.3	2.08	0.57	0.101	0.038
上行	32.6	2.25	0.698	2.871	0.44	0.198	0.074	2.249	0.76	2.19	0.82	0.047	0.029
下行	31	2.14	0.745	1.861	0.96	0.144	0.028	2.177	0.27	1.38	0.42	0.063	0.059
上行	25	2.25	2.170	3.95	3.82	0.126	0.033	2.307	0.99	2.87	1.17	0.121	0.028
下行	31	2.25	1.302	3.73	2.33	0.116	0.020	1.984	0.83	1.46	0.94	0.057	0.014
上行	22.5	0.15	0.165	0.167	0.22	0.019	0.018	0.224	0.17	0.42	0.16	0.036	0.005
下行	30	0.33	0.081	0.129	0.12	0.025	0.017	0.15	0.1	0.23	0.06	0.009	0.005
上行	20	1.76	0.743	1.486	0.86	0.089	0.022	2.284	0.46	1.52	0.87	0.061	0.021
下行	19	2.25	1.378	4.692	2.85	0.158	0.046	2.307	1.22	2.27	1.72	0.09	0.020
上行	26	0.91	1.956	0.473	1.20	0.057	0.063	2.307	0.93	2.50	0.75	0.164	0.042
平均	26.96	1.64	1.06	2.03	1.48	0.103	0.034	1.76	0.64	1.64	0.81	0.073	0.028

测试振动加速度波形如图 13-27～图 13-30 所示，速度、加速度离散关系如图 13-31～图 13-34 所示。

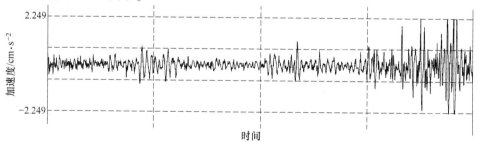

图 13-27 钢轨（内轨）振动垂向加速度波形图

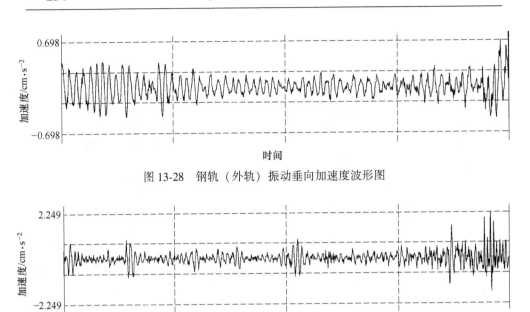

图 13-28　钢轨（外轨）振动垂向加速度波形图

图 13-29　钢轨（内轨）振动纵向加速度波形图

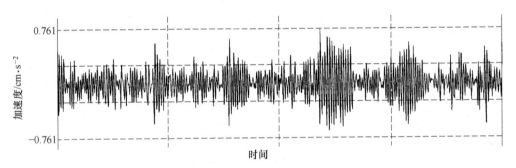

图 13-30　钢轨（外轨）振动纵向加速度波形图

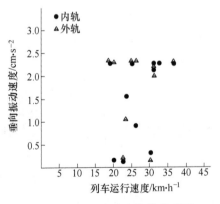

图 13-31　垂向速度离散关系图

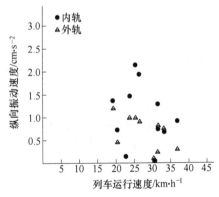

图 13-32　纵向速度离散关系

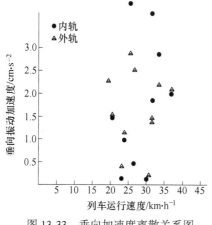

图 13-33　垂向加速度离散关系图

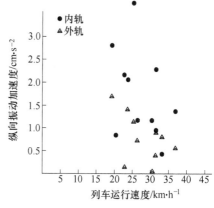

图 13-34　纵向加速度离散关系图

13.4　测试分析结论

（1）陡坡铁路列车重载运行时，由于其运行速度不大于 40km/h，钢轨、轨枕、道床振动的速度、加速度、位移远小于国颁铁路安全规程各项指标值。

（2）列车运行速度越快，钢轨、轨枕、道床振动的速度、加速度、位移越大。

（3）在相同载重量和运行速度条件下，列车在陡坡上运行时，轨道振动的速度、加速度、位移比在平坡上运行时大。

（4）在相同载重量和运行速度条件下，列车在弯道上运行时，轨道振动的速度、加速度、位移比在直道上运行时大，弯道半径越小，其数值越大。

14　150t 工矿电机车双机重联技术

　　"150t 工矿电机车双机重联技术研究与应用"项目自 2005 年 6 月起，经过严格重联运行试验，并在试验数据分析和论证的基础上，从 2006 年 12 月份起进入生产运行试用阶段。为使系统产品化，并尽快投入工业应用，对电机车双机电气重联提出更高的要求。在试用过程中以工业应用为基本要求，对系统进行不断地完善和改进。现在，该重联系统已达到国内先进水平，不但具有工业应用价值，且具有推广价值。

14.1　双机重联项目背景

　　矿山铁路运输的主要优点是运行费用低，其吨公里运输费用是汽运的 10%～15%。对于已经建立铁路运输系统的矿山，在运输设计时应该尽可能的延伸铁路运输的应用范围，减少汽运的使用范围，以降低成本。

　　但是随着采场向深部延伸，采场空间有限，必须增大线路坡度，才能进一步延伸铁路运输范围。按照目前矿山开采广泛使用的 150t 工矿电机车和现有的编组方式，当线路坡度大于 30‰时，机车会因牵引动力不足而出现爬坡困难。目前常用的解决陡坡运输牵引动力问题的方案有三种：

　　（1）增大电机车单机牵引力；

　　（2）降低牵引负荷；

　　（3）双机重联运行。

14.1.1　三种方案的比较分析

　　（1）增大电机车单机牵引力方案。现有的 150t 工矿电机车的黏着利用已经比较充分。因此，要想提高单机牵引力，除增加电机车功率外，还必须增加轴重或增加电机车的动轴数。但由此会带来一系列的问题：

　　1）给现有的牵引网、线路带来较大的压力。

　　2）与现有的 150t 电机车的维修、使用体系不能很好融合。

　　因此，若在大范围需要大牵引力的条件下，选用增大单机牵引力方式，具有较大优势。但若使用范围较小，选用增大单机牵引力方案，则会带来一系列的问题，使附加投入极大增加，弊大于利。

　　（2）降低牵引负荷方案。将现在每列 12 个拖车，减少到 6～9 个，陡坡段牵引完成后重新编组。

此方案设备投入最简单，但会影响运输能力，同时需要较大的编组站才能保证正常运转。

（3）双机重联运行方案。采用双机电气重联方案，具有下述优势：

1）牵引力能满足现有 12 个拖车编组的陡坡运输能力需求。

2）初步计算，双机电气重联后的运行坡度上限可能突破 60‰。可为采场设计和延伸铁运范围提供很好的支持。

3）现有电机车可以得到充分利用，线路、使用和维修体系不需大幅调整。陡坡运输完成后的重新编组也较简单。

因此，比较而言，采用双机重联完成陡坡铁路运输任务，是首选方案。

但是就目前的 150t 韶峰电力机车现状来讲，其并不具备双机重联的条件，若要实现双机重联还必须研制新的控制系统。

14.1.2　150t 韶峰型电力机车现状

和许多工矿电机车一样，150t 韶峰型矿用机车是直流电力机车，机车采用串励电机电枢串电阻调速。司乘人员通过操作司机操作器方向手柄和控制手轮，控制各接触器的开闭，控制机车向前或向后、牵引或制动、快速或慢速运行。

（1）司机操作器没有程控功能。由于司机是通过司机操作器上的凸轮直接控制接触器的开闭，因此无法实现机车运行状态的远控（非本车操控）。为了实现双机电气重联运行，就必须研制新的司机操作器，实现指令采集、传输和程控功能。

（2）司机操作主观性因素大。原有矿用机车运行时，是由司乘人员根据车况、路况，以及主要设备的几个重要参数和操作经验等来操作司机操作器控制机车运行。由于原有司机操作器的控制逻辑（见图 14-1）是司机的操作指令不经过任何中间环节，直接控制电控接触器，这样最终机车的工作状态完全由司机决定。

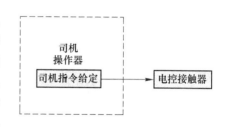

图 14-1　原有司机操作器动作逻辑示意图

如果司乘人员能够在机车运行过程中随时掌握机车所有设备运行的具体参数，则必定控制性能会更好、机车运行更安全，同时不会对车内设备造成损坏。但这一条件靠人工达到，对司乘人员的要求过高，若双机重联时要求司乘人员同时了解把握两车的所有参数就更加困难。因此，发生对电机车进行不规范操作的情况就很难完全避免。

在原有矿车的控制系统中，司机控制台上仅有 6 台电机电压表、电流表、气压表等仪表指示，而且是分散安装在 I 端司机室和 II 端司机室的司机控制台面板上。

因此在研制新的司机操作器的同时，还应追加机车运行参数采集功能，将机车内所有重要设备包括司机操作器、电网、牵引电机、辅机设备等运行参数全部采集并通过网络或直接传输给主控制器，并进行分类综合处理，最终来给出指令控制机车运行，同时将这些信息有选择地通过显示平台告知司乘人员。

14.1.3　重联实现基本条件

为了使原有的 150t 韶峰型矿用机车具备双机重联的运行条件，就必须从以下几个方面进行。

14.1.3.1　司机操作器研制

双机重联时，重联的两机车必须协同工作，统一动作。即两重联机车有主、从之分。鉴于现在运行的大部分 150t 电机车的操控系统，只接受司乘人员通过司机操作器（凸轮控制）各接点的开闭，无法接收和执行重联操作指令。因此，要实现双机重联，其首要任务就是研制新的司机操作器，在司机指令给定和电控接触器动作之间引入一个程控环节，否则无法实现双机电气重联。

要实现双机重联的首要任务就是研制新的司机操作器，即在司机指令给定和电控接触器动作之间引入一个中间的程控环节。因此，新的司机操作器不只是一个司机操作器，而是具有控制功能的司机控制器（以下简称司控器），司控器的控制逻辑见图 14-2。

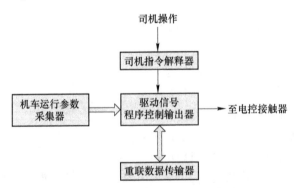

图 14-2　司控器的控制逻辑示意图

研制后的司机控制器由 4 个主要逻辑组件构成：

（1）司机指令解释器：作为司乘人员的操作界面，负责接收司机操作指令，并完成司机指令编码。

（2）机车运行参数采集器：负责采集机车电网电压、电网电流、6 台电机的电压和电流以及辅助设备的运行参数等。

（3）重联数据传输器：双机重联运行时，负责传输重联数据。

（4）驱动信号程序控制输出器：根据司机指令给定器获得的司机指令（若本车为从车时，则应将重联数据传输器传输过来的主车的司机指令作为本车的司机指令），结合机车运行参数采集器采集到的电网电压和机车总电流、电机电压电流等信息，经过程序控制输出驱动信号驱动电控接触器，并根据机车运行条件决定电控接触器的动作序列和组合逻辑互锁。

采用新研制的司机控制器，可以将原有的必须由本车司机手动才能进行操控的司机操作器，变成程控自动运行的司控器。这样，在双机重联运行时，从车就可以通过接收主车传递过来的司机指令自动执行。这是电机车重联运行必须具备的基础条件。

14.1.3.2 机车多采样率运行参数采集

新研制的司控器控制系统中是一种多采样率数字控制系统。通过对机车运行参数的采集，不仅为司乘人员下一步操作提供依据，同时这些参数也作为参考量参与到机车控制策略过程中。

（1）采用多采样率参数采集的原因。多采样率数字控制是近年来提出的一种新的控制策略。由于多采样率控制方案具有提高系统性能、适应多种复杂的实际情况和便于数字实现等诸多优势，使得多采样率数字控制系统在现代工业社会中的应用日益广泛，成为一种常用的采样控制系统。在经典控制系统设计中，所有采样信号都假定为同步均匀等间距采样，但在许多工业应用领域中，比如在复杂的多变量控制系统等情况下，采用这种单一的采样策略是不现实的，甚至是不可能的，许多因素要求人们采用不同的采样策略。另外，诸如调节、适应、模态控制、监控、故障诊断或优化等不同的控制活动都要求不同的时间度量和处理方法。

矿用机车设备多，除司机操作器、6台牵引电机外，还有直变器、风机、空压机等辅助设备，虽然所有设备的运行情况都关系到机车的正常运行，但是影响程度各不相同，因此应采取不同的对应策略。

（2）多采样率参数采集的方案。根据各采样数据的重要性不同，将机车运行参数大致分为三类：

司机指令信号：最重要的运行信息，应以固定速度快速刷新。

主要设备信息：牵引电机电压电流的采样，电网电压电流的采样速度也应很快，因为这些参数直接关系到机车能否正常运行。

各辅助设备信息：因为辅助设备出现故障时对机车运行影响不大，因此对其采样速率可相应放慢。

不同的采样频率涉及不同的传感器和不同的处理芯片等硬件，另外还应考虑通过网络传输这些数据时的延时和效率，以求得更好的控制效果和更高的性价比。

（3）多采样率参数采集的意义。

1）采用多采样率参数采集，为机车正常运行控制提供了参数依据，通过判断当前电网电压电流、电机电压电流和当前电机所处速度级位之间的关系，可以给出最佳的电控接触器的输出信号，尤其在电机电流过大时，可由程序控制保持机车级位不变或自动降低级位以保护电机。

2）采用多采样率参数采集，可以对当前电机电压电流来对机车的空转进行预测，从而实施相应的控制策略最大限度地保护牵引电机。

3）采用多采样率参数采集，在双机重联时，可以对重联两车的信息进行综合判断，从而进行更合理的负载分配。

4）机车调速是直流电机串电阻有级调速，在级位变化调速的过渡过程中，有些参数变化平稳，有些参数变化率大，采用多采样率参数采集控制可以将这些参数变化合理充分考虑，从而更好地控制机车运行。

14.2　双机重联运行控制方案

采用新研制的司机控制器，可以将原有的必须由本车司机手动才能进行操控的司机操作器，变为程控自动运行的司控器。这样，在双机重联运行时，从车就可以通过接收主车传递过来的司机指令自动执行。

14.2.1　新研制的司机控制器的控制逻辑

14.2.1.1　司机控制器的逻辑构成

如前所述，新研制的司机控制器由4个主要逻辑组件构成：

（1）司机指令解释器：作为司乘人员的操作界面，负责接收司机操作指令，并完成司机指令编码。

（2）机车运行参数采集器：负责采集机车电网电压、电网电流、6台电机的电压和电流以及辅机系统的运行参数等。

（3）重联数据传输器：双机重联运行时，负责传输重联数据。

（4）驱动信号程序控制输出器：根据司机指令给定器获得的司机指令（若为从机则应将重联数据传输器传输过来的主车的司机指令作为本车的司机指令），结合机车运行参数采集器采集到的电网电压和机车总电流、电机电压电流等信息，经过程序控制输出驱动信号驱动电控接触器，并根据机车运行条件决定电控接触器的动作序列和组合逻辑互锁。

14.2.1.2　司机控制器的工作模式

新研制的司机控制器，可以使机车处于本务、主车和从车三种工作模式，可由司机通过司机控制器上的旋钮手动设定。

（1）当机车为单车运行时，可将司控器设定为本务模式。

（2）当机车为两车重联时，则有以下几种情况：

1）本车为主车，他车为从车或本车为从车，他车为主车，即互为主从的正常重联运行状态，此状态下主车司机应进行操作。

2）甲车为本务，乙车为主车或从车，此种情况为乙车等待甲车重联信号的状态，此状态司机不允许发出行车。

3）两车均为主车或两车均为从车，此种情况为重联冲突状态，此状态下司机不允许发出行车指令。

4）两车均为本务模式，此状态下只允许其中一台车的司机进行操作，另外一台车相当于一节列车。

无论两车处于上述哪种情况，他车的指令和运行信息都将传送到本车司机控制器的主控板上，并在司机操作显示器上同时显示两车信息，便于司机了解两车当前运行情况。

14.2.1.3　重联运行时的操作逻辑

当两车处于正常的重联运行状态时：

（1）主车的操作逻辑。

1）直接获取司机操控指令，送交指令解释器解释执行，重联数据传输器负责将从主车指令传输给从车。

- 将本车的指令和运行信息传送给从车；
- 接收从车的指令执行结果和运行状态数据；
- 显示本车和从车运行状态数据。

2）指令解释器根据本车运行状态数据，主要是电机电压、电流、当前级位、司机设定级位、电网电压、故障信息等驱动对应的电控接触器。

（2）从车运行模式的操作逻辑。

1）重联数据传输器负责从主车获取机车操控指令，并送交指令解释器解释执行：

- 接收主车指令和运行信息；
- 向主车发送本车运行状态数据；
- 显示本车和主车运行状态数据。

2）指令解释器根据从主车获得的操控指令和本车运行状态数据，主要是电机电流、当前级位、司机设定级位、正旁弓、网压等决定本车的级位和动作时间，并驱动对应的电控接触器。

在从车上，从车运行方向和档位指令，不包含在重联操作数据中，它由从车司机设定为从车运行模式的某一端司控器及获取的主车指令来决定。另外，从车的正、旁弓操作由从车司机根据具体情况直接操作。

14.2.2　司机控制器的可程控化研制

14.2.2.1　原有司机操作器功能

原有的 150t 韶峰型电机车采用的是凸轮式司机操作器，其基本功能有：

（1）提供司机操作界面；

（2）通过凸轮，直接控制组合接触器和调速接触器的电控阀，完成电气控制操作；

（3）通过各凸轮的相对位置关系，实现各电控接触器的互锁。

14.2.2.2　新研制司机控制器应具备功能

新研制的司机控制器，除仍必须具备上述功能外，还可实现可程控。按照其逻辑结构，司机控制器由以下 5 部分组成：

（1）司机操作器：提供司机操作界面。采用国铁现行的有级司控指令给定操作器为司控人员的操作接口。在司机操作器上，将原电阻调速操作的 41 个级位减少到 32 个档位，这样既使得司机操作器与国铁的通用司机操作器保持一致，同时也与司机在原司机操作器的操作习惯差别不大。

机车直流电机电枢串电阻的调速的级位仍为原电阻调速操作的 41 个级位，只是减少司机操作器操作级位数；电机车的实际运行级位，由程控器将 32 个档位根据当前级位变化和电机电枢电流、正弓、旁弓信号优化为电机车的实际运行的 41 个级位。

（2）程控器（司控指令解释器）：接受操控指令并实现逻辑互锁。使用 DSP 和 CPLD 作为指令执行和逻辑互锁控制器，在主车或本务状态下，接受本车司机操作指令，并根据机车的当前运行状态决定各电控接触器的开闭状态。在从车状态下，接收从重联数据传输控制器得到的主车操作指令，并根据机车的当前运行状态决定各电控接触器的开闭状态。

根据需要，增加了电机电枢电流传感器。在操作逻辑上，实现机车电阻调速级位的无条件快退和根据正、旁弓信号和电机电枢电流、前一级位状态等条件决定的有条件进位操作。

（3）重联数据传输控制器：采用 FPGA 为控制核心，基于 MVB 总线进行两车的数据交换，这是实现双机重联信息交换的核心部件。

（4）电控接触器驱动器：采用光电继电器进行隔离，根据程控器的输出指令，直接驱动各电控接触器。

（5）显示平台：将机车获取的司机指令、机车运行时各设备的参数以及重联运行时他车的信息显示在显示平台上，供司乘人员参考。

14.2.3　重联数据传输

实现重联的一个关键环节就是在重联运行时两车的重联数据传输。

14.2.3.1 数据传输方式比较

目前，国铁双机重联有用导线直接传输机车控制信号和网络传输两种方式，即：以 SS1、SS3 为主的用导线直接传输机车控制信号；以重载机车和动车为主的网络传输方式。

（1）重联数据直接传输。最简单的双机重联方案是将甲车的方向信号、调速级位信号用 110V 电压直接传送到乙车，控制乙车的行驶，外加编码信号传输作为辅助传输信号，以增加控制信号传输的可靠性。

重联数据直接传输的优点是重联简单、直接，逻辑关系简单，但是缺点也很明显，即重联数据直接传输时连接电缆多，几乎没有查错和纠错能力，导致重联方式落后，可扩展性差。

（2）重联数据网络传输。采用网络控制的优点不仅在于省去大量的重联线，而且由于绝大多数的控制命令既是控制所需，也是监视诊断所必需的，将两者合在一个系统中，可节省传感器、信号变换电路或接口电路。

（3）两种传输方式比较。重联时，机车上的牵引、制动和各种信息如何可靠准确的传输是重联的保障。依靠传统的导线传输办法既显得笨重，信息量的交换又受到限制。

采用列车网络控制的优点不仅在于省去大量的重联线，而且由于绝大多数的控制命令既是控制所需，也是监视诊断所必需的。将两者合在一个系统中，可节省传感器、信号变换电路或接口电路。例如，司机给定信号，如不通过网络传送，就须采用调制解调方法或是多根硬连线传送。一个模拟信号若要供两个系统采样而又只用一个传感器，则两个系统的接地及取流大小对测量精度有影响。模拟信号的反馈如不通过网络传送，则必须变换成恒流源再经硬连线传送，且传送距离有限制，难以适应两列短编组列车的重联要求。控制命令如牵/制、前/后等，如不通过网络传送，就需经硬连线和数字 I/O 接口电路传送。

因此，利用网络传输是解决多机重联技术的最好办法。

14.2.3.2 网络传输方式的比较

多机重联网络控制技术用于多节机车间进行数据和信息传递，铁道部 2002 年颁布的标准 TB3035—2002《列车通信网络》中规定列车通信方式为 TCN 方式和 LonWorks 方式。其中，TCN 标准（包括车辆总线 WTB 和车内总线 MVB），其标准理念、功能配置、可靠性和冗余性设计、应用环境等均是针对轨道交通工具这一特殊对象量身定做的。因此，这里选用 TCN 作为解决多机重联控制问题的规范。

其中，基于 MVB 的列车级多机重联方案是一种通行的列车重联方案，它适合于不经常编组的列车系统，由于所具有的成本低廉（相对于 WTB）、通信可靠性高等特点而得以广泛应用。

目前，网络传输通信通常有 WTB、MVB、CAN、WORDFIP 四种方式，再加上以前"工矿车记录仪"采用的 485，共五种方式。其中，WORDFIP 很少使用，485 传输距离及可靠性较差。那么，网络传输方式就在 CAN、WTB、MVB 这三种中选择。表 14-1 对这三种方式进行了比较。

表 14-1　网络传输方式比较

项　　目	TCN		CAN
	WTB	MVB	
传输速率	1Mbps	1.5Mbps	≤1Mbps
传输距离（双绞线、不加中继器）	≤860m	≤200m（信号变压器隔离） ≤200m（信号光隔离）	≤270m（250kbps） ≤530m（125kbps）
信号传输线（物理层）	双线冗余	双线冗余	单线，可通过人为的多线冗余设计，但结构复杂
特　　点	协议具有动态编组功能	原协议为固定拓扑，但可通过软件实现动态编组功能	原协议为固定拓扑，但也可通过软件实现动态编组功能
系统结构	复杂，必须有主站（BA）	较复杂，必须有主站（BA）	简单，有或没有主站
每帧信息量	≤128 字节	≤32 字节	≤8 字节
数据传输基本周期	25ms	1~2ms	可连续传输
数据可靠性	CRC 校验，可靠性高	CRC 校验，可靠性高	CRC 校验，可靠性高
安全导向性	无	接收方具有刷新数据时间标，一旦网络数据刷新时间超标（可设定为 1ms~65s），可通过软件进行安全导向操作	发送方具有得到"接收方数据可靠接收"信息的能力，接收方可通过自身软件设置刷新定时器进行安全导向操作，具体同 MVB
行业应用广度	国际通用	有少数应用	机车级没有应用
物理成本	市场成本相对高	市场成本相对较高，依据目前的技术，成本可降低	通用技术，成本较低

从以上简单分析比较中，由于 WTB 成本高，一个节点大约需要 7 万~8 万元，为了降低成本以及此项技术的推广，在本项目中不予采用。两台机车交换的信息量相对比较固定，一般地采用 MVB 或 CAN 均可满足要求，对于重联所要求的机车操纵端和非操纵端的换端切换，可通过应用软件来实现。

对于 MVB 而言，它是专用于机车的总线方案，经过了国内外机车上恶劣电磁环境的考验，目前西门子提供给广州地铁的方案（包括机车级和列车级）就是整列采用 MVB 方案。

（1）MVB 方案是一种符合国际 IEC61375 标准的强实时工业现场总线，产品及技术支持众多，在国内外交通运输领域普遍采用，业绩很多；

（2）MVB 网络完全为铁路领域设计，可靠性高，可完全满足铁路恶劣电磁环境下的使用；

（3）传输速率高达 1.5Mbps，且固定为 1.5Mbps，传输速率高，信息量很大（最大每帧可传输达 32 个字节）；

（4）传输距离远、传输介质众多，采用 EMD 或 ESD＋的传输方式可达200m，采用光纤传输介质可达 2000m，若增设中继器则传输距离更远；

（5）MVB 均采用双线冗余方案，物理层可靠性高，在其中一条网线故障的情况下可自动无缝切换；

（6）信号采用差分曼彻斯特编码，抗干扰能力强；

（7）链路层采用双 8 位 CRC 校验，误码率极低，误码概率为几十年一次；

（8）可传输强实时的过程变量（如指令信息），最快刷新时间为 1ms（在带宽利用率为 60% 情况下，1ms 可刷新数据为 $32 \times 2 = 64$ 字节）；

（9）可传输大信息量但要求非强实时的消息数据（如故障诊断信息）；

（10）具有主权转移等功能，可满足多主冗余控制的功能，可实现多主热备功能。

对于 CAN 而言，国外有机车采用它作为机车内总线使用（相当于 MVB 级），但是用它作为列车级的总线使用目前还没有找到实例。

14.2.3.3　数据传输方式选定

重联方案的设计应基于以下四点：

（1）以铁道部 2002 年颁布的标准 TB3035—2002《列车通信网络》为主要依据。

（2）为该机车以后改造及新增设备留余地。

（3）若该机车采用国铁设备应该装上就可以与现有网络直接通信。

（4）重联可靠，同时应该有一定先进性。

通过对多种通信方式的比较，结合矿用机车现有的条件以及重联方案设计的几个基本准则，综合多方面因素最后决定：车内各设备之间使用 CAN 通信方式，机车之间使用 MVB 方式通信。网络拓扑结构如图 14-3 所示。

（1）机车总线 MVB。双机重联控制系统一般为两车固定重联方式。因此，对于本系统而言，共有两个 MVB 节点，两节车的结构相同，用屏蔽双绞线组建CAN 网和 MVB 网，提高总线的抗干扰能力。

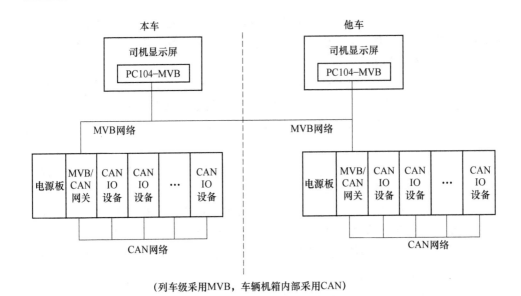

（列车级采用MVB，车辆机箱内部采用CAN）

图 14-3　基于 MVB 的双机重联逻辑图

图 14-4 为机车总线 MVB 连线示意图。为了保证数据传输的可靠性，重联线采用专用车载重联双绞线及插头，可防止在运行过程中断开。同时，由于总线的长度长达 15m 左右，在重联时空闲的两个接头需插上端接器，即匹配电阻。

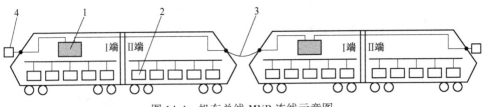

图 14-4　机车总线 MVB 连线示意图

1—MVB 节点；2—CAN 节点；3—重联线；4—端接器

（2）车内总线 CAN。机车内部设备间的通信方式采用 CAN 网络传输，具体的通信框图见图 14-5。

从框图中可以看出：

1）电子柜为双机重联的信息处理中心，网关放置于本柜，车内各设备信息通过 CAN 总线与它交换，同时车与车之间信息也通过它交换；

2）网压网流信号，转速信号直接传到电子柜，弓信号与司机指令信号一起通过 CAN 总线传到电子柜；

3）110V 直流电源进入电子柜后，通过电子柜分配到车内各设备；

4）车与车之间的 MVB 总线在电子柜内加一个开关转换，可以实现单车本务运行和双机重联运行的转换；

5）电子柜最终输出驱动信号驱动电控接触器动作，控制机车运行；

6）显示器挂在车内 CAN 总线上，接收主控板及其他 CAN 节点的信息并显示。

图 14-5 中虚框内的设备均为机车辅助系统，可待以后的辅机交流化应用时，将这些辅助设备的信息扩展在 CAN 网络上。

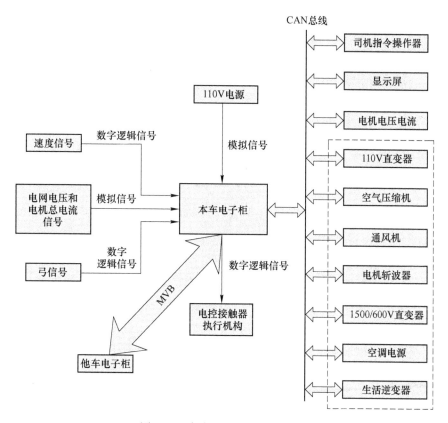

图 14-5　车内 CAN 网络通信框图

14.3　双机重联系统组成

14.3.1　系统总体设计构成

系统按照组装的位置可分为四大部分：司机操作器，控制器电子柜，司控器显示屏和电机电压电流、网压、电机总电流采集器。

系统的整体框图见图 14-6。

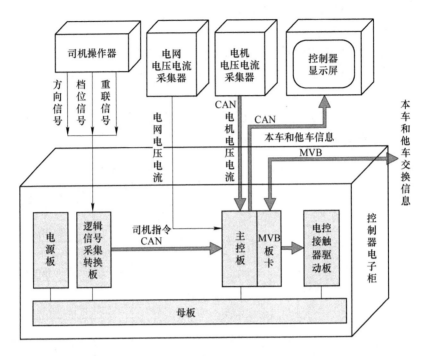

图 14-6 系统整体框图

其中，司机操作器采用 S343B 型，额外加一个重联转换开关，两端司机室各装一台，司机可根据需要操作其中一台。

控制器电子柜安装在两台司机操作器的下面，用于采集司机操作器的指令、电机电压电流、重联时他车运行信息等最终输出电控接触器的驱动信号驱动电控接触器的开闭控制机车运行。

司控器显示屏安装在两端司机室司机座位的右上方，司机在操作时可以通过显示屏随时了解本车和重联他车的方向和级位、弓信号、电机的电压电流、电网的电压、车速等信息。

电机电压电流、电网电压、电机总电流采集器安装在两端的高压室内，用于采集 6 台电机电压和电流以及电网电压和机车总电流，并将这些数据传送给司机控制器中的主控板。

14.3.2 司机操作器设计制作

为了实现司机指令的程控和传输，依据国铁现有司机操作器类型和结构，结合现场运行条件和司乘人员操作习惯，设计了型号为 S343B 型司机操作器，并由西安沙尔特堡公司专门制作，其外观见图 14-7。

S343B 司机操作器控制手轮有 0 ~ 32 共 33 位，方向手柄有"前牵"、"前

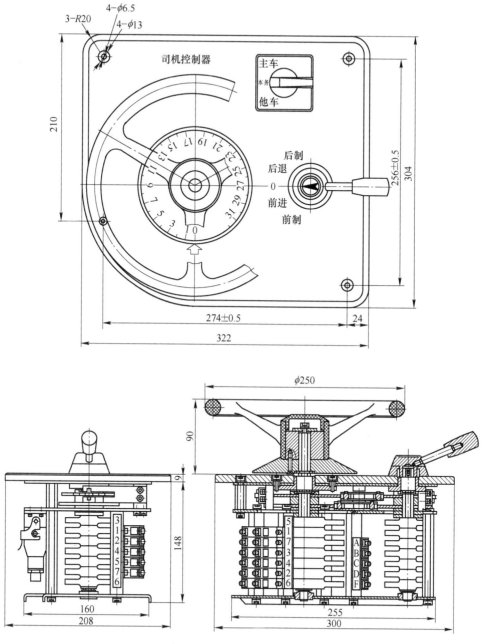

图 14-7 S343B 司机操作器

制"、"0"、"后牵"、"后制"5 位。额外加一个重联转换开关，此开关有"主车"、"本务"、"从车"三档，重联控制开关、换向手柄、控制手轮三者连锁，即只有在方向手柄、控制手轮均处于"0"位时，才可转换重联控制开关。

原有的司机操作器具有电阻调速操作的 41 个级位，现在的司控器的级位减少到 32 个级。这样既使得司机操作器与国铁的通用司机操作器保持一致，同时也与司机在原有司机操作器的操作习惯差别不大。机车直流电机电枢串电阻的调速的级位仍为原电阻调速操作的 41 个级位，只是减少司机操作器操作级位数；电机车的实际运行级位，由程控器将司机控制器的 32 个档位根据当前级位变化和电机电枢电流、正弓、旁弓信号等优化为电机车的实际运行的 41 个级位。

司机操作器上的司机指令信号包括方向信号、档位格雷码转换后得到的档位信号和重联开关信号通过连线传输到司机操作器下方的控制器电子柜中的逻辑信号采集转换板上。

14.3.3　控制器电子柜

两端司机室各装一台控制器电子柜。控制器电子柜接收来自司控器、网压网流传感器、电枢电压电流传感器信息及他车通过 MVB 总线送来的信息，分析、处理后，控制本车及从车的运行通过显示器提供相关信息，便于司乘人员操控机车、处理故障。因此，从接收司机发出的指令到最终输出电控接触器的驱动信号的过程均在控制器电子柜中完成，其信号流程见图 14-8。

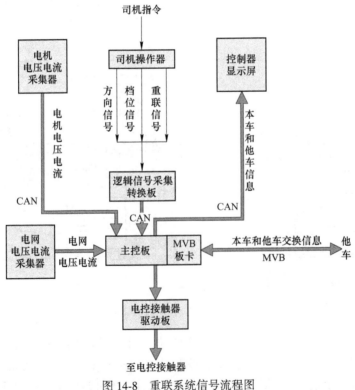

图 14-8　重联系统信号流程图

　　控制器电子柜具体分为电源板、逻辑信号采集板、主控板（包含 MVB 板）、电控接触器驱动板。机车上两端司机室各有一个控制器电子柜，其中Ⅰ端司机室的电子柜中有电源板 2 块、逻辑信号采集转换板 2 块，主控板 1 块和电控接触器驱动板 2 块，Ⅱ端司机室的电子柜中只有 1 块电源板和 2 块逻辑信号采集转换板。这是由于信息是经由 CAN 总线传输的，因此系统只需要一套主控板和电控接触器驱动板。各电路板在电子柜中的分布见图 14-9。

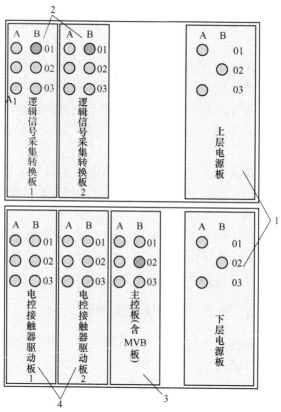

图 14-9　司机控制器电子柜中各电路板的分布（Ⅰ端司机室）

1—电源板；2—逻辑信号采集转换板；3—主控板（包含 MVB 板）；4—电控接触器驱动板

　　（1）电源板。电源板用于将车上的 110V 蓄电池直流电压转换为+5V、±15V 电源供给逻辑信号采集转换板、主控板使用。

　　（2）逻辑信号采集转换板。每端司机室控制器电子柜都有两块逻辑信号采集转换板，其作用有二：一是采集司机操作器上的司机指令信号包括方向信号、档位格雷码转换后得到的档位信号和重联开关信号以及弓信号等司机指令信号；二是将这些信号转换成字节信息经 CAN 总线传送到主控板。

　　（3）主控板（包含 MVB 板）。主控板采用了 TI 公司型号为 TMSF02812 的

DSP 控制芯片，它集成了 A/D、CAN、PWM 等模块，处理速度很快，且程序修改方便，可以根据实际运行的情况对程序进行修改。主控板接收来自逻辑信号采集转换板通过 CAN 总线传输过来的司机指令信号、电机电压电流、网压、电机总电流采集器传输过来的电网电压和机车总电流信号、6 个电机电压电流信号以及他车通过 MVB 总线送来的信息，对这些信息分析、处理，主要是对电机电流、当前级位、司机设定级位、网压等决定电机车工作的真正级位和动作时间，给出对应的输出指令送给电控接触器驱动板。同时，主控板还通过 MVB 总线将本车的信息传输给他车，并将本车和他车的运行信息通过 CAN 总线传输给司控器显示屏。

MVB 板是一块比较独立的集成在主控板上的板卡，采用北车集团大连电力牵引研发中心研制的专门用于机车重联的 YN114AS1 型 MVB 通信板卡。它的作用是负责双机重联时两车的信息交换，即将本车的运行信息（包括司机的指令以及本车各运行参数）发送给他车，同时接收他车的运行信息并传输给本车主控板。

（4）电控接触器驱动板。电控接触器驱动板主要采用光电继电器进行隔离，将主控板传输过来的输出指令，隔离后驱动各电控接触器，控制机车的方向和级位，从而控制机车运行。

电控接触器驱动板上加入了自恢复保险管，因此电控接触器驱动电路具有短路自动保护功能和自动恢复正常功能：当外电路的电控阀动作线圈短路时，驱动电路会自动断开，外电路短路故障排除则驱动电路自动进入正常工作状态。

14.3.4　电机电压电流、网压、电机总电流采集器

电机电压电流、网压、电机总电流采集器分为电机电压电流采集箱和网压、电机总电流采集箱两个部分。

（1）电机电压电流采集箱。电机电压电流处理箱将传感器所采集的电机电枢的电压、电流数据由 CAN 传输给主控板。处理箱框图见图 14-10。其中，信号转换板采用单片机对所采传感器信号进行 A/D 转换，然后通过 CAN 总线传输给控制器电子柜中的主控板。

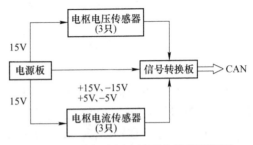

图 14-10　电机电压电流采集箱原理框图

注意到牵引电机的电枢回路在工作过程中，存在频繁切换电阻和改变电阻串、并联模式的情况，切换电阻或改变电阻的串并联模式，都会在电枢回路中产生操作过电压，这容易导致电枢电压

传感器由于过压而击穿。因此，本系统中采用分离的 LEM 电压传感器检测牵引电机的电枢电压，使得重联系统能获得可靠的机车运行状态数据。

（2）网压、网流传感器箱。网压、电机总电流采集箱功能与电机电压电流采集箱类似，不同的是它将电网电压和机车总电流信号直接传送至控制器电子柜中的主控板。

14.3.5　司机控制器显示屏

司机控制器显示屏采用的是北京昆仑通态公司的车载 10.4 彩色液晶触摸显示屏（TOD）。

（1）功能。显示司机的指令及机车的运行状态，包括重联的两辆车的方向、档位（32 档）、级位（41 级）、重联信号（主车/从车/本务）以及 6 台电机电压、电机电流和网压、总电流、车速等。

当出现故障时，主界面提示，进入故障页面则显示具体故障原因。

存储机车的运行所有数据，数据可以通过 U 盘拷贝，以备处理、查询。

通过显示屏上的内容，司乘人员可掌握了解机车运行情况及处理故障。

（2）软件配置。

操作系统：Microsoft Windows CE 4.2。

组态软件：McgsE。

通信程序：TOD 通过 CAN 或 RS485 实现 TOD 同控制器的数据通信，根据通信协议及要求处理报文信息。

显示屏重联界面见图 14-11。

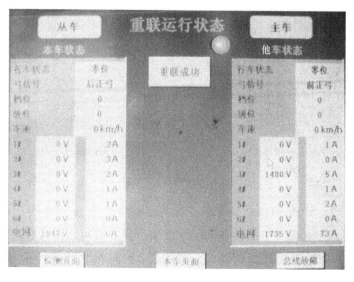

图 14-11　显示屏重联界面

14.4　双机重联系统的软件设计

双机重联系统软件设计主要分为车内车辆网络控制软件设计、多采样率数据采集和数字控制软件设计、系统各部分软件功能设计 3 个层面。

14.4.1　双机重联网络控制软件设计

如前所述，双机重联网络系统，在车内各设备之间使用 CAN 总线，两机车之间使用 MVB 通信方式。而双机重联运行时，如何保证数据传输的可靠性是网络通信的关键问题。

14.4.1.1　CAN 网络软件设计

车内一共设定了 21 个逻辑 CAN 节点，分布见图 14-12。每个节点发送的数据帧所包含的数据均少于 8 个字节（图中每个节点旁的数字即为该节点发送数据的字节数），在提高传输效率的同时也利于日后扩展更多的信息。

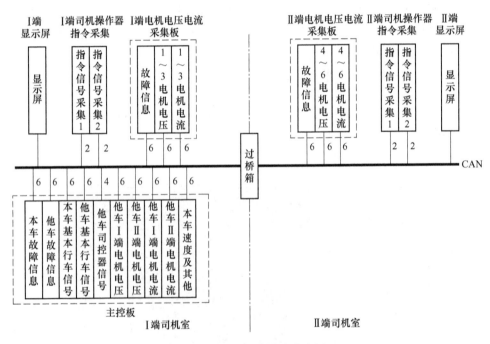

图 14-12　CAN 网络节点分布图

14.4.1.2　MVB 网络软件设计

MVB 总线中必须有主叫设备来组织数据传输，而对于两台机车重联，不存在动态编组，即只存在两个 MVB 节点。因此，将欲重联的两台机车人为设定其中一台为 MVB 主设备另一台为 MVB 从设备即可完成两台车的数据交换。

为了简化网络布线提高传输效率，同时为了重联接线方便，在两端司机室均设计了 MVB 接口，两车重联时，只要在两车之间的两个接口连接重联线即可，由软件来确认行车端从而保证两车方向保持一致。

14.4.1.3 网络控制具体实现

在网络系统控制核心——控制器电子柜中，具体分为电源板、逻辑信号采集板、主控板、MVB 板、电控接触器驱动板。

逻辑信号采集转换板作用是采集司机操作器上的司机指令信号，包括方向信号、格雷码转换后得到的档位信号、重联开关信号以及弓信号等，并将这些信号转换成字节信息经 CAN 总线传送到主控板。

主控板采用型号为 TMSF02812 的 DSP 控制芯片，它集成了 A/D、CAN、PWM 等模块，处理速度很快，且程序修改方便。主控板接收 CAN 总线传输过来的司机指令信号、电网电压和电流信号、6 个电机电压电流信号以及他车通过 MVB 总线送来的信息，对这些信息分析、处理后，程控决定机车工作的正确级位和动作时间，输出驱动信号至电控接触器驱动板。同时，主控板通过 MVB 总线将本车的信息传送给他车，并将本车和他车的运行信息通过 CAN 总线传送给司控器显示屏。

MVB 通信采用了一块比较独立的集成在主控板上的 MVB 板卡，作用是负责双机重联时两车的信息交换。值得注意的是，MVB 主从设备与重联时的主车/从车没有必然联系。换句话说，只要两台车重联线连接好，无论两车各自的重联开关处于"主车"、"从车"、"本务"的哪一种状态，都可以实现本车和他车的信息交换。

试验证明该网络系统运行可靠性高，总线设备扩展灵活方便，且网络布线结构简单实施容易。

14.4.2 多采样率数据采集和控制软件设计

14.4.2.1 多采样率数据采集

根据各采样数据的重要性不同，将机车运行参数进行分类采集。

不同的采样频率涉及不同的传感器和不同的处理芯片等硬件，另外还应考虑通过网络传输这些数据时的延时和效率，以求得最好的控制效果和更高的性价比。

司机指令信号，包括方向、级位等行车信号，是最重要的运行信息，应以固定速度快速刷新。由于采集司机指令的信号是由逻辑信号采集板进行采集转换发送到 CAN 网上，为了保证发送的效率和可靠性，每块逻辑信号采集板在逻辑上分为两个 CAN 节点，且每个节点每帧数据中只包含两个字节。

主要设备信息，牵引电机电压电流的采样，电网电压电流的采样速度也应很快。其中，电网电压电流是由主控板直接采集，而电机电压电流是由Ⅰ、Ⅱ端高压室内的电机电压电流采集板通过 CAN 网络传输过来的。这些参数关系到机车能否正常运行，要保证通信可靠，而且在采样出现故障时不会影响整个 CAN 网络的正常通信。

各辅机设备信息可以在以后的辅机交流化应用中进行扩展采集。它们的采样速率可适当减慢。

14.4.2.2　机车运行智能化控制

原有的司机操作器没有程控功能，即使是在司机出现操作失误的情况下，也只能机械地执行司机的指令。

而现在的司机控制器加入程控环节后，在严格执行司机指令的同时，还可以根据机车设备的参数变化或各种工况变化进行调整而输出恰当的驱动信号，控制电控接触器的抬落，使机车更好地运行，且最大限度地保护机车设备不受损坏。

（1）牵引级位增加时引入延时环节。为了在机车运行过程中最大限度地保护电机不受损害，在主控程序中设定，当司机操作机车级位升高时，级位逐级增加至目标级位，且每一级位应停留足够延时时间。此举用于保证电机在所串电阻阻值突变时，受到的冲击尽可能较小。

（2）牵引级位下降时引入控制环节。为了在机车运行过程中最大限度地保护电机不受损害，在主控程序中设定，当司机操作机车级位下降时，并不是直接降至目标级位。当司机操作电机由并联运行直接转换为串联运行时，程序控制会在并联第 1 级延时后再降至目标级位，此举用于保证电机在所串电阻阻值突变时，受到的冲击尽可能较小。

（3）电机电流和电网电压的限制环节。在机车运行过程中，可能会由于某种原因导致电网电压偏高或者电机电流偏大，为此在程序中设定：当司机操作机车级位升高时，如果电网电压过高，则控制机车级位保持不变，等电网电压恢复正常时自动执行指令；当司机操作机车级位升高时，如果电机电流过高，则根据表 14-2 进行处理。

表 14-2　根据电机电流自动控制牵引级位（修改后）

升级限制			自动降级设置		
260A 以下	260~350A	350A 以上	350~380A	380~400A	400A 以上
升级时间与电机电流无关	升级时间为原固定时间加上与电流成正比的调整时间（电流越大升级间隔越长）	禁止升级	运行 10min 后自动降级	运行 5min 后自动降级	运行 1s 后自动降级

注：目前，按照表 14-2 数据对电机进行保护，具体参数可以根据今后的实际运行情况加以修正。

14.4.3　系统各部分功能软件设计

重联系统各部分功能软件主要由逻辑信号采集、电机电压电流采集、电网电压电流采集、主控、显示屏显示五大部分组成。

14.4.3.1 逻辑信号采集

逻辑信号采集是在逻辑信号采集板上完成的，逻辑信号采集板用于采集司机手柄的方向和档位信号、弓信号和重联状态信号，并通过 CAN 总线将这些信号数据传递给主控板。

每台机车上都有 4 块，分别是 I 端 1 号、2 号和 II 端 1 号、2 号，根据通信协议每块板子有不同的通信地址，具体由板子后面的拨码开关来确定端号和板号。由于司机只可能在其中一端开车，因此每次只有其中一端采集到有效信号，而每端的两块板子分别采集不同的两个字节。

逻辑信号采集板采用的核心芯片为 TMS320F2812 型 DSP 芯片，它集成了 A/D、CAN 等模块，且处理速度很快。图 14-13 为逻辑信号采集板的程序框图。

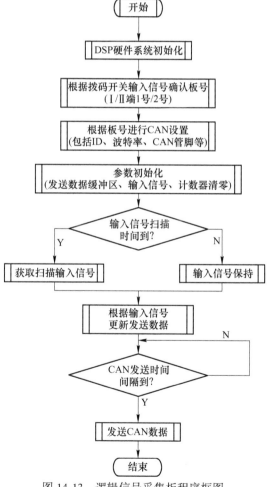

图 14-13　逻辑信号采集板程序框图

14.4.3.2　电机电压电流采集

电机电压电流采集在电机电压电流采集板上完成，电机电压电流采集板用于采集机车上 6 台电机的电压和电流，并通过 CAN 总线传递给主控板。每台机车上有 2 块，分别在 I 端和 II 端高压室。

电机电压电流采集板的核心芯片采用 C8051F040 型单片机，它同样集成了 A/D、CAN 等模块。其程序框图见图 14-14。

14.4.3.3　电网电压电流采集

电网电压电流采集是在主控板上完成的。其软件设计与电机电压电流采集板类似。只不过其采集到的数据是主控板直接采集的电网电压传感器和电网电流（机车总电流）。

14.4.3.4　主控板

重联系统的核心是控制器电子柜中的主控板。主控板功能有：

（1）负责处理接收并解读从本车 CAN 总线上传送过来的司控器的方向级位信号，以及重联信号、弓信号、电机电压电流等信息。

（2）同时要对电网电压、电网电流、机车速度进行检测。

（3）在重联时还要将本车的数据通过 MVB 网络与他车进行数据交换。

（4）根据所有的这些信息，智能地决定机车的行车信号，通过输出端口输出，形成电控接触器的驱动信号。

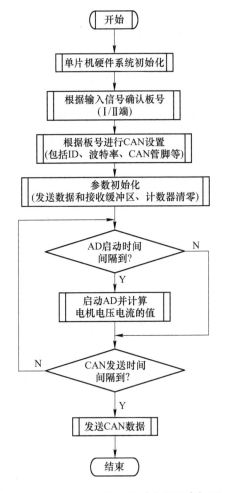

图 14-14　电机电压电流采集板程序框图

主控板的核心芯片采用 TMS320F2812 型 DSP 芯片，MVB 板卡采用北车集团大连电力牵引研发中心研制的专门用于机车重联的 YN114AS1 型 MVB 通信板卡。主控板主程序框图见图 14-15。

通过电控接触器驱动板最终驱动机车上的电控接触器，使机车在司机的控制下运行。由于主控板软件的智能控制，使机车无论是单机，还是重联状态下，都

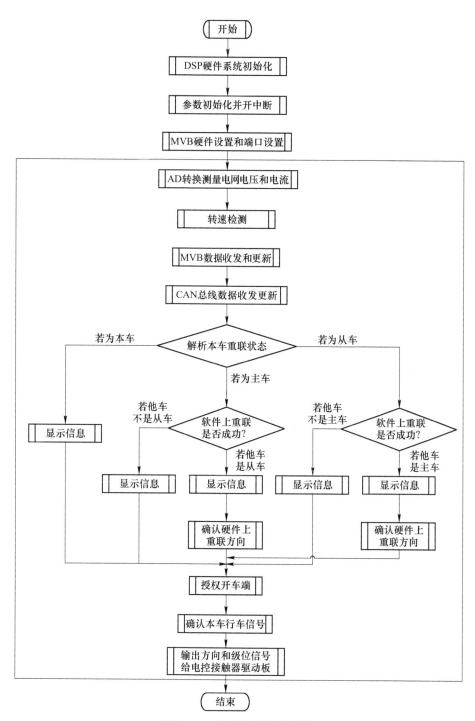

图 14-15　主控板主程序框图

得以安全、可靠、正常地运行，且能使机车在整个运行过程中处于最佳工作状态。

14.5　重联系统试验方案

14.5.1　试验方案确定

从 2006 年 6~11 月，分别在朱矿 371 号和 341 号电机车上进行了单机运行试验。试验结果完全符合预想要求，令人满意。结果表明：双机重联系统对单机改造工作已圆满完成，系统在单机上运行准确无误。

2006 年 11 月 22 日，由矿业公司科技处、机动处、朱矿有关人员和西南交通大学 150t 电机车双机电气重联项目组在朱矿二楼会议室召开了一次双机重联试验协调会，经充分讨论后制定了"双机重联试验方案"。

试验的目的在于考察 150t 电机车双机重联的可靠性，稳定性和适应性，为 150t 电机车双机重联投入生产运行提供技术支持。

14.5.2　试验阶段确定

试验分为五个阶段，每一试验阶段完成后，试验小组对该试验阶段进行小结和评价，决定是否进入下一阶段试验，以及调整下一阶段的试验任务，制定具体实施办法等，直至完成整个重联试验。

（1）第一阶段：双机静态重联试验。

试验内容：机车之间 MVB 通信，检查两车接触器抬落一致性。

试验方法：双机重联后，在每台机车只接通 DC110V 控制电源，DC1500V 主电路断电条件下进行。试验时，分别从主车从车的相同级位电控阀驱动板上引出 DC110V 信号线，用双踪示波器观察这两根线获得 110V 的时间差，从而获得从主车传经 MVB 总线传到从车最后执行的动作延迟时间。通过调整电机车的通信时间，使两台重联车之间的电气动作时间差在 500ms 内。

（2）第二阶段：双机重联空载试验。

试验内容：机车间通信正常后，上正线进行重联空载试验，记录两车的输入电压电流、级位信号和电机电压电流等参数。记录两台车的网压、机车总电流和各电机电压电流，分析两车之间输入功率差。

测试数据由车载电压电流传感器和数据采集记录器记录，试验数据经转储后由地面分析软件进行分析整理。

（3）第三阶段：双机重联平段和小坡道负载试验。

试验内容：空载试验正常后，上正线进行负载试验，记录两车的输入电压电流、级位信号和电机电压电流等参数。

试验方法：分别用371号和341号作头车，进行牵引负荷试验，排除由于机车本身的特性差异以及机车牵引位置差异引起的轴重转移对试验结果的影响。记录两台车的网压、机车总电流和各电机电压电流，分析两车之间输入功率差。在指定地点正常往返数趟，试验小组对本试验阶段进行总结和评价，决定是否进入下一阶段试验。

测试数据由车载电压电流传感器和数据采集记录器记录，试验数据经转储后由地面分析软件进行分析整理。

（4）第四阶段：双机重联陡坡运行试验。

试验内容：负载试验正常后，上坡道线进行试验，详细记录两车的输入电压电流、级位信号和电机电压电流等参数。首先在1285m水平陡坡线上进行试验，试验包括冲坡试验、坡停起步，分别用双机重联进行牵引和推进试验。待1285m水平陡坡线试验完成后，再到7号陡坡线进行相同内容试验。

试验方法：分别用371号和341号作头车，进行牵引负荷试验，排除由于机车本身的特性差异以及机车牵引位置差异引起的轴重转移对试验结果的影响。检测在不同坡度机车启动时两车的电机功率差。在指定地点正常往返数趟后，试验小组对本试验阶段进行总结和评价，决定是否进入下一阶段试验。

测试数据由车载电压电流传感器和数据采集记录器记录，试验数据经转储后由地面分析软件进行分析整理。

（5）第五阶段：双机重联全程生产运行试验。

试验内容：在以上4个阶段性试验全部完成后，在朱矿所有线路上按正常生产方式进行编组运行试验。

测试数据由车载电压电流传感器和数据采集记录器记录，试验数据经转储后由地面分析软件进行分析整理。

14.6 重联试验结果分析

14.6.1 阶段试验结果分析

按照2006年11月22日双机重联试验组协调会制定的"150t电机车双机重联工业试验计划"，从2006年11月24日开始，试验小组进行了双机重联五个阶段试验，分别为第一阶段双机静态重联试验、第二阶段双机重联空载试验、第三阶段双机重联平段和小坡道负载试验、第四阶段双机重联陡坡运行试验、第五阶段双机重联全程生产运行试验。

14.6.1.1 双机静态重联试验

试验时，分别从主车从车的相同级位电控阀驱动板上引出DC110V信号线，用双踪示波器观察这两根线获得110V的时间差，从而获得从主车传经MVB总线传到从车最后执行的动作延迟时间。

图 14-16 中，1 号波形为主车 371 号车的电控接触器驱动信号（对应线号 7-01），2 号从车波形为从车 341 号车电控阀驱动信号（对应线号 7-02）。波形上升沿表示方向手柄离开零位时电控接触器驱动信号的输出，下降沿表示方向手柄回到零位时电控接触器驱动信号的输出。从图 14-16 中可以看出，两个电控接触器驱动信号的时间差为 32ms。

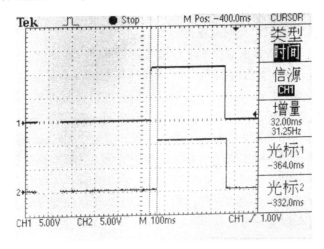

图 14-16　方向信号电控接触器驱动信号

图 14-17 为调速手柄从 4 到 5 档，1 号波形为主车 371 号车的电控阀驱动信号（对应线号 7-13），2 号波形为从车 341 号车电控阀驱动信号（对应线号 7-13）。从图 14-17 中看出，两信号之间相隔时间为 28ms。

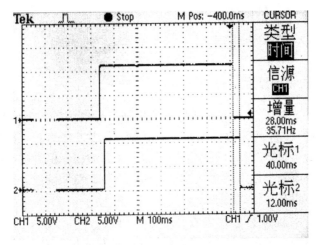

图 14-17　级位信号电控接触器驱动信号

双机静态重联时两车方向信号、级位信号以及电控接触器抬落情况均正常可靠，重联后两机车电气控制信号输出时间差不超过50ms，完全满足行车要求。

14.6.1.2 双机重联空载试验

双机重联时两车方向信号、级位信号以及电控接触器抬落情况均正常可靠，两车运行情况良好。

14.6.1.3 双机重联平段和小坡道负载试验

图14-18~图14-21为双机重联从矿山站经平道及小坡道到达1315站之间的

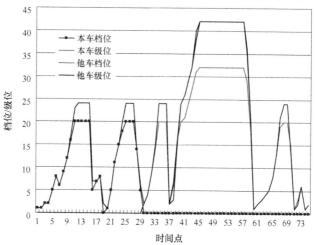

图14-18 本车及他车的档位和级位图

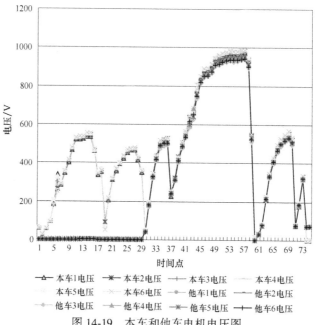

图14-19 本车和他车电机电压图

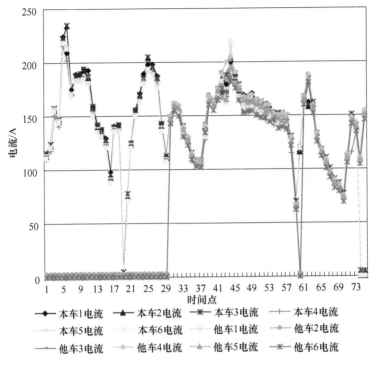

图 14-20   本车和他车电机电流图

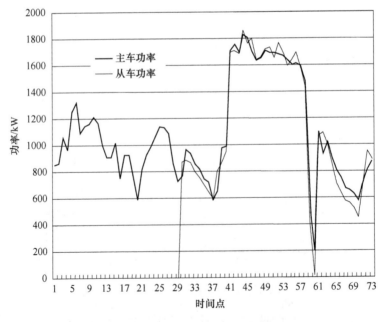

图 14-21   主车和从车输入功率图

过程中所获取的试验数据波形。其中，分别为前 31 个采样点，为 371 号车本务状态下拖挂 341 号车运行，后 31 个采样点为 341 号车作为主车，371 号车作为从车两车进行了双机重联运行。

从图 14-18 可以看出，双机重联运行时从车的级位与主车的级位几乎重合，说明两车动作基本一致。而从图 14-19、图 14-20 中可以看出，在整个运行过程中两车共 12 台牵引电机的电压和电流的数值基本一致且随着级位变化而变化的趋势也很一致，说明两车在运行过程中的工况基本相同。而从图 14-21 可以看出，两车在重联运行时的输入功率变化趋势和数值也基本相同，说明两车在运行时基本上平均负担负载运行。

总之，双机重联可以在平段或小坡道牵引、坡停起步及电阻制动情况下正常工作，能够准确停车，且不跨压信号区段。

14.6.1.4 双机重联陡坡运行试验

双机重联的优点突出的表现在爬坡能力强，因此陡坡运行试验进行了多次。

图 14-22~图 14-25 为双机重联在 1285m 陡坡线上运行时，两车的实验数据波形。

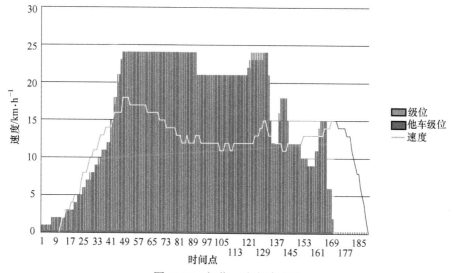

图 14-22 级位、速度关系图

图 14-22 中表示的是主车（341 号车）级位，从车（371 号车）级位和机车速度的关系。爬坡过程中，速度随级位的升高而不断增大，随级位下降不断减小，在 24 级串联到位时达到最大速度 17km/h。

图 14-23 表示的 11 条曲线分别代表主车（341 号车）1~6 号电机电压和从车（371 号车）1~6 号电机电压。从图 14-23 中可看出，这些曲线变化的趋势一致，并且在爬坡过程中，随级位升高不断增大，随级位下降不断减小。

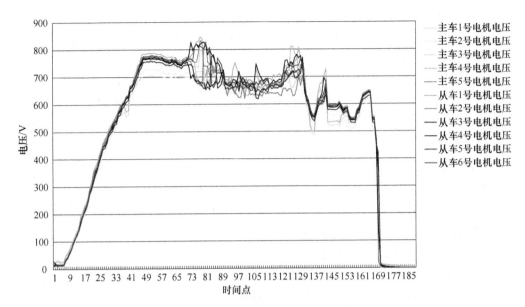

图 14-23　主车和从车电机电压图

图 14-24 表示的 12 条曲线分别代表主车（341 号车）1~6 号电机电流和从车（371 号车）1~6 号电机电流。从图 14-24 中可看出，这些曲线变化的趋势一致，并且在爬坡过程中，随级位升高不断增大，随级位下降不断减小。

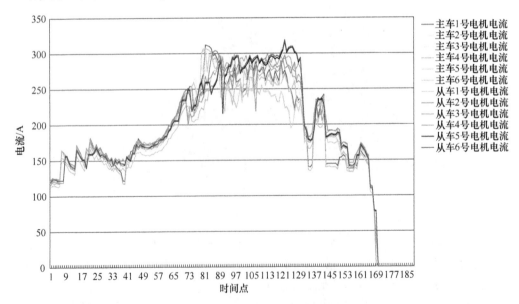

图 14-24　主车和从车电机电流图

图 14-25 中两条曲线分别为主车和从车输入功率随时间变化的曲线。通过分

析数据，计算得到两车的功率差最大为 9.89%，平均功率差 1.13%。

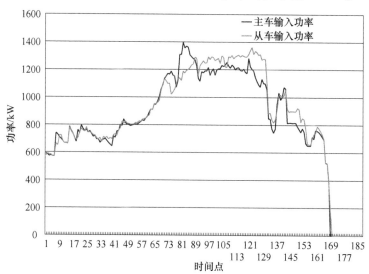

图 14-25　主车和从车输入功率图

双机重联在满载情况下，在串联级位运行，做陡坡试验、陡坡停止起步以及下坡电阻制动试验，都能正常可靠地完成。

另外，因为 150t 电机车的牵引电机允许电机电流 450A 时运行 30s。在陡坡试验过程中，重联电机车均可以在电机电流在 300A 左右时顺利起步，因此电机车的爬坡能力还有富余。

14.6.1.5　双机重联全程生产运行试验

在 2006 年 11 月 29 日完成前面 4 个阶段性试验后，对试验中遇到的现场运行状况研究分析，同时充分考虑司乘人员的经验和操作习惯等因素，经过广泛征求意见最终讨论形成《150t 电机车双机重联改进意见》。

2006 年 12 月~2007 年 3 月，双机重联作为生产运行车辆进行工作。根据《150t 电机车双机重联改进意见》，在 2007 年 3~4 月间对双机重联控制系统进行了部分改进（详见 14.6.2）。改进完成后，重联的两车作为生产车辆继续进行全程生产运行试验。经过生产运行几个月，证明改进后的双机重联控制系统可靠性更高、更加符合司机操作习惯，全程生产运行都能很好满足。

14.6.2　双机重联改进

根据《150t 电机车双机重联改进意见》，在 2007 年上半年对现有的双机重联控制系统进行了部分改进。

14.6.2.1　司机操作器档位从 16 档增加至 32 档

（1）原有 16 档司机操作器。因双机重联司机控制器是选用现有国铁常用的标准司机控制器，该类司机控制器最多只有 16 个档位，要和原有 150t 电机车的 41 级进行对应，通过单机车运行试验，档位和级位的对应关系见表 14-3、表 14-4。

表 14-3   原有档位级位对应表（牵引）

档位（16 档）	级位（41 级、过渡级）
0	0
1	1
2	2
3	3
4	4
5	5，6
6	7，8，9
7	10，11，12
8	13，14，15，16
9	17，18，19，20
10	21，22，23，24（串联到位）
11	过渡级，25
12	26，27，28，29
13	30，31，32
14	33，34，35
15	36，37，38
16	39，40，41

表 14-4   原有档位级位对应表（制动）

档位（16 档）	级位（41 级、过渡级）
0	0
1	1
2	2
3	3
4	4
5	5
6	6

档位（16 档）	级位（41 级、过渡级）
7	7
8	8，9
9	10，11
10	12，13
11	14，15
12	16，17
13	18，19
14	20，21
15	22，23
16	24

在陡坡停车启动试验中，一般在 6 或 7 级左右才能将机车启动，如果按照表 14-3 中分级方法，此时一个档位对应好几个级位，给司机控制电机空转操作带来不便。

（2）改进后现有司机操作器。为了便于司机操作，通过西安沙尔特宝公司订做，将原 16 档位司机操作器改为现在使用的 SS343B 型 32 档位司机操作器。这样既使得司机操作器与国铁的通用司机操作器保持一致，同时也与司机在原有司机操作器的操作习惯差别不大。

牵引运行时，司机操作器 32 档位与电机 42 级位对应关系见表 14-5。

表 14-5 司机操作器 32 档位与电机 42 级位对应关系（牵引）

	司机操作器（32 档）	原电阻调速级位（41 级）
级位	0	0
	1	1（串联第 1 级）
	2	2
	3	3
	4	4
	5	5
	6	6
	7	7
	8	8
	9	9
	10	10
	11	11

	司机操作器（32 档）	原电阻调速级位（41 级）
	12	12
	13	13
	14	14
	15	15
	16	16、17
	17	18、19
	18	20
	19	21、22
	20	23、24（串联到位）
	21	过渡、25（并联第 1 级）
级位	22	26
	23	27
	24	28
	25	29
	26	30、31
	27	32、33
	28	34
	29	35
	30	36、37
	31	38、39
	32	40、41（并联到位）

在制动运行时，司机操作器 24 级位与电机 24 级位一一对应。

试验证明，32 档的司机操作器相比 16 档的司机操作器，更符合司机操作习惯，尤其在陡坡运行时操作也更简单。

14.6.2.2　高速开关的软件联锁控制

机车在电制情况下必须断开高速开关，按照目前的双机重联方案，司机需要通过鸣笛或对讲机等方式联系才能知道对方的高速开关状态，给司机操作带来不便。

但如果由司机控制器来控制高速开关的开合，可能会由于通信过程中的干扰而使高速开关产生误动作，影响机车可靠运行。

综合考虑两方面的因素，可以通过重联司控器控制高速开关的断开，而高速开关的闭合仍由司机控制较为妥当。

经过试验认证，可以由软件实现高速开关的断开，但是由于被改造的两机车高速开关的接线方式不统一，因此在双机重联中没有采取高速开关的软件连锁控制方式，仍然维持原有方式。

14.6.2.3　CAN网络和MVB网络规整和改进

为了提高双机重联控制系统通信可靠性，2007年4月对341号车和371号车进行了CAN网络和MVB网络的重新布线。同时，将司控器电子柜中主控板的处理芯片由Cygnal公司的C8051F040单片机改为目前使用的TI公司的TMS320F2812型DSP芯片。

经试验证明，改进后的网络通信更加可靠，同时经过软件程序进一步改进，双机重联时的接线方式也更加灵活。即由原来两车固定两连接点MVB线连接，改造为目前两车两端MVB线连接点任意连接的方式。

14.7　结论

通过一系列的试验证明，150t双机重联项目是成功的。我们从中得出以下结论：

（1）在露天矿广泛使用的150t工矿电机车，当线路坡度大于30‰时，机车会因牵引动力不足而出现爬坡困难等严重问题。本项目通过对150t工矿电机车的司机控制器和列车网络的改造，实现了150t电机车双机重联，从而有效地解决了这一问题。牵引力能满足现有12个拖车编组的陡坡运输能力需求；双机电气重联后的运行坡度上限可以突破60‰。为采场设计和延伸铁范围提供很好的技术支持；现有电机车可以得到充分利用，线路、使用和维修体系不需大幅调整。陡坡运输完成后的重新编组也较简单。

（2）双机重联控制系统车辆间采用MVB通信，车辆内部采用CAN通信。试验证明，这种数据传输方式，既保证了数据传输的通畅，又保证了数据传输的可靠、安全；双机通过MVB通信方式重联时，接线方式灵活，且主车与从车司机指令时间间隔很小，在50ms内，完全满足行车要求；机车内部采用CAN通信方式，可以灵活地扩展新的设备如辅助系统等。重联系统由屏蔽双绞线组建CAN网和MVB网，进一步提高了网络总线的抗干扰能力，使得重联系统工作更稳定，满足工业应用的要求。

（3）采用新研制的S343B型司机操作器，不仅满足了控制系统指令采集的要求，同时使得司机操作器与国铁的通用司机操作器基本保持一致，与司机在原有司机操作器的操作习惯差别不大；采用分离的LEM电压传感器检测牵引电机的电枢电压，保证了对列车运行状态数据的准确掌握；电控接触器的驱动采用了MOSFET构成无触点驱动电路，在驱动板上专门设计了保护电路，使得电控接触器驱动电路具有短路自动保护功能和自动恢复正常功能，增强了系统的保护能力；采用触摸式液晶显示屏，人性化的设计给司机操作提供依据和参考，使操作更方便；同时，重联系统实时、完整地记录机车运行数据。为机车状态分析、故障查询、维修保养等，都提供了极大的方便。

（4）双机重联在电制动状态时，主从车高速开关断开动作联动，避免电制动时从车高速开关未断开引起的设备损坏情况的发生，进一步保障重联系统的安全性。

（5）采用多采样率控制系统的方法实现双机重联控制系统，针对不同的信号，不同的传感器和不同的处理芯片等硬件，及通过网络传输这些数据时的延时和效率，分别采用不同的采样率进行运行参数采集，获得了较好的控制效果和较高的性价比。引入机车智能化控制环节，可在严格执行司机指令的同时，根据机车设备的参数变化或各种工况变化进行调整而输出恰当的驱动信号，控制电控接触器的抬落，使机车更好地运行，且最大限度地保护机车设备不受损坏。

（6）与 224t 电力机车相比，双机重联系统不仅爬坡能力更胜一筹，而且对线路的影响与原系统一样。

第6篇

朱矿深部采场陡坡铁路运输系统

15 朱矿深部陡坡铁路运输系统

15.1 前言

在国家十五攻关项目"陡坡铁路运输系统研究"的工业试验即"224t 电机车牵引 12 辆 60t 重矿车 40‰陡坡线路运行"和"150t 电机车双机牵引 12 辆 60t 重矿车 40‰陡坡线路运行"试验取得成功的基础上，攻关课题组根据"攀钢集团矿业公司朱兰两矿中深部开采规划修改设计"和朱兰矿实际情况，对朱兰采场深部铁路运输系统进行了方案研究，研究内容如下：

内容 1：原设计方案 1242m 水平以下采用不大于 40‰铁路坡度运输，200t 电机车牵引 9 辆 60t 重矿车运行，新设计方案为 224t 电机车牵引 12 辆 60t 重矿车运行及局部地段采用 150t 电机车双机牵引 12 辆 60t 重矿车运行，采场内所有运输线路系统仍按原设计方案运行，线路布置仍按原设计方案线路布置。

内容 2：原方案 1242m 水平以下采用不大于 40‰坡度铁路运输，新方案研究根据采场实际情况，线路坡度调整为不大于 50‰坡度，224t 电机车牵引 9 辆 60t 重矿车运行模式。

15.2 陡坡铁路运输系统方案

15.2.1 朱矿中深部开采规划运输系统方案

朱矿采场中深部开拓运输系统由采场铁路运输系统，公路运输系统及转载设施三部分组成。

（1）铁路运输系统。朱家包包采场铁路干线采用单、多水平折返组合向半螺旋折返过渡的混合布线方式，铁路下降延伸最低标高为 1135m，水平直采线采用单侧进线方式，1285m 水平以上采场西侧进线，1270m 水平以下，1258m、1242m 水平，由 1267m 站东侧进线，1226m 水平由 1267m 站东侧进线，直采上盘 1226m 水平矿岩量。同时，1226m 水平铁路线向下延伸至上盘 1210m 站，直采 1210m 水平矿岩量。1226m、1150m 振动放矿的装载从下盘 1210m 站和 1135m 站接线，装载线轨面标高为 1210m 和 1135m。上盘 1210m 站铁路线向东端帮折返至 1195m 信号所，由 1195m 信号所向东延伸至矿体上盘 1195m 水平，直采 1195m 水平矿岩量，铁路线由 1195m 信号所沿东端帮折返至 1180m 水平上盘。

1195m 信号所沿下盘向西折返延伸至 1165m 站，铁路线由 1165m 站经下盘向东端帮折返至上盘 1165m 水平。1165m 站引铁路线沿下盘向东端帮延伸至 1150m 站，1150m 站引铁路线向东端帮延伸至上盘 1150m 水平。1150m 站沿下盘向西延伸至 1135m 水平振动放矿装载平台。采场铁路线最低标高为 1135m 水平，采场内爬坡最长的线路段是 1267m 站至上盘 1210m 站，全长 1547.27m，高差 57m，平均坡度 36.84‰。爬坡较长的线路段是 1195m 信号所至 1165m 站，全长 802m，平均坡度 37.46‰，其余爬坡线路段最长不超过 500m，平均坡度不超过 40‰。

（2）公路运输系统。朱家包包采场道路系统采用了螺旋——迂回混合布线方式。线路由 1330m 出入口向东沿下盘边帮绕过东端帮进入上盘，经两次回返下降至营徐采场西端帮 1150m 标高后，又经一次回返，再沿营徐采场露天底降至朱家包包采场 1030m 露天底。该道路系统为采场深部 SD-2 号干线道路，朱家包包采场道路运输系统有两条支线，从干线 SD-2 号道路的 1210m、1135m 标高处分别与 1226m 振动放矿，1150m 振动放矿倒装相通。

（3）转载设施。朱矿的倒装形式和倒装设施较多，并且其服务时间也各不相同。为了减少采场内汽车运行距离及兼顾营徐采场下部水平矿岩运输，朱家包包采场采用分段振动放矿倒装方式。在现有 1290m 倒装矿仓的下部固定静止设置了 1226m、1150m 两处振动放矿倒装，卸载平台标高分别为 1226m、1150m，装车线轨面标高分别为 1210m 和 1135m。

15.2.2　采场运输设备

设备选择考虑因素：充分利用现有运输设备和维修设施，逐步更新，有条件时尽量延缓大型设备更换周期。

立足国产设备，运用技术先进，生产可靠，兼顾现在和深部采场生产条件的新型运输设备。

设备选择朱兰采场上部采用 150t 电机车牵引 60t 矿车运行，下部采用 224t 电机车牵引 60t 矿车运行。

15.3　朱矿深部采场陡坡铁路优化新运输方案

15.3.1　优化新运输方案

在原运输方案采场上部（朱家包包铁矿 1258m 水平以上）选择 150t 电机车牵引 12 辆 60t 重矿车，1242m 水平及以下朱家包包采场深部采用 200t 电机车牵引 9 辆 60t 重矿车运行，线路坡度设计不大于 40‰基础上；根据陡坡铁路试验线路（1300m 水平~1285m 水平，40‰坡度），224t 电机车牵引 12 辆 60t 重矿车试验运行及 150t 电机车双机牵引 12 辆 60t 重矿车试验运行成功的基础上，优化新运输陡坡铁路运输方案。

优化方案一：

采场运输线路、运输系统同原设计方案。运输设备如下：采场上部（朱家包包铁矿 1258m 水平以上）选择 150t 电机车牵引 12 辆 60t 重矿车，1246m 水平及以下采场深部采用 224t 电机车牵引 12 辆 60t 重矿车及局部地段采用 150t 电机车双机牵引 10 辆 60t 重矿车研究新方案。由于单台 224t 电机车牵引 12 辆 60t 重矿车比单台 200t 电机车牵引 9 辆 60t 重矿车运输能力大，在满足采场运输能力的基础上，可以减少 224t 电机车设备的需求台数。同样，局部地段采用 150t 电机车双机牵引 12 辆 60t 重矿车能在陡坡上运行，可以充分利用原有的 150t 电机车，能增大采场深部的运输能力，也可减少 224t 电机车设备的购置台数。这样，在生产过程中，可减少 224t 电机车的设备投资。具体计算过程见第四部分：224t 电机车牵引 12 辆 60t 重矿车及 150t 电机车双机牵引 12 辆 60t 重矿车运输能力验算。

优化方案二：

采场上部（朱家包包铁矿 1258m 水平以上）选择 150t 电机车牵引 12 辆 60t 重矿车，1242m 水平及以下采场深部铁路采用不大于 50‰坡度设计，由于 224t 电机车牵引 9 辆 60t 重矿车由于铁路采用了 50‰坡度。因此，采场深部运输线路总长度比原方案短，能减少电机车往返运输距离和时间，可以减少运输费用。具体计算过程见第五部分：224t 电机车牵引 9 辆 60t 重矿车在 50‰铁路坡度上运行运输能力验算及运输费用的计算。

15.3.2 新方案铁路主要技术标准

（1）线路等级：固定干线，Ⅱ级；移动线。

（2）设计速度：固定线、40km/h；移动线 15km/h。

（3）最小平曲线半径：固定线一般取 180m，困难取 150m；采场移动线一般取 120m，困难取 100m。

（4）站线长度：有调车作业 300m；无调车作业 200m；采场土场入换站 150m。

（5）区间线间距：4.3m（直线）。

（6）运输平台宽度：

单线：7.5m；

双线：12.5m；

三线：17.5m。

（7）列车组成：

150t 电机车牵引 12 辆 60t 重矿车（采场上部 1258m 水平及以上）；

224t 电机车牵引 12 辆 60t 重矿车 (采场深部, 1242m 水平及以下, 采用 40‰铁路坡度);

224t 电机车牵引 9 辆 60t 重矿车 (采场深部, 1242m 水平及以下, 采用 50‰铁路坡度);

150t 电机车双机牵引 12 辆 60t 重矿车 (采场深部, 1242m 水平及以下, 采用 40‰铁路坡度)。

(8) 站场有效长度:

150t 电机车牵引 12 辆 60t 矿车: 200m;

224t 电机车牵引 12 辆 60t 矿车: 200m;

150t 电机车双机牵引 12 辆 60t 矿车: 200m。

(9) 最大纵坡:

224t 电机车: 50‰;

150t 电机车单机牵引: 29.5‰;

150t 电机车双机牵引: 40‰;

干线总岔段: 15‰;

装卸线: 10‰。

(10) 最小坡段长: 不小于一个列车长;

(11) 最小竖曲线半径: 一般 3000m, 困难 2000m;

(12) 路基宽度:

单线: Ⅰ级: 路堤 5.3m, 路堑 5.1m;
　　　Ⅱ级: 路堤 5.1m, 路堑 4.9m;
　　　Ⅲ级: 移动线路堤 4.7m, 路堑 4.7m。

双线: Ⅰ级: 路堤 9.6m, 路堑 9.4m;
　　　Ⅱ级: 路堤 9.4m, 路堑 9.2m;
　　　Ⅲ级: 路堤 9.0m, 路堑 9.0m。

(13) 道岔: 工业用 9 号道岔。

15.3.3　新方案铁路运输设备主要计算参数

铁路运输设备主要计算参数见表 15-1。

表 15-1　铁路运输设备主要计算参数

序号	类别　　　名称	矿石	岩石
1	年工作天数/d	330	350
2	天工作班数/班	3	3
3	班工作小时数/h	8	8

序号	类别 名　称		矿　石		岩　石	
4	工作时间利用系数		0.8		0.85	
5	100t 矿车装载量/t·列⁻¹		1000		900	
6	60t 矿车装载量/t·列⁻¹		540		486	
7	列车平均运行速度/km·h⁻¹	区间		<1km，1~2km，>2km		
		进站	15	采场移动线		15
		出站	17	土场移动线		12
8	运输不均衡系数		1.05		1.05	
9	电铲装 60t 矿车时间/min·列⁻¹	54	9 辆	49.5	9 辆	
		72	12 辆	66	12 辆	
10	矿仓（溜井或振动放矿）装 100t 矿车时间/min·列⁻¹	15.3	9 辆	15.3	9 辆	
		20.4	12 辆	20.4	12 辆	
11	矿仓（溜井或振动放矿）装 100t 矿车时间/min·列⁻¹	20	10 辆	20	10 辆	
12	破碎站卸 100t 矿车时间/min·列⁻¹		10（10 辆）			
13	破碎站卸 60t 矿车时间/min·列⁻¹		13.5（9 辆）			
14	土场卸 60t 矿车时间/min·列⁻¹		18（9 辆）			
15	各站接发车时间/min·站⁻¹		5			
16	列检时间/min·次⁻¹		5			
17	入换时间/min·次⁻¹		15			
18	机车车辆检修系数/%		15			

15.4　陡坡铁路运输系统能力验算

线路布局及运输条件不变的情况下，采用 224t 电机车牵引 12 辆 60t 重矿车运行，需要 224t 电机车台数计算，计算过程如下：

本次选出有代表性的第 16 年，计算过程如下：根据朱兰采场采剥计划，第 16 年列车装载量主要有以下几部分组成，1226m 倒装站振动放矿运输量，1226m 倒装站振动放岩运输量，1195m 水平铁路直采矿石运输量，1195m 水平铁路直采岩石运输量，1210m 水平铁路直采矿、岩石运输量。现将各运输量需 224t 电机车的列数计算过程如下：

（1）1226m 倒装站振动放矿，224t 电机车牵引 12 辆 60t 重矿车装矿运至破碎站所需列车列数计算：

$$T_周 = t_走 + t_装 + t_卸 + t_站 + t_待$$

式中　$t_走$——走行时间；

$t_装$——装车时间；

$t_卸$——卸车时间；

$t_站$——站台入换时间；

$t_待$——入换等待时间。

经过统计和计算：列车从 1267 站发车至选矿厂破碎站，包括卸矿时间来回合计为 50min，列车从 1210m 倒装站至 1267m 站需运行约 15min，来回 30min，列车车站入换时间 5min，等待时间 15min，12 节 60t 矿车装矿时间 20.4min。

$$T_周 = 50 + 30 + 20.4 + 5 + 5 + 15 + 10 = 136(\text{min})$$

单列车平均每天运行次数和运矿量：

运矿次数：$\qquad N_1 = 1440 \times k_1/(T_周 \times k_2)$

式中　k_1——时间利用系数，取 0.8；

　　　k_2——运输不均衡系数，取 1.05。

$$N_1 = 1440 \times 0.8/(136 \times 1.05) = 8(\text{次})$$

运送矿量：$\qquad q_1 = 12 \times 60 \times 8 = 5760(\text{t/d})$

1226m 振动倒装运矿需要的列车列数：

$$N_1' = Q_1/(q_1 \times t)$$

式中　Q_1——年运矿量，$Q_1 = 430.84$ 万吨；

　　　q_1——单列车每天运送矿量；

　　　t——年工作时间 330 天。

$$N_1' = 430.84 \times 10^4/(5760 \times 330) = 2.5(\text{列})$$

（2）1226m 倒装站振动放岩，224t 电机车牵引 12 辆 60t 重矿车装岩运至排土场所需列车列数计算：

$$T_周 = t_走 + t_装 + t_卸 + t_站 + t_待$$

经过统计和计算，列车从 1277m 站发车至排土场，包括卸岩时间，平均来回合计为 45min，列车从 1210m 倒装站至 1267m 站需运行约 19min，来回 38min，列车车站入换时间 5min，等待时间 15min，10 辆 60t 矿车振动装岩时间 20.4min。

$$T_周 = 45 + 38 + 20.4 + 5 + 5 + 5 + 15 + 10 = 139(\text{min})$$

单列车平均每天运岩次数和运岩量：

运岩次数：$\qquad N_2 = 1440 \times k_1/(T_周 \times k_2)$

式中　k_1——时间利用系数，取 0.8；

　　　k_2——运输不均衡系数，取 1.05。

$$N_2 = 1440 \times 0.8/(139 \times 1.05) = 7(\text{次})$$

运送岩量：$q_2 = 12 \times 60 \times 8 \times 0.9 = 5184(\text{t/d})$，装满系数取 0.9。

1226m 振动倒装运岩需要的列车次数：

$$N_2' = Q_3/(q_2 \times t) = 271.65 \times 10^4/(5184 \times 350) = 1.5(\text{列})$$

（3）1195m 铁路直采矿石需要的列车列数计算：

列车从 1195m 水平移动线装车至 1267m 站需 30min，来回需 60min。

$$T_周 = t_走 + t_装 + t_卸 + t_站 + t_待$$
$$= 50 + 60 + 72 + 5 + 5 + 15 + 10 = 220(\text{min})$$

单列车平均每天运矿次数和运矿量：

运矿次数：

$$N_3 = 1440 \times k_1 / (T_周 \times k_2)$$

式中　k_1——时间利用系数，取 0.85；

　　　k_2——运输不均衡系数，取 1.05。

$$N_3 = 1440 \times 0.85 / (220 \times 1.05) = 5(次)$$

运矿量：

$$q_3 = 5 \times 12 \times 60 = 3600(t/d)$$

1195m 水平直采装矿需要的列车列数：

$$N_3' = 20 \times 10^4 / (3600 \times 330) = 0.5(列)$$

同理计算 1195m 水平直采装岩需要的列车列数，每列车装岩运行时间与装矿运行时间相同，每天装岩运行次数与装矿运行次数相等均为 5 次，每天运岩量：

$$q'' = 5 \times 12 \times 60 \times 0.9 = 3240(t/d)$$

装满系数取 0.9。

装岩需要的列车列数：

$$N_3'' = 150 \times 10^4 / (3240 \times 350) = 1.5(列)$$

（4）1210m 铁路直采（矿岩合计）需要列车列数计算：

列车从 1210m 水平移动线装车至 1267m 站需 15min，来回需 30min。

$$T_周 = t_走 + t_装 + t_卸 + t_站 + t_待$$
$$= 45 + 30 + 72 + 5 + 5 + 15 + 10 = 182(min)$$

单列车平均每天运矿岩次数和运矿岩量：

运矿岩次数：

$$N_4 = 1440 \times k_1 / (T_周 \times k_2) = 1440 \times 0.8 / (182 \times 1.05) = 6(次)$$

运矿岩量：

$$q_4 = 12 \times 60 \times 6 \times 0.9 = 3888(t)$$

装矿岩需要列车列数：

$$N_4 = 140 \times 10^4 / (3888 \times 350) = 1(列)$$

合计：（1）+（2）+（3）+（4）= $N_1' + N_2' + N_3' + N_4'$ = 2.5+1.5+0.5+1.5+1 = 7（列）

同样可计算第 10 年~20 年所需 224t 电机车台数，与原方案比较见表 15-2。

表 15-2　朱矿深部运输设备 224t 电机车与 200t 电机车需求量比较

年份　　项目	10	11	12	13	14	15	16	17	18	19	20
原方案 200t 电机车需求量/台	7	7	7	7	7	8	8	8	8	8	8
新方案 224t 电机车需求量/台	6	6	6	6	6	7	7	7	7	7	7

15.4.1　运输机车设备计算

由于朱兰采场一直采用 150t 电机车单机牵引 60t 重矿车运行。因此，150t 电机车数量比较充足，保养和维修经验丰富。本次新方案、设计 1242m 水平以下采场深部陡坡运输局部采用 150t 电机车双机牵引 12 辆 60t 重矿车运行，这样可以减少购置 224t 电机车台数，可充分利用朱兰采场前期生产购置的大量 150t 电机车。

（1）150t 电机车双机牵引 12 辆 60t 重矿车运输能力验算。从 150t 电机车双机牵引 12 辆 60t 重矿车在 40‰坡度上运行试验结果看，150t 电机车双机牵引最主要问题是如何解决双机牵引联动过程的电控问题。试验阶段由于双机联动没有实现电控，因此双机牵引运行过程中同步问题受到限制，造成双机牵引 12 辆 60t 重矿车在 40‰坡度铁路上运行时不能在坡上启动。

由于 150t 电机车双机牵引 12 辆 60t 重矿车在线路各区间运行时间与 220t 电机车牵引 12 辆 60t 重矿车在线路各区间运行时间基本相等、装载量相同，运输能力大致相等。因此，建议列项解决 150t 电机车双机牵引在运行过程中的电动联控技术，使 150t 电机车双机牵引 12 辆 60t 电矿车能在 40‰坡上启动，从而实现 150t 电机车双机牵引 12 辆 60t 重矿车在朱兰深部开采生产过程中，能正常生产运输。

（2）150t 电机车双机牵引 12 辆 60t 重矿车运输节省 224t 电机车购置台数的计算。采场内 1242m 水平以下局部地段采用 150t 电机车双机牵引 12 辆 60t 重矿车至 1267 站，卸下一节 150t 电机车，由一节 150t 电机车牵引至排土场，列车从深部采场运行至 1267 站的时间与从 1267 站运行至排土场列车运行时间基本相等。因此，相当于每 1.5 台 150t 电机车的运输能力相当于 1 台 224t 电机车的运输能力。在现有朱兰采场 150t 电机车结存的情况下，综合考虑采场深部开采时间及 150t 电机车折旧期限为 18 年寿命，平均可节省购置 3~4 台 224t 电机车。

15.4.2　224t 电机车牵引设备经济效益的计算

224t 电机车牵引 12 辆 60t 重矿车比 200t 电机车牵引 12 辆 60t 重矿车可少购 1 台 224t 电机车。同时，深部采场局部地段采用 150t 电机车双机牵引 12 辆 60t 重矿车运行，能节省购置 3~4 台 224t 电机车，共节省 4~5 台 224t 电机车购置，节约费用（4~5）×600＝2400~3000 万元，（单台 224t 电机车购置价 600 万元）。

15.4.3　各区间通过能力及主要车站咽喉通过能力验算

原方案 200t 电机车牵引 9 辆 60t 重矿车各区间通过自动及咽喉通过能力验算见表 15-3 和表 15-4。

表 15-3 各区间通过能力

序号	区间起终点名称 起点	区间起终点名称 终点	区间类型	区间距离/km	有车速度/km·h⁻¹	闭塞时间/min 走行	11	12	13	1	小计	通过能力/对·d⁻¹	通过能力/万吨·年⁻¹
1	上盘1360m站	上盘1345m站	单	1.2	18.00	4.00	1.00		2.00		8.00	126	1967.10
2	上盘1345m站	上盘1330m站	单	1.1	18.00	3.67	1.00		2.00		7.67	131	2036.74
3	上盘1330m站	上盘1315m站	单	1	16.00	3.75	1.00		2.00		7.75	130	2036.74
4	上盘1315m站	1315m站	单	1.6	18.00	5.33	1.00		2.00		9.33	108	1688.58
5	1267站	1277站	双	1.00	16.00	3.75				1.30	5.05	228	3568.64
6	1277站	1315站	双	1.90	18.00	6.33				1.30	7.63	150	2350.08
7	1315站	1339站	单	1.30	18.00	8.67	1.00		2.00		12.67	79	1235.97
8	1345站	1339站	双	1.00	16.00	3.75				1.30	5.05	228	3568.64
9	1339站	IV排土站	单	1.00	16.00	7.50	1.00		2.00		10.50	96	1497.09
10	1196站	1185破碎站	单	1.00	16.00	7.50	1.00		2.00		10.50	96	1497.09
11	攀枝花会车站	1185破碎站	单	2.90	21.00	16.57	1.00		2.00		19.57	51	1485.00
12	1267矿山站	1252站	单	1.10	18.00	7.33	1.00		2.00		11.33	88	1375.23
13	1252站	东1210站	单	1.42	18.00	9.47	1.00		2.00		13.47	74	1148.93
14	东1210站	西1210站	单	0.82	16.00	6.15	1.00		2.00		10.15	99	1549.31
15	1195线路所	1195线路所	单	0.86	16.00	6.45	1.00		2.00		10.45	96	1497.09
16	1195线路所	上盘1210站	双	0.55	16.00	2.06				1.30	3.36	342	5344.26
17	上盘1210站	1165站	单	1.67	18.00	11.13	1.00		2.00		15.13	66	1044.48
18	1165站	1150站	单	0.86	16.00	6.45	1.00		2.00		10.45	96	1497.09
19	1150站	1135站	单	1.10	18.00	7.33	1.00		2.00		11.33	88	1375.23
20	1267站	上盘1210站	双	2.20	18.00	7.33				1.30	8.63	133	2071.55
21	1252站	上盘1210站	双	2.15	18.00	7.17				1.30	8.47	136	2123.78
22	1267站	1196站	单	3.70	21.00	21.14	1.00		2.00		24.14	41	641.52
23	1267站	废石站	双	2.10	21.00	6.00				1.30	7.30	157	2454.53
24	1277站	攀枝花站	单	5.80	21.00	33.14	1.00		2.00		36.14	27	427.68
25	1267站	1196站	单	3.70	21.00	21.14	1.00		2.00		24.14	41	730.62

表 15-4　主要车站咽喉通过能力

名　　称	实际通过量/万吨·年$^{-1}$	允许通过量/万吨
1267m 矿山站北部咽喉	1850	4000
上盘 1210m 站	1850	1932
下盘 1210m 站	1850	1932

采场内各种倒装设施的能力见表 15-5。

表 15-5　倒装设施能力

名称	种类	实际通过量/万吨·年$^{-1}$	允许通过/万吨·年$^{-1}$	备注
1226m 振动放矿	矿	500	689	
1226m 振动放矿	岩	500	722	
1150m 振动放矿	矿	500	624	
1150m 振动放矿	岩	500	595	

224t 电机车牵引 12 辆 60t 重矿车在铁路各运行区间运行时间与 200t 电机车牵引 9 辆 60t 重矿车在各区间运行时间基本相等，而载荷能力比原设计载荷能力大 1/3，因此新设计采用 224t 电机车牵引 12 辆 60t 重矿车在铁路各运行区间及咽喉通过能力均比原设计能力大。原设计线路及车站均能满足 224t 电机车牵引 12 辆 60t 重矿车运行通过能力的要求。

150t 电机车双机牵引 12 辆 60t 重矿车在各运行区间运行时间与 200t 电机车牵引 9 辆 60t 重矿车在各区间运行的时间基本相等，而载荷能力比原设计能力大，因此新设计局部地段采用 150t 电机车双机牵引 12 辆 60t 重矿车，原设计线路及车站均能满足 150t 电机车双机牵引 12 辆 60t 重矿车运行通过能力要求。

15.5　朱兰深部采场陡坡铁路经济效益分析

15.5.1　铁路坡度运行技术分析

根据国家十五攻关项目"陡坡铁路运输研究的工业试验"即 224t 电机车牵引 12 辆 60t 重矿车 40‰陡坡线路运行成功的基础上。攻关课题组提出 224t 电机车牵引 9 辆 60t 重矿车 50‰坡度线路上运行的可行性。

经过对 224t 电机车牵引、制动、启动、电流、电压、网压等计算，确定 224t 电机车牵引 9 辆 60t 重矿车在 50‰坡度上运行是可行的。具体计算过程如下：

224t 电机车牵引 9 辆 60t 重矿车在 50‰铁路试验线上牵引力的计算：

$$Fq = (P + Q)(W_0 + W_q + i + 10azq) \tag{15-1}$$
$$Q = n(q + q_0)$$

$$W_0 = \frac{W_0' \cdot P + W_0'' Q}{P + Q}$$

式中　F_q ——重车启动时牵引力，kg；

　　　　P ——224t 电机车黏着重量，224t；

　　　　q ——每个矿车的装载重量，t；

　　　　q_0 ——每个矿车的自重，t；

　　　　n ——牵引矿车数量；

　　　　i ——列车启动处理线路坡度，‰；

　　　　W_0 ——列车基本单位运行阻车，kg/t；

　　　　W_q ——启动附加阻力，2kg/t；

　　　　azq ——列车启动加速度，m/s²。

在 40‰陡坡铁路工业试验时，224t 电机车牵引 12 辆重矿车在坡上启动加速度为 0.05m/s²；

$$F_{zy} = (P + Q) \cdot (W_0 + i) \tag{15-2}$$

式中　F_{zy} ——重车运行时所需牵引力，kg；

　　　　其他符号意义同前。

W_0 值的选取，按半固定线，$V = 20$km/h 计。

根据计算出 Q_1 电机车牵引力（F_{zq} 和 F_{zy}），除以电机车的牵引电动机台数（224t 电动机车安装有 8 台 ZQ-400kw），得出每台牵引电动机的牵引力，然后由牵引电动机 $F = f(I_d)$ 特性曲线查得相应电流 I_d，再根据电机车运行状态（即牵引电动机并串联状况，计算出电机车的负荷电流，计算结果为 50‰陡坡铁路运输使用 224t 电机车最大牵引 9 辆 60t 重矿车）。

15.5.2　朱兰深部采场 50‰坡度陡坡铁路方案

采场深部铁路运输时，线路坡度越大，采场下降相同的高度时，铁路延线长度越短。同时，铁路下降至采场各水平，开沟工程量越少，汽车倒装量越小，铁路直采量越大，由于铁路运输成本远小于汽车运输成本，铁路直采量的加大有利于节约运输费用。

建议在 224t 电机车牵引 9 辆 60t 重矿车在 50‰坡度试验成功的基础上，拟对朱兰采场深部铁路运输系统作如下一些调整。

调整内容如下：原方案 1267m 站 ~ 上盘 1210m 站，线路长度为 1547.27m，平均坡度 36.84‰，线路中间连接采场内 1226m 水平，直采 1226m 水平矿岩量；调整后方案为：1267m 水平 ~ 上盘 1210m 站改为 50‰坡度，线路长度缩短为 1247m，比原长度减少 300m，有利于减少列车在大坡度线路上重载连续爬坡的距离，也有利于加大 1226m 水平和 1210m 铁路直采量，减少汽车倒运量。原方案 1210m 信号所至下盘 1252m 站线路总长 1062m，平均坡度 38.61‰；调整后的方案为 1252m 站至 1210m 信号所坡度为 50‰；调整后的线路总长为 820m，列车在 1252m 站至 1210m 信号所之间运行距离减少 200m，在 1252m 上位置不变的情况下，将 1210m 信号所沿下盘向西侧移动 200m，由于 1210m 信号所向西移动，可以减少下盘 1210m 站至 1210m 信号所之间的运行距离，减少的运行距离为 200m，这样可减少列车从 1226m 振动放矿装载站（列车装载水平为 1210m 标高）到 1210m 信号所的运行距离 200m。原方案下盘 1210 站至 1195m 信号所线路长 395m，平均坡度 37.97‰；调整后的方案为平均坡度不大于 50‰，线路长 300m，在下盘 1210m 站位置不变的情况下，1195m 信号所向西侧移动 90m，由于 1195m 信号所西移，可减少通过 1195m 信号所向上运输矿岩的运输距离 90m，同样可减少 1195m 信号所至 1165 站运输距离 90m。1195m 信号所至上盘 1180m 水平采用 50‰坡度，可加大列车直采矿岩量，减少汽车倒运量。原方案 1165m 站至 1150m 站线路长 441m，平均坡度 34‰；调整后的方案为铁路坡度 50‰，1165m 站位置不变的情况下，1150 站沿矿体下盘向西移动 100m，即 1150 站至 1150m 振动放矿铁路装载水平（1135m 标高）运输距离缩短 100m（1150m 振动放矿位置不变的情况下），陡坡线路长度由 420m 缩短至 320m，平均坡度由 35.7‰增大至 47‰。新方案在调整 1150m 及以上水平东端帮运输半径的情况下，再由 1150m 站沿东端帮下降至上盘 1135m 水平，1150m 站至 1135m 水平移动线运输半径取 100m，线路坡度取 50‰，直采 1135m 水平矿岩量，增大铁路直采量 380 万吨，其中矿石 140 万吨，岩石 240 万吨，减少汽车倒运量 380 万吨。列车运行距离及运行时间原方案和新方案比较见表 15-6。

15.5.3　坡度线路运输能力及各区间通过能力

由于铁路坡度调整为 50‰，新方案各区段间的线路长度比原方案都缩短，而 224t 电机车牵引 9 辆 60t 重矿车在 50‰坡度线路上运行速度与原方案设计 200t 电机车牵引 9 辆 60t 重矿车在 40‰坡度上运行速度相当。因此，新方案列车在各区段运行时间都缩短，而在每列车载荷基本相等的情况下新方案 224t 电机车牵引 9 辆 60t 重矿车与原方案 200t 电机车牵引 9 辆 60t 重矿车载荷相同。因此，各区间的通过能力比原方案大，见表 15-6。

15.5.4　50‰陡坡铁路运行总费用

（1）新方案使用 50‰坡度，线路总长度比原方案 40‰坡度缩短 1200m，按每米铁路投资 3000 元计算，可节约铺设线路投资 360 万元。

（2）新方案使用 50‰坡度，各水平使用铁路直采时，可加速铁路下沟速度，加大铁路直采量，减少汽车倒运量，各水平加大铁路直采量见表 15-7。

加大铁路直采量合计 560 万吨，由于铁路运输成本比汽车运输成本平均少 2.35 元/吨，节约运费 560 × 2.35 = 1316 万元。同时，由于使用铁路直采，能节约由于汽车运输而增加的倒装费，倒装费按 1 元/吨计取，可节约倒装费 560×1 = 560 万元。

（3）由于线路坡度加大，可节约采场内 1226m 水平及 1226m 水平以下各水平铁路运输矿岩总量合计 25961 万吨至 1267m 站平均运距 300m，若运输单价按 0.35 万元/（万吨·千米）计算，可节约运输成本 25961×0.35× 0.3 = 2726 万元。

（4）新方案使用 50‰坡度，共节约运输成本 360＋1316＋560＋2726 = 4962 万元。

表 15-6　各区间列车运行距离及运行时间原方案与新方案的比较

区段名称	区段运行距离/m			区间类型	区间减少的运行时间/min	区间年通过能力/万吨·年⁻¹	
	原方案（不大于 40‰坡度）	新方案（不大于 50‰坡度）	新方案比原方案缩短运行距离			原方案（不大于 40‰坡度）	新方案（不大于 50‰坡度）
1267 站~上盘 1210m 站	1547	1247	300	双	1	2071.55	2579.72
上盘 1210m 站~1252m 站	1062	862	200	双	0.7	2071.55	2579.72
下盘 1210m 站~1195m 信号所	400	200	200	单	1	1549.31	1718.63
上盘 1210m 站~下盘 1210m 站	395	305	90	单	1	1497.09	1655.51
上盘 1210m 站~下盘 1210m 站	1086	996	90	单	1	1148.93	1252.75
1190m 信号所~1162m 站	452	362	90	单	1	1044.48	1096.70
1165m 站~1150m 站	441	341	100	单	0.4	1497.09	1556.68
1150m 站~1135m 站	420	320	100	单	0.4	1375.23	1425.56

表 15-7　50‰坡度设计各水平铁路直采量增加量

水平/m	1226	1210	1195	1180	1165	1150	1135	合计
铁路直采量增加量/万吨	30	30	30	30	30	30	380	560

15.6　结论

(1) 通过国家"十五"攻关项目"224t 电机车牵引 12 辆 60t 重矿车陡坡运行 (40‰坡度) 试验研究", 确认 224t 电机车牵引 9 辆 60t 重矿车在局部坡度 (50‰坡度) 运行是可行的。

(2) 原方案采场深部 200t 电机车牵引 9 辆 60t 重矿车运行, 本次设计调整为 224t 电机车牵引 12 辆 60t 重矿车运行。朱矿开采过程中原方案第 10~14 年需 7 台 200t 电机车, 第 15~20 年需 8 台 200t 电机车, 而采用 224t 电机车牵引 12 辆 60t 重矿车运行计算, 第 10~14 年需 6 台 224t 电机车, 第 15~20 年需 7 台 224t 电机车, 可比原设计节省电机车 1 台, 节约设备投资 600 万元。

(3) 通过国家"十五"攻关项目试验研究, 150t 电机车双机牵引 12 辆 60t 重矿车在 40‰陡坡铁路上运行是可行的。朱矿深部开采过程中, 通过 150t 电机车双机牵引 12 辆 60t 重矿车运行, 以满足采场深部的运输能力。同时, 又可充分利用矿山原有的 150t 电机车, 可节约购置 224t 电机车 3~4 台, 节约设备投资 1800 万~2400 万元。

(4) 深部采场调整线路坡度至 50‰, 减少采场内铁路线总长度, 又可大大加快铁路下沟速度, 增大各水平铁路直采量, 减少汽车倒运量。同时, 由于线路坡度加大, 可减少采场内各水平铁路运输矿岩量至 1267m 站的平均运距, 共可节约运输成本 4962 万元。

第 7 篇

陡坡铁路安全规程

16 陡坡铁路试验规程

陡坡铁路试验规程如下:

(1) 工作人员的技术操作应遵守《冶金企业铁路技术管理规程》的规定。安全技术规范按攀钢集团矿业公司现行规程执行。

(2) 陡坡铁路有关工作人员,接班前应充分休息,严禁饮酒,如有违反,应立即停止其工作。

(3) 陡坡铁路工作人员在执行任务时,须按规定佩带劳动防护用品。

(4) 列车在 40‰ 陡坡道行驶,司机应严格按 224t 电机车或 150t 电机车操作规程或使用说明书规定作业,禁止违章驾车。

(5) 试验前,机车司机应检查车辆状况(电气、闸瓦、砂等),做好准备工作,禁止问题(病态)机车在 40‰ 陡坡道上牵引或推进列车行驶。

(6) 列车上坡驶入 $R120m$ 曲线速度不得低于 10km/h;列车上坡列入 40‰ 陡坡曲线段速度不得低于 20km/h;列车通过 1/9 道岔的速度不得超过 30km/h。

(7) 列车在 40‰ 陡坡道重车下坡制动停车时,列车初速度应控制在 25 ~ 35km/h 范围内。

(8) 列车在 40‰ 陡坡道下坡行驶时,必须进行 0.07MPa 以上的减压并试好电阻制动,必须逐步减速,下坡初速度不得大于 35km/h。

(9) 重列车在 40‰ 陡坡道停放不得超过 20min。否则,当班司机必须将列车放至平坡直线段或者司乘人员就地采取止轮措施。在曲线上放置止轮器时,止轮器应安放在内侧轮下。

(10) 重列车在 40‰ 陡坡道启动前,机车司机应先测试牵引网电压值,若网压值小于 1200V,禁止启动列车。

(11) 双机牵引时,空列车在 40‰ 陡坡道下坡,补机惰行且须落下受电弓。

(12) 双机牵引上坡运行时,主机启动给信号(鸣笛)后,补机才启动;补机驶离 40‰ 陡坡道后,断电惰行且须落下受电弓。

(13) 列车在 40‰ 坡道上运行时发生掉道现象,应紧急制动停车,拧紧手制动,做好止轮措施,并通知事故救援队前来处理和维修损坏的线路。

(14) 列车在 40‰ 坡道上发生跑车时,应实行空气紧急制动。

(15) 经常保持线路设备的完好状态,每日当班线路负责人,应在 9:00 以前检查陡坡线路，并半线路状况上报试验领导小组。

（16）装车不超吨、不偏重、不装半头车、大块不准装在浮头。

（17）调车员发车前检查确认车辆装载良好。

17 陡坡铁路双机联运行车临时规程

陡坡铁路运输采用双机联运进行试验（即在重车尾部增挂一台机车）。为确保生产的顺利进行和行车安全，特制定本行车规程，望有关行车人员遵照执行。

（为规范作业，双机联运时，规定牵引运行的机车为主机；推进运行的机车为补机）

17.1 准备工作

准备工作包括：

（1）必须在作业前将所有行车标志牌制作并设置到位。

（2）为便于甲站、主机，补机之间相互进行联系，主机、补机、甲站之间均应配备相应的通信设施，并确保三者之间通话清晰。

（3）由于双机联运大多采用音响信号，行车职工必须加强双机联运音响信号的培训学习工作。

（4）凡进入陡坡运行的机、列车，均应在联运前对机车车辆状况和制动性能进行常规检查和试验，严禁机、列车带故障作业。

（5）为保障试验的顺利进行，固定安排 368 号、012 号机车及乘务人员参与 1285m 陡坡试验。

17.2 作业责任划分

作业责任划分包括：

（1）进行陡坡运行的主机与补机的运行状况均受甲站控制。主机、补机均应通过配备的通信设施与甲站进行联系。

（2）当双机联运时，由主机承担运行中的主要责任。

17.3 作业办法

（1）作业程序。

1）铁运调度接到矿调关于 1285m 水平试验的指令后，应立即向矿山站运转员、甲站运转员传达指令，并于每日 8：30 前安排 012 号机车牵引一组空车进 1285m 水平装车。

2）012 号机车装车作业结束后，应及时通知甲站运转员，由甲站运转员向调度汇报，安排 368 号单机进 1285m 水平挂重车。

3）矿山站与甲站办理 368 号单机进 1285m 水平作业闭塞时，一律按有车线作业程序办理，即：

①甲站必须将作业计划通知到 012 号机车，在确认 012 号机车作好防护的前提下，方可承认 368 号机车单机进 1285m 水平作业。

②矿山站运转员必须加强 368 号单机进入 1285m 水平有车线作业注意事项的预告。

4）由于 1285m 水平曲线半径小，坡度大，368 号机车单机在运行过程中必须加强瞭望，下坡速度严禁超过 35km/h。

5）368 号单机调车员在确认电铲停止工作，未侵入铁路限界并已做好防护的前提下，指挥 368 号单机与 012 号机车重车相挂。

6）当双机连挂并检查设备正常后，两机台乘务人员应现场召开安全会，填写 KYT 卡片，至此双机联运试验开始。

（2）双机联运。

1）368 号单机与 012 号机车重联后（此时 368 号单机为主机，012 号机车为补机），012 号机车应及时将重联塞门关闭，同时进行制动性能的试验（J27 型制动机应立即将制动手柄置于闸把取出位），并将情况通过对讲机与主机联系清楚；主机确认补机重联塞门已关闭且制动性能良好后应通知甲站运转员准备好进路。

2）甲站运转员接到主机请求准备进路的要求后，应立即与矿山站运转员办理闭塞，主机在接到进路已好的通知后方可运行。

3）列车启动或调车作业前进时，368 号单机（主机）鸣笛（一长声）后，012 号机车（补机）应回答（一短声），368 号单机再鸣笛（一长声）后方可启动。

4）当补机（012 机车）运行到"补机升弓标"时，应及时升起正受电弓。当主机要求补机开电帮助运行时（开电信号为一长一短），补机以同样信号回答后方可送电。

5）如在运行过程中主机因故不能施行制动时，应立即使用紧急制动阀，并鸣示紧急停车信号（连续短声），紧急停车。

6）在上陡坡的过程中，如主机遇有紧急情况需退行重新爬坡时的作业程序：

①主机（368 号单机）应立即使用紧急制动阀，并鸣示紧急停车信号（连续短声），紧急停车。

②此时双机均应将闸把置于保压位，并通过对讲机要求 012 号机车开重联塞门、368 号单机关重联塞门（并进行制动性能实验），实现主、补机的转换。

③ 主机（012 号机车）鸣笛（二长声），补机（368 号单机）回答（一短声）后，主机（012 号机车）再鸣笛（一长声）后启动，此时补机（368 号单机）应断电落弓。

④ 当列车退行至"补机升弓标"时，将机、列车停稳后（双机闸把置于保压位），通过对讲机联系彻底，重新实现主、补机的转换。

7）当 012 号机车（补机）运行至"补机终止推进标"时，应及时给 368 号单机（主机）终止推行信号（一长二短），368 号单机（主机）再以同样方式回答后停止运行，并由 368 号单机（主机）调车员摘掉补机，安上车长阀后按要求进土场卸车。

8）补机（012 号机车）摘除后（严禁补机越过 1285m 进路信号机），应打开重联塞门，返回 1285m 水平装车线尾部"补机停车标"内方，并及时向甲站运转员汇报；重新开通 1285m 水平装车线。

（3）368 号单机推进空车回 1285m 水平进行陡坡试验时，其闭塞方式、作业程序和作业方法。

1）矿山站与甲站办理 368 号单机空车推进列车进 1285m 水平作业闭塞时，一律按有车线作业程序办理。即：

① 甲站必须将作业计划通知到 012 号机车，在确认 012 号机车作好防护的前提下，方可承认 368 号机车单机空车进 1285m 水平作业。

② 矿山站运转员必须加强 368 号单机空车进入 1285m 水平有线作业注意事项的预告。

2）由于 1285m 水平曲线半径小，坡度大，368 号单机推进空列车在运行过程中必须加强瞭望，下坡速度严禁超过 35km/h。

3）368 号单机机车推进空列车进 1285m 水平装车时，必须加强瞭望，严格执行距电铲位 50m 停车的作业规定。此时，调车员应下车徒步指挥列车限速10km/h 向电铲缓慢推进，并做好防护，实行推进装车。

4）当 368 号单机装车完毕后，368 号单机调车员在确认电铲停止工作，未侵入铁路限界并已做好防护的前提下，指挥 012 号机车单机与 368 号单机重车相挂。再次开始双机联运。

（4）在 1300m 水平列车干线平坡启动，牵引下陡坡的作业程序。

1）主机应在试验前将试验计划通知甲站运转员，甲站运转员在接到计划时，必须及时通知铁运调度，作好记录，并对机、列车运行进行监控。如需接发1300m 水平列车，运转员应向主机确认清楚是否影响该线行车，并在通知到试验人员做好防护的前提下方可接发 1300m 水平列车。

2）运行前主机通过对讲机确认补机重联塞门已关闭，并已通过制动性能实验（J27 型制动机应立即将制动手柄置于闸把取出位）。

3) 列车启动或调车作业前进时，主机（012 号机车）鸣笛（一长声）后，补机（368 号单机）应回答（一短声），主机再鸣笛（一长声）后方可启动，在运行过程中补机始终处于断电落弓状态。

（5）特殊情况作业办法。

1) 电力机车在双机牵引中，主机发现接触网故障，有刮坏受电弓的危险，主机应首先落下受电弓，并及时给出途中降弓信号（一短一长声），要求补机降下受电弓，补机给出同样信号回答视为听清。否则，应重复鸣示或采取紧急停车措施。

2) 如在双机联运途中发现有危及行车安全的不良情况，主机应立即使用紧急制动阀，并鸣示紧急停车信号（连续短声），紧急停车双机把闸把置于保压位。

（6）车速高于 30km/h，主电机电压高于 1700V，换向手柄现运行方向相反，电阻制动不正常时严禁使用电阻制动。

（7）作业过程中有关行车人员必须严格执行"呼唤应答"制、"要道还道"制和确认制。

（8）其他未尽事宜严格按《站细》、《技规》、《行规》、《标准化作业》、各种安全规程及相关规定执行。

18 联 动 规 程

双机牵引试验采用声控操作，听觉信号，长声为 3 秒，短声为 1 秒，音响间隔为 1 秒。机车鸣笛方式及联动操作见表 18-1。

表 18-1 机车鸣笛方式及联动操作表

信号名称	操 作 时 机	鸣笛方式	
启动信号	1. 列车启动（主机鸣笛后，辅机应回答，主机再鸣笛一长声后启动）	一长声	―
注意信号	2. 驶入或驶离 40‰陡坡，接近停车标志弯道时	一短声	●
摘挂钩信号	3. 主、辅机摘挂钩前和后（主机鸣笛后，辅机应回答，反之亦然）时	一长一短声	―●
开落弓信号	4. 辅机接近升、落弓指示标志时	二短声	●●
升汽制动信号	5. 主机要求辅机开汽制动时（辅机应以同样信号回答并实施制动）	一长二短声	―●●
关汽信号	6. 主机要求辅机关汽时（辅机应以同样信号回答）	二短一长声	●●―
制动信号	7. 列车下 40‰陡坡开始退行制动试验时（主机鸣笛）	二长	― ―
警报信号	8. 主要发现接触网故障，要求辅机降下受电弓时； 9. 发现线路有危及行车安全的不良处所； 10. 发现空气压力小于 0.15MPa 时	一长三短声	―●●●

注："―"代表一长声；"●"代表一短声。

19　安　全　措　施

具体内容：

（1）树立安全操作标志。

主机停车标：立在 1300 干线 1/9 道岔前方 100m 处，列车停车后，要保持该区间闭塞。

辅机终止推进标：立在 8 号桩，双机牵引 12 辆重矿车下坡制动后，列车停车位置。

辅机升弓标：立在 8 号桩，1285m 水平。

辅机落弓标：立在距 40‰陡坡坡顶 10m 处，1300m 水平。

辅机摘钩标：立在距 40‰陡坡坡顶 30m 处，1300m 水平。

（2）检查主辅机总风缸压力，制动主管压力，空气压力不得小于 0.5MPa。

（3）严禁列车下陡坡运行速度超过 35km/h。

（4）列车在 40‰陡坡道下坡行驶时，必须进行 0.07MPa 以上的减压并试好电阻制动。

第8篇

机 车 规 程

（ZG 224-1500 型电机车安全使用维护检修规程）

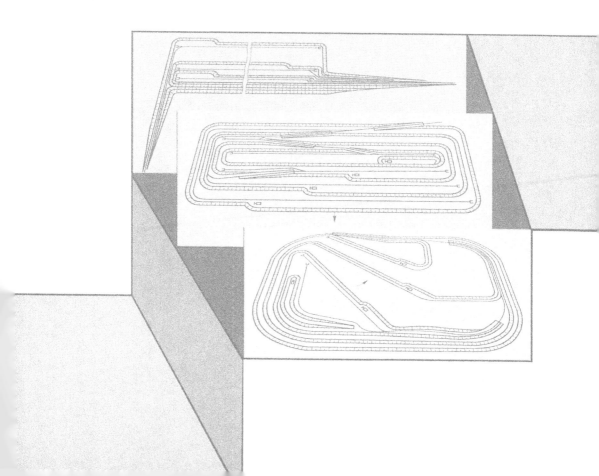

20　岗位职责及交接班

20.1　对乘务人员的一般要求

具体内容：

（1）224t 电机车必须配备年满 18~50 周岁，并具有高中及以上文化程度和一定的驾驶技术的正司机两名，实行包乘制，且人员要相对固定，不得随意调换。

（2）乘务人员必须身体健康，每年要进行一次全面身体检查。凡患有中耳炎、色盲、近视或握力不足、嗅觉不灵者均不得担任司机工作。

（3）新进矿或新调来乘务人员必须经过三级技术安全教育后，方可上岗；必须经过操作技术考试合格，持有厂（矿）级或其以上单位签发本工种安全考核合格证者，方能驾驶该型机车。

（4）学徒期满的学员，必须经过转正定级（理论、实际）考试合格，操作技术水平符合相应的技术等级标准，持"司机操作证"或相当于地市级及其以上单位签发的有关证件上岗。

（5）乘务人员必须熟知铁路"技规"、"行规"和"安全技术操作规程"；熟悉本单位铁路设施、作业环境、运转情况。

（6）乘务人员必须调整了解和掌握该型机车的经济技术性能及技术状况。

20.2　岗位职责

20.2.1　司机长

具体内容：

（1）认真学习技术业务，不断提高业务素质。

（2）司机长是本机台负责任人。要定期组织全机台人员召开专业技术研讨、设备操作维护、安全生产、任务完成、违章违制考试等会议，要不断降低单位运行成本，并当作首要核算指标。

（3）随时掌握设备运转状况，督促检查各班司机，加强设备维护保养；发现重大问题及时向上级主管部门汇报。

（4）全面掌握本机车技术状况。提出设备检修主要项目和改进意见，并参加检修指导、督促和验收工作。

（5）认真保管好本机车的原始记录。

（6）带头服从指令，认真听从指挥，严禁违章执乘。

（7）司机长同时应履行司机的职责。

20.2.2　司机

具体内容：

（1）司机行政上接受班长领导，对违章指挥的一切命令，可拒不执行，并向相关领导汇报。

（2）司机是本机台当班的负责人。对本乘人员安全、设备检查、使用维护和完成任务全面负责；不准擅离职守。

（3）有权制止非本乘人员乘坐机车（检查、指导工作人员例外）。

（4）机车在运行中，司机不准将其交与非本岗位人员操作。

（5）及时处理运行中发现的机车故障或缺陷。当停机处理大于 5min 以上时，应向调度或运转值班员汇报。

（6）作业中要坚守岗位。联系工作需要离开岗位时，必须将机车交给另一名司机看守。

（7）有权对影响行车安全的隐患向上级汇报，并提出整改意见和建议。

（8）对设备检修中存在的质量问题，有权向检修人员提出处理意见和建议。

（9）严格执行对口交接班制度。认真填写交接班日检运转记录。

（10）司机接（交）班必须对本机台各部进行全面检查确认。主要检查正（侧）受电弓、高压室、司机室、机械室、电阻室、走廊蓄电池、走行部、基础制动装置、空气制动管气路、各部润滑以及备件、材料、工具和劳保用品的保管等。

20.2.3　学员

具体内容：

（1）学员要积极学习各种操作技能，努力提高学习实际操作能力；协助师傅搞好设备维护保养。

（2）学员操作时，必须由司机监督辅导操作，确保行车安全。

（3）学员不操作机车时，负责瞭望工作，并做好呼唤应答。认真履行互保职责。

（4）服从指令，认真听从指挥，严禁违章。

20.3　交接班

20.3.1　交班者

交班者必须做到：

（1）将机车停放在安全位置，全面检查、维护，各部必须打扫干净。

（2）清点查对，放好工具、材料、备件，认真填写交接班内容，对应当处理的故障、到限部位和缺陷要处理妥善，并记录齐全。

（3）未办理完毕对口交接之前，交班者不得离开本机台。

20.3.2　接班者

接班者必须做到：

（1）在机车上对口交接，详细了解本机车的安全生产及运转状态。

（2）设备隐患不清、工作重点不明、未做到文明生产等，不得接班。

（3）对接班后所发生的一切事件全面负责。

（4）按要求认真填写 KYT（伤害预知预警活动）卡片。

20.3.3　接班前注意事项

对口交接必须在机车岗位上当面完成。接班人员未在交接班簿上签名认可之前，交接人员不可离开机车岗位。

20.3.4　接班后注意事项

具体内容：

（1）本乘人员在规定时间（必须保证 1h）内，应重点检查交接班簿上记载的机车故障部位。经全面检查确认无异状时，方可升起受电弓。

（2）升弓泵气后，要试好制动装置，按规定调整好制动行程，并锁紧制动拉条背帽。

（3）若有故障应及时处理，时间过长时必须提前联系汇报。

（4）各部检查无异，机车状况正常时，鸣笛三长声表示本机台良好，可投入运转。

（5）接班后，在首次运行中发现机车有异状时，应立即汇报有关部门，以便分析处理。

21　操 作 技 术

21.1　操作要求

具体内容：

（1）升起受电弓之前，必须将司机控制器手轮置于零位，合好押扣箱钥匙，各控制开关处于断开状态。

（2）执乘操作前，两名乘务员必须同端都在自己的岗位上。即一人负责执乘操作，另一个负责监护瞭望，严禁异端执乘。

（3）操作前，必须彻底联系、呼唤应答，确认信号及进路状况。

（4）运行时，执乘人员精力要集中。

1）操作者必须随时把头伸出窗外瞭望，观察运行状态，做好呼唤应答；

2）监护瞭望者必须随时按照操作者的动作意图积极配合，做好呼唤应答；

3）操作姿势要正确：一手操作，手不离把手。即，不允许一只手握闸把（即制动机手柄），另一只手拉司机控制器手轮。

（5）运行中，随时注意仪表和各部运转状态。若有异状时，必须采取相应措施，排除异状后，方可投入正常运行。

21.2　启动前准备

具体内容：

（1）闭合蓄电池开关和电源总开关。

（2）确认无异常，作好呼唤应答，鸣笛一长声，升起"正受电弓"或"旁弓"。

（3）等电网电压稳定后，方可闭合"辅助电路"按钮，再闭合"压缩机 1-4"、"送风机 1-4"、"电动发电机组 1 或 2"按钮使之运转，逐一开动并检查辅机工况。

（4）若控制风缸气压不能将受电弓升起时，可采用辅助气泵。其操作顺序如下：

1）打开相应的受电弓塞门，关闭其余受电弓塞门；

2）关闭控制风缸通向总给气管的塞门（打开辅助空压机到控制风缸塞门）；

3）当控制风缸气压不小于 0.4MPa 时，闭合受电弓按钮；

4）确认电网电压稳定后，方可闭合"压缩机1、2、3、4"按钮，使之运转泵风；

5）当总风缸气压达到0.5MPa以上时，可停止辅助气泵；打开控制风缸与总给气管之间的塞门（辅助空压机到控制风缸塞门复原），按正常升弓顺序升起受电弓。

（5）若蓄电池电压不足或者辅助气泵工作失效时，应穿戴好绝缘保护品，从机械室入孔安全联锁处壁上车顶，站立于车棚安全位置，用绝缘杆（三节式）撑起受电弓。须确认电网电压稳定之后，闭合"压缩机1-4"按钮，使其泵风至控制风缸气压达0.5MPa，落下受电弓；并从机械室入孔安全联锁处返回车内——复位安全位置后，再按正常程序升起受电弓。

（6）闭合电动发电机组及送风机组，使之运转。

（7）运转前，司机必须进行必要的技术试验，主要包括：空气制动、电阻制动、过流过压复原和电控紧急阀（YV4）动作状态，确认无误。

（8）闭合"高速开关"按钮：锁闸（即单独制动阀手柄置于制动区）通电试验时：

1）司机控制器允许开电的级位应≤2级（即小于或等于2级）。

2）电流应不大于100A。

3）时间应不大于3s。

（9）各项检查试验均确认无误后，撤除止轮器、松开机车上两套手制动装置，准备启动。

（10）客、货车转换阀旋钮必须置于货车位。

21.3　启动

具体内容：

（1）非操纵端的自动制动阀（简称自阀）和单独制动阀（简称单阀）手柄必须取下；在操纵端将其置于运转位，使机（列）车安全缓解，并鸣笛一长声，预告本机车启动。同时，逐一开动送风机向牵引电动机及启制动电阻送风。

（2）司机控制器手轮在第一变阻级位时，必须停留3~5s，待电控接触器完成动作，即主电路完全接通后再逐步进级平稳启动，各级间应停留0.5~1s。

若闯坡或在上坡道启动，则应当将司机控制器退级至牵引电动机不发生空转时，再逐步进级。不允许采用司机控制器连续进二退一或进一退二的方式操纵电机车。

（3）启动时，司机控制器不允许长时间停留在某一变阻级位上。

（4）启动困难时，应采用：

1）牵引时，先压缩车钩后启动。即压缩车钩的车辆数一般不超过牵引车的 2/3。通常退行距离 $S=2\times75\text{mm}\times$压缩车钩的辆数。

2）推进时，先引张车钩后启动。

（5）列车在下坡道启动时，应先充分缓解列车，待制动管压力达 0.6MPa 后，缓解机车制动，并做好电阻制动前的准备工作。

（6）载重列车（挂不大于 12 辆 60t 自翻车）在半固定线路不小于 40‰的陡坡道上启动：

1）启动电流应不大于 450A；

2）时间应不大于 2min；

3）若电机车的启制动电阻为冷态下开始工作，则列车可启动三次；

4）当列车第三次仍旧未能启动时，则应停车不小于 15min，再进行第四次启动；

5）坡道启动需要撒砂。

（7）机（列）车启动后，严禁进入高压室或出至车体外部进行检查、维护、保养、注油；更不允许接触高压带电部分。

21.4　运行

具体内容：

（1）该电机车工作时，电网电压应 ≥1200V（即不小于 1200 伏；标准为 1200～1800V，即 1500±20％V）。

（2）单机、列车必须坚持以经济运行级为长时运转位。严格控制并按规定速度运行。

在固定或半固定线上：

1）空、重列车在固定线路下坡运行时，速度应不大于 35km/h；在半固定线路下坡运行时，速度应不大于 30km/h。

2）在干线时，平道应不大于 35km/h；上坡允许不小于 35km/h。

在移动线上：

3）在移动线路时，空车速度应小于 10km/h，可采用慢行经济运行级"慢行 2"；重车应小于 15km/h。

进站、调车和通过道岔：

4）接近车站或从车站通过时，速度应小于 20km/h。

5）接近被连挂的车辆时，速度应小于 3km/h，即可采用"慢行 1"。

6）接近装卸货场地作业时，速度应不大于 10km/h，即可采用"慢行 2"。

7）装、卸车对位作业时，速度应不大于 5km/h，即可采用"慢行 1"。

8）侧向通过道岔的速度应不大于 30km/h。

（3）通过区分器。

1）应瞬间关断副司机位的辅助机组："送风机 1~4"、"压缩机 1~4"、"电动发电机组 1 或 2"，越过区分器后再逐台闭合机组；严禁利用正司机位；"辅助电路"按钮一次性关断、闭合全部辅助电机机组。

2）瞬间，司机控制器应适当退回 3~5 级，越过区分器后再逐步进级切除电阻，返回到经济运行级位。

（4）主电路转换。

1）串联转换为过渡级（位）、过渡级（位）转换为并联，或并联转换为串联时：

① 过渡级操作要迅速。

② 在牵引电动机的电枢电流小于 200A，特殊情况瞬间应小于 290A（小时制电流）时，方可进行转换。

③ 电网电压不小于 1200V 时，方可准许转换。

2）当从高电压级退回到低电压级时，应把司机控制器手轮推至串联变阻级位，投入一定数量的电阻后，再回升至串联经济运行级运行。

3）并联运行中，当电网电压值小于 1200V 时，应转换为串联经济运行级运行。

（5）在全电压或串联经济运行级工作状态中，不允许随意降落下受电弓和断开送风机电机。

（6）列车通过道岔、急曲线之前，必须减速（闯坡运行例外）。

（7）上坡运行时，应尽量利用动能闯坡。爬行运行时，注意牵引电动机的电枢电流应不大于 450A。

（8）下坡运行时，必须严格控制运行速度。要提前做好空气和电阻制动的准备工作。

（9）机（列）车运行中，严禁用旋转调整阀扭柄来调整均衡风缸压力。

（10）运行时，绝对禁止将非操纵端自阀手柄和单阀手柄移至其他位置。

（11）机车作重联或无动力回送时，自动制动阀手柄和单独制动阀手柄都必须置于手柄取出位。

（12）故障切除。

1）一端故障切除开关（SA7）。

1 档：运行位；

2 档：3 号、4 号电机隔离；

3 档：1 号、2 号电机隔离；

4 档：1~4 号电机全隔离。

2）两端故障切除开关（SA8）。

1 档：运行位；

2 档：7 号、8 号电机隔离；

3 档：5 号、6 号电机隔离；

4 档：5 号 ~ 8 号电机全隔离。

（13）经济慢行级"慢行 1"、"慢行 2"的操作。

1）慢行控制开关 SA9、SA10 有四档：

"0"档为联锁位；

"1"档为慢行 1 运行位；

"2"档为慢行 2 运行位；

"3"档为正常运行位。

2）"慢行 1"只用于机车时速控制在 5km/h 以下；

3）"慢行 2"只用于机车时速控制在 10km/h 以下；

4）用完"慢行"挡位后需要正常运行时，"慢行"控制开关必须扳向到"3 位"（即正常运行位）。

（14）使用"慢行 1"、"慢行 2"运行时，司机控制器的操作范围；1 ~ 24 级，最高级数不得超过 24 级。司机根据所需速度，可适当转动控制器手轮；严禁作并联级尝试。注意：

每次慢行操纵完毕，必须将慢行控制开关置于"0"位，否则交替会引起操作混乱。

21.5　电阻制动

具体内容：

（1）电阻制动（简称电制，范围 1 ~ 24 级）只用作调速。停车与联挂车辆时严禁使用。

（2）准备实施电阻制动之前，必须切断高速开关按钮，牵引反向手柄置于"制动"位。

（3）使用电阻制动时，必须先检查确认生效后，再平稳增减制动力。

（4）电制过程中，不准过猛地转动电制动（即司机控制器）手轮，或长时间停留在某一级位上。

（5）实施电制，在高温、晴天时，必须打开电阻室侧门。

（6）调节制动力时，牵引电动机的电枢电压应不大于 1700V，电枢电流不大于 200A。

（7）单机运行时，不宜电制与空气制动同时使用。

（8）牵引制动反向手柄与行车方向相反时，严禁使用电制。

（9）当机车、列车的速度大于 40km/h 时，禁止使用电制。

21.6　空气制动

21.6.1　调速

具体内容：

（1）必须在列车运行速度尚未达到规定值之前，使用制动区制动。初次减压量略大于 0.05MPa，根据需要可追加减压，累计减压量宜不大于 0.17MPa。即在制动区，自动制动阀手柄作阶段右移，均衡风缸则阶段降压，车辆、机车亦产生阶段制动作用。

（2）减压调速后，自动制动阀手柄不得在制动区内作阶段左移。即列车运行中，任何人不得作阶段缓解尝试。

（3）当制动生效前，不准立即缓解。必须严格控制运行速度。

（4）当制动区的制动已经接近最大有效减压量仍须追加减压时，可将自阀手柄右移至过量减压位。

（5）单机的调速（此时自动制动阀手柄置于运转位）；推动单独制动阀手柄作阶段右移到制动区，可施行单阀阶段制动；反之，则作阶段缓解作用。在制动区制动缸压力最小应不小于 0.05MPa。

（6）单机全制动位时，机车制动缸的最高压力为 0.3MPa。

21.6.2　停车

具体内容：

（1）货物列车可采用“一段制动停车缓解法”停车。但在折返线，车站等地需要停车，而运行速度较高时，则可采用“二段制动停车缓解法”停车，在施行常用制动（即自阀在制动区，单阀在运转位）时，单阀可适当进行阶段缓解，使机车制动缸内保持 0.15~0.2MPa 压力，不允许将机车制动缸压力一次性缓解完。

（2）第一次减压量一般为 0.05~0.10MPa（在不小于 40‰陡坡时可取上限值），以保证整组列车都发生制动效果。追加减压量累计应不大于最大减压量 0.17MPa。

（3）制动区制动后缓解停车注意事项。

1）第一次缓解制动时，应以较长时间保持机车制动力。

2）在速度小于 10km/h 时，下列情况将不准缓解制动力：

① 运行方向为上坡时；

② 骤然降低速度（速度太快）时；

③ 空、重列车混编时；

④ 当进入下坡道内，自阀缓解后，单阀停不住列车时。

（4）在减压 0.05MPa 情况下，列车停车后应施行追加减压到 0.07MPa 以上，再进行缓解。

（5）要严格掌握整组列车管的充气、排气工况；排气未完毕时，不准缓解；当"二段制动法"的第一次缓解后，充气不足时不准进行第二次制动。

（6）在坡道上货物列车停车时，自阀手柄应置于"过量减压位"。

21.6.3　紧急制动

具体内容：

（1）紧急时，应将自阀手柄迅速推向"紧急制动位"，并将司机控制器手轮立即拉回到零位；车速过高时，不准立即撒砂，必须待车速下降后作适量撒砂。

（2）使用非常制动时，严禁缓解单阀。且列车未停稳前，不准移动自阀手柄。

（3）列车在运行中遇到制动管断裂、车辆脱节，或调车员用车长阀大排气时，自阀手柄应迅速置于"紧急制动位"、司机控制器手轮置于"零位"。待列车停稳后要查明原因，处理妥善后，方可继续运行。

（4）运行中遇有下列情况应采取紧急停车措施：

1）铁路线路、接触网架线折断，或路基塌方、被淹，妨碍行车时；

2）运行中，发现同一线路上出现列车从对面驶过来时；

3）机车、列车发生故障不能运行时；

4）进入异线时；

5）发现信号显示不明确时，或经一再鸣笛而不改变时；

6）线路上有行人，或牲畜不顾鸣笛妨碍行车或威胁生命安全时；

7）途中或站内任何人向列车发出紧急停车信号时；

8）机车或车辆脱轨、车辆自动起翻、货物、人员掉（坠）落时；

9）推进运行中，在瞭望视线内能看见车尾而不见调车员信号时；

10）调车员显示紧急停车信号时。

（5）在紧急制动后，必须对机车、车辆、钢轨和摩电线等全面进行认真地检查，确认有无异常或损坏。

21.7　装卸车

21.7.1　在坡道上装卸车

应充分利用下坡惰力，在停车时要注意：

（1）推进装卸车时，应使用自阀的制动区停车。停车后机车施行制动，再将自阀手柄置于运转位。

（2）牵引装卸车时，对较小坡道，可使用单阀停车；若大坡道，单阀不能将列车停住时，则严禁装卸车。

21.7.2　在平道或矿仓、平硐内装车

可采用"慢行1"。严禁利用司机控制器反复接通、断开主电路。

21.8　更换受电弓

21.8.1　升降受电弓

具体内容：

（1）必须将司机控制器手轮推回，关闭至"零位"。

（2）断开辅助机组各个开关按钮。

（3）断开"辅助电路"开关和"高速开关"。

（4）最后可升、降受电弓。严禁带负荷状态下作升、降受电弓。

21.8.2　正、侧受电弓交换

具体内容：

（1）机车、列车由固定（半固定）铁路线驶入移动线时，应早降落正受电弓。若类似闯坡等特殊情况时，则可早升起侧受电弓。

（2）机车、列车由移动线驶入固定（半固定）线路时，必须晚升起正受电弓。

（3）机车、列车驶入正弓架线缺空的区域（如破碎卸矿井口）时，必须早降、晚升正受电弓。

21.9　更换操作台

更换操作台必须在小于4‰坡度的路线上，等车停稳后方可进行。

21.9.1　更换操作台时注意事项

必须将原操作台及副司机台位的所有开关全部关闭。即：

（1）司机控制器手轮必须旋转至零位、牵引、制动反向手柄置于"0"位，并取下反向手柄。

（2）一切控制开关箱按钮应全部扳至断开位置，并取下开关箱钥匙。

（3）必须扳动慢行控制开关"0"、"慢行1"、"慢行2"、"运行"档位置于"0"位。

（4）空气制动机施行制动后，自阀手柄应移动至过量减压位，待减压完毕后再移至"手柄取出位"，单阀置于"运转位"，并取下制动机操作手柄。

（5）断开高速开关按钮。

21.9.2　到新操作台以后注意事项

到新操作台后，分别将取下的控制开关箱钥匙、司机控制器反向手柄、制动机操作手柄等一一安上复位；慢行控制开关；"0"、"慢行1"、"慢行2"、"运转"档位扳至所需工作位置。同时要求：必须进行制动机综合性能试验。

21.10　牵引网路停电

具体注意事项：

（1）上坡时用空气制动停车后，若总风缸气压小于0.6MPa时，必须通知调车员将列车掩住（即安设好止轮器），并拧紧机车上两套手制动。

（2）下坡时，若蓄电池电压正常，气压足够（总风缸气压不小于0.9MPa），电制性能良好能保证安全时，应尽量把列车开到平坦地段停车。否则，立即停车后，必须采取可靠的止轮措施。

（3）发现停电，应将司机控制器手轮立即退回零位，并断开高速开关和辅助电路按钮。牵引电网未送电之前，严禁升起受电弓。

（4）若电网电压恢复后，列车启动时电压又发生突降，则应将司机控制器手轮立即推回零位；待电网电压稳定后方可再行启动，以免造成再次停电。

21.11　防空转

21.11.1　在困难条件下启动，或当运行中发生空转时

应将司机控制器手轮适当退回，直至不空转为止，并适量撒砂逐级加速。必须注意正在空转时严禁撒砂。

21.11.2　撒砂要领

具体内容：

（1）在容易发生空转的区段运行时，可施行预防性撒砂。

（2）在曲线区段运行，或爬坡加速时，可采用点式撒砂。

（3）正在启动，或遇到轨面有水、霜、雨水时，可采用线式撒砂。

（4）当多次空转引起车轮发热时，不宜急于撒砂启动，应待车轮冷却后，再行撒砂启动。

（5）在道岔区域内，严禁撒砂。

21. 12　机车故障

21.12.1　机车在运行中发生异常

具体内容：

（1）听见不正常音响、发现冒烟、火灾或嗅到异常气味等情况时，应将司机控制器手轮立即关回零位，断开高速开关，落弓停车检查。在未查明原因、并且未采取措施之前，严禁再次接通主电器作试验和启动。

（2）允许两台以上机车联运运转。

21.12.2　处理机车故障的要领

具体内容：

（1）必须待车停稳（尽量停在平道上），确认落弓定位后，按故障处理办法处理。

（2）在处理故障中，其他部件工作状态若有改变的，均应复原。被处理的部件，能修复者必须修复。故障处理完毕，必须确认处理状况；若无法处理时，须施行应急措施，限速入库处理，或者就地申请救援。

（3）一切应急均属于临时性措施，考虑措施方案时，应以不扩大故障、不危及其他设施安全为原则。

（4）对刮弓、脱轨、撞车及跑车等事故，经救援后，司机必须做好技术检查，确认对机车运转无妨碍时，方可自行运转；或同救援车联挂运行。

21.12.3　电气线路和电器故障处理

具体内容：

（1）当高速开关、过电流（过电压）继电器、主辅熔断器连续两次动作或熔断时，未查明原因，又未采取措施之前，严禁进行试验或再次启动。

（2）换主、辅熔断器（片）时，必须按原规格更换，将垂度朝向喷出口紧固，关彻底清扫熔断器箱内外等。

（3）更换各类接触器时，务必先落下受电弓，断开高速开关及低压电源。对风动式接触器，处理故障时还要关闭高压室控制风源。更换完毕后，应彻底检查连接线路是否正确、灭弧状况是否良好。各部必须一一复原。

（4）断开高压电源后，可在低压供电情况下，检查接触器的动作情况。

（5）处理低压部件故障时，必须断开全部电源。处理故障应严格按电气原理图正确布线，不准搭设临时线；不准带故障作业。

（6）处理保护安全装置故障时，不准乱动铅封；处理低压安全装置联锁电路故障时，严禁短接触点或接错。

21.12.4　牵引电动机故障处理

具体内容：

（1）当某一台牵引电动机发生故障时，可将对应组别的"故障切除"开关扳动至"断开位"切除故障电机，并及时进库更换电机。

1）故障切除时，最多允许切除两组电机；其后仍旧可以实现主电路转换。此时，机车运行的控制方法与正常运行时相同。

2）两组电机切除后，仍可实施电阻制动。

3）在减少牵引吨位（即减载）情况下，允许短时间内牵引货物。但应尽快安排进库更换电机。

（2）故障电机切除工作，必须待车停稳，断开全部电源后进行。

21.12.5　辅助电动机故障处理

具体内容：

（1）一台空压机组电动机（或压缩机）发生故障，而生产上须用机车时，可暂时用作零活机车作减载运行；应尽快创造条件，进库修理。不允许利用两台空压机组维持生产。

（2）一台送风机组电机（含机械或其他）发生故障时，应切除相应牵引电动机并作减载运行；也尽快进库处理。不允许利用 3 台送风机组维持生产。

（3）一台电动发电机组发生故障时，可在短时间内进行运转；应尽快安排入库处理。

21.12.6　其他电气故障处理

一旦发生其他电气故障时，在不影响行车安全的前提下，可临时性完成一趟任务；并及时联系，安排入库处理。

21.12.7　机械部分故障处理

具体内容：

（1）当气压调节器发生故障时，可使用短接按钮，在严格监视仪表的情况下，运行至平坦地点，并向有关部门联系及时处理。

（2）当制动支管折断，或个别制动缸（也称闸缸）出现故障时，应关闭相应台车的截断塞门，并向有关部门联系，自行回库处理。

（3）当发现齿轮箱（盒）异音、断齿、或齿轮弛缓时，应切除相应牵引电动机，向有关部门及时联系，经鉴定采取适当措施，处理后方可动车。

（4）当发现燃轴时，应打开轴箱盖检查，及时汇报。燃轴轻微者，采取一定的辅助给油润滑措施，并限速 3~5km/h、监护回库；严重者，须原地报告调度等待救援。

21.13　长时停用

具体内容：

（1）机车利用常用制动区施行制动后，应将自阀手柄置于过量减压位，单阀手柄置于制动区位，拧紧手制动，并采取必要的止轮措施，最后还要进行一次制动缓解试验，检查止轮措施是否可靠。

（2）降下受电弓、断开高速开关，控制开关箱按钮全部置于断开位，应取下钥匙。

（3）司机控制器各手柄均应关闭在零位，取下反向手柄，关好门窗，并断开蓄电池开关，随身携带好钥匙和反向手柄，以防止他人启动机车。

22　行 车 安 全

22.1　一般要求

具体内容：

（1）乘务人员在班前、班中严禁饮酒。执乘前必须穿戴好劳动保护用品，工作中要精力集中，不准在岗位上打闹或睡觉，严禁臆测行事。

（2）严禁在铁路线上行走，横越铁路时，必须做到"一停、二看、三确认、四通过"。

（3）不准在车辆底下或钢轨、枕木头上坐卧休息。

（4）严禁从运行列车前面抢越铁路线；在停置机车、车辆的前方横越铁道时，应距停留机车、车辆 10m 外的地方通过，并注意邻线是否机车车辆运行；严禁钻车越过铁路线。

（5）列车运行时，严禁打开车门及"飞上"、"飞下"。

（6）乘务人员之间必须"联系彻底"，做好"呼唤应答"。

（7）运行中，必须按行车标准控制运行速度，加强瞭望，确认各种信号无误时，方能继续行车。

（8）每台机车必须备有绝缘杆、绝缘靴、绝缘手套、安全帽、灭火器、止轮器、车长阀以及日常检查维护需用的工具、备件和材料等。

（9）不允许用热饭电炉煮饭和烧开水。

22.2　行车前列车编组

具体内容：

（1）新车、外单位借用回送机车、检修出库的车辆，在编组前须经车辆检查员检查确认后，方可编组。

（2）挂三辆以上的列车时，应备有车长阀；挂五辆以上的列车时，允许在中部暂时挂一辆无制动车送返列检所或进库处理。

（3）新挂或新编组车辆，或车辆停留达 20min 以上时，必须经检查，确认车辆无故障，并进行简易试风正常后，方可运行。

（4）224t 电机车允许在 40‰坡道上牵引重量为 1128t（即 12 辆 K4 或 KF-60 型自翻车）。平均速度取 25km/h，黏着系数取 0.22。

22.3　行车

22.3.1　行车组织

具体内容：

（1）行车由铁路运输调度统一组织。乘务人员必须服从调度，值班员的统一指挥。

（2）发往区间的单机、机动车、非机动车均按行车办理。

（3）对影响区间行车安全时，如扩大货物、超宽货物、区间线路上装卸作业、区间内有事故车辆等，须经调度同意，按调度命令，在安全行车的基础上行车。

（4）列车经过无人看管的道岔时，必须由司机或调车员负责定位。

（5）在新建或改建的线路上行车时，必须按临时作业办法行车。

（6）请求救援或未经联系取消救援之前，必须在距被救援列车>50m处设防，不得随意移动机车、列车。

22.3.2　运行中司机应鸣笛并注意运转的情况

具体内容：

（1）调车员显示鸣笛信号时。

（2）在铁路上或者附近有施工人员，巡道工显示鸣笛信号时。

（3）遇有行人、牲畜接近铁路线路时。

（4）进入曲线瞭望困难，高大建筑妨碍瞭望时。

（5）驶近车站、装卸场、厂房、桥梁、隧道、涵洞、矿槽、矿仓等建筑时。

（6）通过停有列车的邻线，或者两组列车在邻线并列运行时。

（7）遇有大风、雪、雨、雾，瞭望困难时。

（8）驶近鸣笛标志，或接近其他必须鸣笛处时。

（9）各种信号不明确时。

22.3.3　运行中必须停车确认后再运行的情况

具体内容：

（1）在轨道上或附近有障碍物妨碍运行时。

（2）在运行中对铁路线、磨电线路有怀疑时。

（3）在驶近较近架设物和厂房时。

（4）对列车运行状态有怀疑时。

（5）运行至一停再开标志，或指定的一停再开地点时。

（6）驶到联系地点及连接车辆时。

（7）运行中继电器连续二次以上过负荷动作时。

22.3.4　运行中应采取紧急制动措施的情况

（1）参见 21.6.3 中（4）条 1）~10）。

（2）在副司机台位，可直接扳动电控紧急制动开关（SB1、SB2）、将同时实施主电路断电、机车停止牵引和列车管减压排气，实现最短距离内停车。

22.3.5　进站前注意事项

具体内容：

（1）进站前应按规定减速，鸣笛预告，并做好站外停车的准备。

（2）确认进站信号、道岔标志，以及进路是否正确。

（3）注意接车线上是否停有机车、车辆，邻线列车是否超过警冲标。

22.3.6　出站前注意事项

具体内容：

（1）确认列车禁止移动信号是否已经去掉。

（2）确认未得到调车员信号时，不准开车。

（3）确认出站信号是否开通，进路及道岔是否正确。

（4）列车启动前必须进行"四试验"和"三确认"工作。

（5）列车启动后必须完成对乘信号。

22.3.7　进出采场掌子面、排土场注意事项

具体情况：

（1）当进入采场掌子面或排土场接近电铲时，应鸣笛预告。

（2）按规定速度运行，遇有减速信号时应当减速运行。

（3）遇有塌方，应立即返回至安全地段联系。

（4）牵引时，司机要注意独头道：当推进运行接近线路尽头时，调车员应显示三次预告信号。停车位置距车挡应不小于 3m。

（5）当一个掌子面需要进入两组列车时应按续行列车作业办法进行，必须注意联系彻底。

（6）当列车到达装、卸车地点停稳，并鸣笛三长声，表示机车不再开动后，方能进行装车、卸车作业。

（7）当牵引方式进入排土场时，一定要注意土场路基的安全结构状况。

22.3.8　特殊情况

具体情况：

（1）发生火灾时，司乘人员要全力以赴，按不同类别的火灾性质实施灭火救治。

（2）发生坍塌时，应尽最快速度将机（车）组开行到相对安全的地段。

（3）发生跑车时，司乘人员要就近置身于最安全位置，站立扶把牢靠；严禁跳车或造成其他人身意外伤害。

22.4　运行速度

参见 21.4 中第（2）项 1）~8）条。

22.5　安全

22.5.1　乘务员安全须知

具体内容：

（1）严禁带电驶入停电线路，不准抢入防护区。

（2）在任何情况下，不准使用反顶电制动的方式停车。

（3）在区分器或架线交叉处，严禁升降受电弓。

（4）雨季前必须安装好避雷装置。大雷雨时，应将受电弓降下停车；大雾天气瞭望困难时，应减速运行，或者停止运行。

（5）列车在运行中因故退行时，必须停在后方车站信号机的外方，经车站同意后，方可退回至车站内。

（6）当牵引无制动车辆时：

1）上坡应推进运转；

2）下坡应牵引运转。

（7）在警冲标外方装卸货物或压道岔停留时，必须经车站同意，按指定地点和要求进行作业。

（8）不准搭乘与本机务工作无关的闲杂人员。

（9）当接到放炮预告信号时，应将机车或列车迅速开到安全区避炮。

（10）运行途中，尤其是长大坡道上，不准随意停车。

（11）进入不小于 40‰陡坡或长大坡道之前，或停车时间小于 20min 再启动时，均应进行制动性能试验，测试制动能力。即，必须进行常规性减压不小于 0.05MPa。

22.5.2　检查维护机车（车辆）时应遵守事项

具体内容：

（1）首先应检查工具是否灵活、可靠，司机之间必须相互联系好；并注意自己所处位置是否安全。

（2）列检员来检查车辆时，应以检车牌换收。即，必须向司机要取"司机控制器反向手柄"，做好安全防护后方准检车。

1）检车时，司机应断开高速开关，不得擅自移动自阀手柄。

2）试风时，必须做好呼唤应答。

3）没有取下禁止移动的信号，未能拿回司机控制器反向手柄之前，不允许动车。

（3）试验制动机、调整制动行程、更换闸瓦时，要车上车下联系好，严禁在坡道上更换闸瓦。

（4）检查、维护时，不准将工具或导电物掉落在电机、电器和其他设备上；更不可遗留或掉在其内部。

（5）在试验受电弓时应注意：

1）不准在区分器、架线交叉处试验正受电弓。

2）试验旁弓时，应先落下正弓，瞭望确认周围无障碍物时，方可试验。

（6）更换各种保险丝时，必须在切断电源后进行。不准擅自加大保险丝规格；更不准用铜丝或裸露保险丝代替。

（7）严禁在运行中注油、带电检查机车、接触带电部分等。

（8）用高压风吹扫清洁机车时，要注意是否含有水分和其风压情况。严禁用带水的高压风吹扫清洁电器和电机。

（9）检查机车时，应及时排除各风缸内的积水。严禁在站内进行排污。

22.5.3　升起受电弓时，严禁事项

具体内容：

（1）不准进入高压室。

（2）不准检查电阻。

（3）不准从司机室侧窗爬上车顶棚工作。

（4）不准在高压室、电阻室侧门附近进行检查和维护工作。

（5）不准检查、维护牵引电动机和辅助电机（检查换向、异音和振动等例外，但必须注意安全）。

22.5.4　机车不准使用的情况

（1）空气制动或电阻制动、手制动不良者。

（2）夜间照明不完善者。

（3）汽笛装置作用不良或短缺者。

（4）雷雨季节缺损避雷装置者。

（5）轮缘、主轴、回转平衡装置弹簧存在缺陷，或磨耗到限、折断、严重变形，已影响安全运转者。

（6）主电路烧损、接触不良、严重漏气、保护装置失灵、动作不正常者。

（7）各部电机有故障尚未查明原因或未切除者。

（8）蓄电池电压小于 40V 者。

（9）直流发电机电压调整器的调整电压大于 60V 者（标准为 50+2V）。

（10）一台送风机组电动机发生故障者。

22.5.5 不准连接车辆的情况

（1）车钩与缓冲装置不良。

（2）受电弓升降作用不良，或不符合技术要求。

（3）动轮擦伤或轮缘磨耗到限。

（4）主电阻（即合金、铸铁电阻）烧损。

（5）撒砂装置不良，或没有砂子；

（6）只有 2 台空压机工作。

22.5.6 在车顶棚上检查、维护时应遵守的事项

（1）做好呼唤应答，落下受电弓。将按钮开关全部置于断开位，取下控制开关箱钥匙，关闭受电弓气路，确认受电弓是否完全脱离接触电网。并由机械室落弓连锁处安全登上车顶棚。

（2）处理旁弓时，先将旁弓恢复到定位再工作。

（3）上车顶时，必须穿绝缘鞋（雨季必须穿绝缘靴），戴好安全帽和绝缘手套，挂好车棚接地线后方可取下绝缘手套进行工作。

（4）应急处理正弓时，必须注意架线距离及所处位置。在岔架线处，严禁处理正弓。

（5）特殊情况需要拉旁弓大线时，必须穿绝缘靴、戴绝缘手套，并注意站立位置安全可靠。严禁用手直接拉大线。

（6）检查、调整前、后照灯时，按车顶棚检查时应遵守的事项进行工作。

（7）检查修理完毕后，要取下车棚接地线；升弓前，必须做好呼唤应答。

（8）严禁两名司机同时登上车顶棚。特殊情况下，必须做好联保，即一人监护、另外一人作业。

22.5.7　处理意外事故时应注意事项

具体内容：

（1）当发生触电事故时，严禁用手或导电物去拉或拨动，应立即降落下受电弓切断电源，尽快将伤员送至安全地点进行人工呼吸，并立即通知有关部门。

（2）当发生电气设施起火时，应立即切断电源，用干粉灭火器或细砂灭火，不准用水灭火。

（3）当发生燃轴起火时，只准用灭火器，不准用砂或水灭火。

（4）因故急需停车时，应采取相应措施立即停车。在大坡道上停车时，必须做好止轮措施，并及时通知有关部门。

22.5.8　禁止停放机车、车辆的地点

具体内容：

（1）警冲标外方。

（2）道岔或联动道岔区内的线路上。

（3）主要通行线、安全线和避难线。

（4）轨道衡、桥梁及主要通行道口上。

（5）停有装载危险品、易燃、易爆物品的站线上。

（6）装有电信轨道电路、电器的地点。

（7）在>40‰坡道上，禁止停放无制动车辆及机车。

22.5.9　禁止编入列车的车辆

具体内容：

（1）车体状态不良（如车钩、扶手、车梯损坏、错位和裂帮等），危及人身安全和行车安全的车辆。

（2）发生脱轨或其他事故车、或未经检查确认的车辆。

（3）长期封存启封后尚未做辅修的车辆。

（4）自翻车以外的车辆，禁止混编在采、排两场等地运输列车中。

（5）燃轴的车辆。

22.5.10　车辆连挂

严禁连挂未经检查和正在装卸作业的机车、车辆；须连挂时，务必做到联系彻底、一停再挂。

23　乘务员检查与维护

23.1　一般要求

具体内容:

（1）电机车日常检查、维护工作,由当班乘务员负责。在检查中,要做到全面检查、突出重点、认真负责、不留隐患。

（2）检查发现不良处所,可根据自检自修范围自处理;有碍行车安全时,应及时联系处理。

（3）接班后,先检查交接日志记载事项,并做好复查工作。

（4）车上所备工具、材料、备件及各种必须杂品均应准备齐全。

（5）224t 电机车应保证每班检查维护时间为 90min（累积时间）。

23.2　日常检查范围及要求

23.2.1　正、侧受电弓的检查

具体内容:

（1）主支架不得有裂纹、折损、弯曲、开焊。

（2）瓷瓶无污垢、裂纹与破损。

（3）正弓板体无破损、开焊、下垂应为 45°。

（4）磨铜板无灼损、偏磨、出沟、断裂或松弛等现象;厚度应不小于 1.5mm。

（5）编铜线及大线无烧损,断股数应不大于 1/4。

（6）各空气传动部及接头无明显漏气。

（7）各销子、螺丝齐全,各部螺栓及接手应不松弛。

（8）受电弓必须作用良好,其上升、下降时间应符合。

1）正受电弓上升时间为 5~7s,下降时间为 3~5s;

2）侧受电弓上升、下降时间均为 5~10s。

（9）侧受电弓的各部润滑应保持良好。

23.2.2　车棚及其附设装置的检查

具体内容:

（1）车棚不得漏水，流水沟要通畅。

（2）避雷器应完整无缺，导线良好，瓷瓶（裙）无污垢、破裂现象。

（3）前后照灯、标志灯应完整良好。

（4）汽笛作用良好、声音宏亮。

（5）各门窗、扶手、脚蹬完整良好。

（6）各部螺丝完整无缺，并不得松动。

（7）车体间联接软线应完好，无断股、松动或磨损。

23.2.3　主、辅电阻的检查

具体内容：

（1）电阻丝不得剥落，电阻片无变形、烧损和断片，电阻片（丝）上无异物。

（2）联接软铜带（线）无松弛、折损、烧断。

（3）瓷瓶应清洁、无裂痕。

（4）各部安装螺丝及铜带卡子无松动、脱落。

23.2.4　电器部分的检查

具体内容：

（1）高低压的主、辅触头应接触良好，无脱落、烧损、松弛现象，线号牌应齐全、其标记要清楚。

（2）各绝缘接手应无灼痕、烧损、松弛。

（3）立柱应无灼痕、烧损、炭化、裂纹。

（4）电气传动部分应作用正常、灵活。

（5）空气动作部分不应漏气。

（6）灭弧装置完整，应无烧痕、炭化、破损，灭弧作用良好。

（7）保护装置应完整无缺，动作可靠，铅封无脱落。

（8）各联动装置应完整无缺，作用良好、准确。

（9）各种熔断器（片）应齐全，必须符合规格要求，安装要正确。

（10）仪表装置应完整无缺，显示良好、准确。

（11）各高低压线应无破损、断线、发热现象，高压线断裂损较原规格应不大于 1/5，低压线断裂损较原规程应不大于 1/3。

（12）日常点检中，必须检查电控紧急制动开关（SB1、SB2）、电磁阀（QFD9-1K）和紧急制动阀（YV4）等是否正常。

（13）各电磁瓶应无发热现象。

23.2.5　气路部分的检查

具体内容：

（1）总风缸气压的规定压力为 0.7～0.9MPa 之间；均衡风缸、列车管和控制风缸均定压为 0.6MPa；翻车管的定压为 0.9MPa，制动缸为零。

（2）高压安全阀的定压为 0.95MPa；低压安全阀的定压为 0.35MPa。

（3）调压器、安全阀、减压阀、压力调节器的调整阀应按规定值调整好，作用正确，无漏气现象。

（4）各气阀手柄位置正确，保持灵活，经常排除气路各风缸及管路中的积水和油垢。

（5）各管路及其接头，不得有明显漏气。

1）总风缸及总风管的压力由 0.9 降至 0.8MPa 时，泄漏时间应不小于 12min；

2）列车管的压力由 0.6 降至 0.35MPa 时，泄漏时间应不小于 5min；

3）制动缸管的压力由 0.35 降至 0.25MPa 时，泄漏时间应不小于 8min；

4）控制系统的压力由 0.5 降至 0.4MPa 时，泄漏时间应不小于 5min；

5）翻车管的压力由 0.9 降至 0.8MPa 时，泄漏时间应不小于 8min。

（6）JZ-7 型空气制动系统应符合下列技术要求（单机试验）：

1）将自动制动阀手柄放在运转位时，列车管压力应为 0.6MPa；在过充位时，列车管压力应高于定压 0.03～0.04MPa 的过充气压。

2）自动制动阀手柄扳动至常用制动区，列车管减压至最大减压量 0.17MPa 时，排气时间应为 4～7s；制动缸压力相应上升到 0.42MPa 的时间为 7～9s；在最小减压与最大减压两位之间，随着手柄移动位置不同，列车管的减压量也随之不同。

3）自动制动阀作阶段制动时，列车管减压量与制动缸压力的比例关系为

0.05∶0.1～0.12MPa；

0.07∶0.15～0.17MPa；

0.1∶0.24～0.26MPa；

0.12∶0.35～0.36MPa；

0.14∶0.35～0.36MPa；

0.17∶0.42～0.45MPa。

4）将自动制动阀手柄从常用制动区移动至过量减压位时，表明常用制动已经接近最大有效减压量，仍须追加均衡风缸（减压）和列车管减压量增大到 0.24～0.26MPa，使车辆可靠地制动。制动缸压力仍为 0.42～0.45MPa，不应产生紧急制动作用。

5) 将自动制动阀手柄移至手柄取出位时，均衡风缸减压量为 0.24 ~ 0.26MPa，列车管仍为定压，中继阀自锁。

6) 将自动制动阀手柄移至紧急制动位时，列车管迅速排气，自定压下降到零的时间应不大于 3s；制动缸气压增至为 0.42~0.45MPa 时，其升压时间为 5 ~ 7s；作用阀自动呈保压位，机车产生紧急制动。

7) 将自动制动阀手柄移至运转位时，10~15s 后开始缓解，并于 25~28s 制动缸气压应降为零，制动缸压力自 0.3MPa 下降到 0.035MPa 的时间应不大于 4s。

8) 单独制动阀置于全制动位时，制动缸压力自零上升到 0.28MPa 的时间应不大于 3s。

9) 将单独制动阀手柄置于缓解位，即：

① 单独制动阀一次性缓解时，制动缸压力自 0.36MPa 下降到 0.035MPa 的时间为 5 ~ 7s；② 单独制动阀一次性缓解，制动缸压力自 0.42MPa 下降到 0.035MPa 的时间为 7~9s。

(7) 检查空压机应无漏油、漏气、异响等。

(8) 检查空压机轴承、阀室、气缸温度应不超过允许温度（全缸为 100℃，滚动轴承 80℃、滑动轴承 70℃）。

(9) 各部螺丝应完整齐全、坚固。

(10) 各气压表应完整、良好，其误差不大于 ±0.02MPa。

23.2.6 走行部分的检查

具体内容：

(1) 车钩的三态作用应良好，车钩全开程不大于 250mm，闭锁程不大于 135mm，车钩中心至轨面高度应为 870~890mm。

(2) 提钩杆、链、缓冲装置应完整无缺，螺栓不得松动。

(3) 排障器、脚踏板安装应符合要求，螺栓、垫铁无松弛、裂纹、折损现象。

(4) 中心支承、旁承、中间联接器、中间回转装置的各部螺栓无松动、缺损。

(5) 牵引梁、结合梁、枕梁应无裂纹及严重变形，各部螺栓齐全紧固。

(6) 轴箱滑板无松动、脱落，轴承温度不得超过允许温度（0.6×环境温度+50℃），且最高应不大于 70℃，轴挡板螺丝无脱落，轴箱内无杂物，轴箱盖完整无缺，并密封良好。

(7) 轮箍无弛缓、轮缘无缺损，踏面擦伤不得超过规定值。

1) 一处擦伤长度应不大于 60mm，二处擦伤每处长度应不大于 50mm；

2）擦伤深度应不大于 1mm。

（8）轮缘厚度应不小于 23mm。

（9）弹簧装置吊板、垫板无折损、断、变形、安全托板完整无缺，各部螺丝完整、齐全、紧固。

（10）齿轮箱不得漏油，传动声音正常，螺栓完整、齐全、坚固。

（11）撒砂装置作用良好，位置正常，螺丝无松缓现象。

（12）车体各部安全吊链装置完整无缺。

23.2.7　基础制动装置的检查

具体内容：

（1）基础制动装置作用良好，无弯曲、变形、脱落。

（2）各部螺丝、卡子、销子、铆钉齐全，安装位置正确牢固。

（3）手制动装置应保持作用灵活。

（4）制动缸行程在全制动时应符合 70~90mm（标准为 80mm）。

（5）闸瓦与轮缘的间隙：在缓解状态时为 5mm，当其大于 20mm 时必须调节。

（6）闸瓦与轮缘踏面的间隙：应保持上、下相同。

（7）闸瓦磨损应不大于 1/3，磨损后的厚度不小于 15mm。

23.2.8　蓄电池的检查

具体内容：

（1）电解液不得过多或过少，其液面高度应保持在极板上 10~15mm。

（2）蓄电池外壳无破损、裂纹、漏泄。

（3）蓄电池检查孔盖应完整无缺，通风良好。

（4）接线端子无缺损，联线无破损、腐蚀（腐烂）、短接等现象。

（5）酸性电池接线端子接线后必须涂凡士林油。

（6）不得过充、过放电。

23.2.9　其他装置的检查

具体内容：

（1）刮雨器、采暖电炉、电风扇、热饭电炉须完整，作用良好。

（2）照明装置完整无缺，作用正常。

另外，润滑各润滑杯（嘴）不允许松动、干枯，无跑、冒、滴、漏、渗现象。

23.3　维护保养范围

23.3.1　更换各种可熔丝（片）

各种可熔丝（片）必须按规定要求及时正确更换。

23.3.2　运用中应及时更换的磨损件

具体内容：

（1）正、侧受电弓磨铜板。

（2）到使用期限的闸瓦。

（3）烧损、破损灯泡。

（4）各类烧损的接触子。

（5）各类烧损、折断、开焊的编铜钱。

（6）补齐各部缺损的螺丝、开口销及销轴。

（7）侧受电弓绝缘木及大线。

（8）补注蒸馏水。

23.3.3　各部的润滑

具体内容：

（1）润滑油脂必须按照规定的品种质量要求使用。

（2）注油前，必须将注油处和油盒周围擦干净。注油应适量，以达到正常润滑为准。

（3）保持润滑管路完整无缺，油路畅通无阻。

（4）空气压缩机油箱油位，应在平道上停止运转时检查，油量必须适量。

（5）各部注油要求：

1）轴箱为 44 号车轴油（按需加）。

2）牵引电动机支承轴为 50 号机械油（按需加）。

3）中心皿、旁承和回转平衡装置为 50 号机械油（按需加）。

4）制动壁铰链、均衡梁吊板及回转平衡装置等部位的干油盒为 1 号钙基润滑脂（每天）。

5）走行部的轮对从动齿轮箱（盒）为 2 号锂基脂（每月）。

6）空压机的曲轴箱为 13 号压缩机油（每月）。

7）各电机的滚动轴承为 1 号钙基润滑脂：若换新油时，原油脂应清洗后，再涂一层薄的牌号为 SYB1140-62 的机械油（每月）。

8）受电弓滑板为 1 号钙基润滑脂（每天）。

9）受电弓各铰链处为 30 号机械油或仪器油（每月）。

10）轴箱导框及其他摩擦面为 30 号机械油（每天）。

（6）车钩及钩脖托板为 30 号机械油或 1 号钙基润滑脂（每天）；车钩尾框托板为 1 号钙基润滑脂（每月）。

23.4　清洁卫生范围

具体内容：

（1）正、侧受电弓及车棚。

（2）各绝缘瓷瓶。

（3）机械室、高压室、司机室以及各门窗玻璃。

（4）空压机、送风机及其周围。

（5）定期清扫轮对。

（6）台车连接、缓冲装置、中间回转平衡装置。

（7）各电器部件的绝缘接手、绝缘立柱、灭弧罩的清扫，应随时保证无烧痕、炭化、积尘。

224t 电机车的维护工作，必须坚持和加强日常维护。即乘务人员要做到日常维护与定期维护相结合，切实把电机车各部的维护、保养工作落实到具体责任人。

24　224t 电机车部分检修标准

24.1　主、辅电机的检查

具体内容：

（1）刷与刷盒间隙适当，电刷接触压力应符合技术要求：

1）牵引电动机为 0.03～0.04MPa。

2）辅助电机为 0.02～0.025MPa。

（2）电刷磨耗不应超出下列规定：

1）有凹部刷盒者，应露出凹部 5mm。

2）无凹部刷盒者，从刷盒顶部算起，凹下应不大于 5mm。

（3）同一电机应使用同一牌号的电刷；且电刷与换向器接触面处的缺损，较电刷断面的面积应不大于 1/20。

（4）刷架无烧损、瓷套管无污垢、裂纹、安装位置应正确。

（5）换向器面应平整光洁，无污垢，刷下火花等级应不大于 $1\frac{1}{2}$ 级。

（6）换向片之间的沟槽应整洁。必须保持一定深度，即不小于 0.5mm。

（7）润滑装置的各部件应齐全，油路畅通，油量适量，应无甩油现象。

（8）电机滚动轴承的温升应不大于 40℃；滑动轴承不大于 30℃（环境温度为 40℃时）。

（9）接线盒出口的接线应完整，吊线卡子无脱落。

（10）牵引电动机的吊挂装置应弹性良好，完整无缺。

（11）各部螺栓齐全，无松缓现象。

（12）通风装置应完整无缺，其作用应良好。

24.2　部分更换内容

具体更换部件：

（1）各电机电刷。

（2）汽笛的振动板等。

（3）制动机各阀片的"O"形圈的橡胶模板。

24.3　走行部尺寸达到下列条件者不能使用

具体内容：

（1）轮箍滚动圆的厚度小于 35mm；轮箍宽度周部扩大大于 3mm。

（2）同一轮箍滚动圆直径差大于 2mm（标准：不大于 1mm）；不同轮对大于 15mm（标准：不大于 2mm）。

（3）轮对两侧总横动量（其方向垂直于纵向轴）大于 16mm。

（4）大小齿轮每齿两侧磨耗量在节圆上测量大于 4mm。

（5）轮对轴上牵引电动机游动量大于 4mm。

（6）轴箱磨耗板厚度小于 4mm。

（7）轮箍攘动圆厚度为不小于 35mm，轮箍宽度局部扩大为不大于 3mm。

（8）同一轮对轮箍滚动圆直径差应不大于 1mm；不同轮对滚动圆直径差应不大于 2mm。

（9）轮对两侧总横动量（其方向垂直于纵向轴）应不大于 16mm。

（10）铸铁闸瓦上端小于 15mm。

（11）安装轴箱处的轴颈直径小于 $\phi160mm$。

（12）牵引电动机抱轴处的轴颈直径小于 $\phi204mm$。

（13）为减少转向架构架切口处的变形，落轮架修时，除转向架两端支承外，中间仍需增加辅助支承。

24.4 主辅电机尺寸达到下列条件者不能使用

具体内容：

（1）ZQ-400 型牵引电动机的换向器直径为 $\phi469mm$。

（2）ZQD-15-3 型辅助电动机的换向器直径为 $\phi190mm$。

（3）ZQD-8-4 型辅助电动机的换向器直径为 $\phi190mm$。

（4）ZQD-6-6/ZQF-5-3 型电动发电机组，电动机和发电机的换向器直径均为 $\phi160mm$。

（5）电机电刷高度在应用中不应小于：

1）ZQ-400 型牵引电动机为 30mm。

2）ZQD-15-3 型辅助电动机为 16mm。

3）ZQD-8-4 型辅助电动机为 16mm。

4）ZQD-6-6/ZQF-5-3 型电动发电机为 16mm。

24.5 空气系统配件整定值标准

具体内容：

（1）704 型调压器（32）闭合为（0.7±0.03）MPa，断开为（0.9±0.03）MPa。针对经常运行在折返线多，长大坡道或陡坡铁路区段等特殊情况时，允许闭合为（0.75±0.03）MPa，断开为（0.9±0.03）MPa。闭合和断开的压力差应不小于 0. 13MPa。

（2）控制系统减压阀（32、32a）QJY(SI)-15 型为（0. 6±0. 1）MPa。

（3）压力调节器（56）KYC50-C 型闭合为 0. 04MPa，断开为（0. 18～0. 20）MPa。

（4）压缩机低压安全阀（5、5a、5b、5c）为（0. 35±0. 02）MPa。

（5）压缩机高压安全阀（4、4a、4b、4c）为（0. 95±0. 02）MPa。

24.6　减压阀的调整

具体内容：

（1）自动制动机械压阀的调整压力为（0. 6±0. 02）MPa。

（2）单独制动机减压阀的调整压力为（0. 3±0. 02）MPa。

附　　录

1. ZG224-1500 型直流架线式准轨工矿电机车的主要技术参数

受电弓电压：DC1500$\pm^{20\%}_{33\%}$ V

轴列形式：$B_0+B_0+B_0+B_0$

黏着重量：224$\pm^{3\%}_{1\%}$ t

轴重：28±2%t

轨距：1435mm

小时制机车功率：3200kW

牵引电动机功率 8×400kW

牵引电动机额定电流：2320A，即 8×290A

牵引电动机最大启动电流：3240A，即 8×405A

小时制牵引力：393kN

小时制速度：28.7km/h

最大速度：65km/h

允许通过的最小曲线半径：80m

总长度（车钩中心距）：25600mm

固定轴距：2400mm

全轴距：21270mm

动轮直径：1120mm

传动比：67/12＝5.58

最大宽度：3200mm

正弓弓面距离轨面高度

　正弓收下时为 4770mm

　最大工作高度为 6500mm

　最小工作高度为 5100mm

旁弓弓面距离轨面高度

　旁弓收入时为 4000mm

　最大工作高度为 4600mm

最小工作高度为 4045mm
允许旁弓架线到机车中心线的距离为 2600~3300mm
车钩高度：880±10mm
车钩型：标准 13 号车钩
制动方式
空气制动：JZ-7 型制动机
电阻制动
手制动
高速开关的整定值为 3500A
过电流继电器的整定值为 450A
过电压继电器的整定值为 1800V

2. ZQ-400 型牵引电动机技术参数

额定功率：400kW
额定电压：1500V
额定电流：290A
最大电流：500A
额定转速：762r/min
最高转速：1790r/min
定额：60min
风量：60m³/min
绝缘等级：H 级
安装尺寸：与 ZQ-350-1 型牵引电动机完全一样

3. JZ-7 型空气制动机相关知识

具体内容：

（1）自动制动阀：主要用于控制均衡风缸的充气、排气或保压。

（2）自动制动阀的过充位：用于初充气或再充气来缓解列车的制动。与运转位的不同点；能加快列车的充气。过充气压较列车管的定压力 0.6MPa 高出 0.03~0.04MPa。

（3）自动制动阀的过量减压位：用于常用制动已经接近最大有效减压量，但仍需追加减压时；或制动后缓解，列车管压力尚未恢复到定压，又需要施行制动时所用的位置。它使均衡风缸和列车管减压量均增大到 0.24~0.26MPa，即在车辆副风缸与列车管之间，三通阀形成主勾贝动作的压力差，使车辆能够可靠地制动。

（4）自动制动阀的手柄取出位：均衡风缸减压量为0.24~0.26MPa，列车管仍为规定压力，中继阀自锁。

（5）自动制动阀的紧急制动位：可使机车产生制动；同时，在前进方向撒砂器自动撒砂。

（6）中继阀的主要作用：根据自动制动阀所操纵的中均管压力的变化，直接控制列车管的充气或排气，使列车缓解、制动或保压。

（7）分配阀的主要作用：根据列车管压力的变化，控制作用风缸的充气或排气，使作用阀动作。

（8）作用阀的主要作用：根据作用风缸压力的变化，或单独制动阀的操纵，控制机车制动缸的充气或排气，使机车制动或缓解。

（9）作用阀：安装在通往制动缸的管路上，并装有一个YWK-50-C型压力调节器。作为电阻制动与空气制动之间的联锁，以避免制动力过大，造成轮对抱死而滑行。

（10）紧急制动阀：安装在分配阀联接列车管的管路上。当列车遇到紧急情况，或制动机失灵时，通过紧急电控按钮，使列车管急速排气，从而使列车发生紧急制动作用。

（11）变向阀：两个。其中一个安装在作用风缸与空气制动阀之间的管路上。主要用于转换自动制动阀和单独制动阀，分别控制空气继动阀。保证自动制动阀和单独制动阀，不能同时进行操纵和控制作用阀。另一个安装在两端单独作用管之间的管路上。主要用于转换两端单独制动阀对作用阀的控制，使两端单独制动阀不能同时操纵和控制作用阀。

（12）单独制动阀：主要用于机车的单独制动或单独缓解，与列车管压力无关。

（13）在制动区，单独制动阀作阶段右移，机车可得到阶段制动作用；反之，则机车可得到阶段缓解作用。全制动时，机车制动缸的最高定压（即规定压力）为0.3MPa。

参 考 文 献

［1］ 冶金工业部. 冶金矿山准轨铁路技术管理规程［S］. 北京：冶金工业出版社，1994.

［2］ 冶金工业部. 冶金矿山准轨电机车使用维护规程（试行）［S］. 北京：冶金工业出版社，1980.

［3］ 冶金工业部. 标准轨距工矿电机车检修规程［S］. 北京：冶金工业出版社，1983.

［4］ 冶金工业部. 湘潭电机股份有限公司. ZG224-1500 型直流架线式工矿电机车使用说明书. 2000 年版.

［5］ 攀枝花冶金矿山公司朱家包包铁矿. 铁路行车组织规则. 1991 年 10 月版.

［6］ 攀钢集团矿业公司朱家包包铁矿. ZG150-1500-1 型电机车司机作业标准. 1998 年 1 月版.

［7］ 攀钢集团矿业公司朱家包包铁矿. 机车、车辆、检查员岗位规程. 1988 年版.

［8］ 攀钢集团矿业公司朱家包包铁矿. 设备点检员工作标准. 1997 年 8 月版.

［9］ 攀钢集团矿业公司朱家包包铁矿. 工种岗位规程. 1991 年 12 月版.

［10］ 姜靖国. JZ-7 型空气制动机（第二版）［M］. 北京：中国铁道出版社，1994.